高职高专计算机项目/任务驱动模式教材

三维动画渲染项目教程

——Maya材质和渲染

杨静波　古明星　主　编

電子工業出版社
Publishing House of Electronics Industry
北京·BEIJING

内 容 简 介

本教材的内容分为上下两篇，上篇是基础知识和操作篇，主要介绍三维动画渲染技术的基础知识和 Maya 渲染模块的基本操作；下篇是项目实战篇，根据典型的渲染应用，精选了动画和游戏公司有代表性的六个项目，分别涉及道具渲染、角色渲染、场景渲染三个方面，同时结合教学目标，将Maya渲染的重要知识点融入项目之中。

本书配套了教学资源，包括全部项目的操作视频录像、项目过程源文件、实训素材、电子课件、电子教案、拓展项目等内容，方便教学和自学。

本书适合作为高职高专院校动漫艺术设计与制作专业、艺术设计专业、电脑艺术专业教材，也适合作为艺术设计类、动漫艺术类的培训教材。

图书在版编目（CIP）数据

三维动画渲染项目教程：Maya 材质和渲染/杨静波，古明星主编．—北京：电子工业出版社，2014.6
高职高专计算机项目/任务驱动模式教材
ISBN 978-7-121-23366-1

Ⅰ.①三… Ⅱ.①杨… ②古… Ⅲ.①三维动画软件－高等职业教育－教材 Ⅳ.①TP391.41

中国版本图书馆 CIP 数据核字（2014）第 112944 号

责任编辑：束传政
特约编辑：徐 堃 薛 阳
印　　刷：北京虎彩文化传播有限公司
装　　订：北京虎彩文化传播有限公司
出版发行：电子工业出版社
　　　　　北京市海淀区万寿路 173 信箱　邮编 100036
开　　本：787×1092　1/16　印张：16.5　字数：380 千字
版　　次：2014 年 6 月第 1 版
印　　次：2018 年 11 月第 4 次印刷
定　　价：65.00 元

凡所购买电子工业出版社图书有缺损问题，请向购买书店调换。若书店售缺，请与本社发行部联系，联系及邮购电话：（010）88254888。

质量投诉请发邮件至 zlts@phei.com.cn，盗版侵权举报请发邮件至 dbqq@phei.com.cn。

服务热线：（010）88258888

前言

在三维世界中，模型是基础，而材质及色彩光影的烘托是表现作品思想的重要手段。随着三维技术的日新月异，三维技术带来的视觉冲击达到了新的境界，动画制作的渲染技术在其中起到了非常关键的作用。

本教材主要面向艺术设计、动漫设计与制作和电脑艺术等专业的学生。为适应高职教育的特点，本教材采用任务驱动的模式进行编写，有利于教师在教学过程中采用项目式教学。在下篇的每个项目中都先通过“项目分析”和“项目背景知识”给出项目的情境和背景知识，并分析关键知识点和核心技能；然后在“项目实施”环节通过若干个分解任务来完成整体项目。教材旨在理论与实践相结合，通过理论指导实践，进一步由实践加深学生对理论知识的掌握。

教材的内容为上下两篇，上篇是基础知识和操作篇，主要介绍三维动画渲染技术的基础知识和Maya渲染模块的基本操作；下篇是项目实战篇，根据典型的渲染应用，精选了动画和游戏公司有代表性的六个项目，分别涉及道具渲染、角色渲染、场景渲染三个方面，同时结合教学目标，将Maya渲染的重要知识点融入项目之中。其中“水果盘”和“红酒”制作项目为道具渲染，材质特点各有侧重，分别讲述了高低反光材质、透明材质、深度贴图阴影与光线追踪阴影；“卡通玩偶”和“小女孩”项目为角色渲染，渲染风格完全不同，分别应用了TOON材质和Mental ray SSS材质，对UV整理和纹理绘制也做了重点讲解；“傍晚的厨房”和“古镇”项目分别为室内场景和室外场景渲染，布光的方法具有典型性，可以举一反三。为适应高职教育的特点，项目实战篇采用任务驱动模式进行编写。

本教材的特色主要体现在以下几个方面。

◎ 突出高职教育特点

高职教育的特点是培养职业化、技能型人才，本教材定位于培养动漫游戏行业所需的高素质、高技能人才。作者经过充分的岗位调研，在分析岗位要求和典型工作任务的基础上，确定了该教材的知识结构和内容体系。

◎ 任务驱动，逐层推进

本教材基于任务驱动理论的学习方法，根据教学内容的推进和知识点的积累，将关键知识点和核心技能分解在情境式项目中，由浅入深、由简到繁地安排教学任务。

◎ 项目经典，校企合作

Maya渲染的应用领域很广，本教材结合专业培养目标，精选了动画和游戏公司道具渲染、角色渲染、场景渲染三个方面有代表性的六个项目，根据成熟的渲染流程，参照该领域的渲染标准，有针对性地讲解。

◎ **流程分解，通俗易懂**

本教材从学习对象的实际情况出发，讲解方式和语言描述贴近读者的学习习惯。书中根据成熟的渲染流程标准，提供了每个项目完整的制作流程图，对学生而言相当于生动的项目施工图纸，同时也是对三维动画渲染的关键技术进行了图文并茂、通俗易懂的展示。

◎ **配套资源，立体教学**

本教材配套免费的教学资源，包括视频录像、实训素材、电子课件、电子教案、拓展项目等内容，方便学生课后学习和复习时使用，启发和激励学生自己动手操作的欲望。读者可以通过与作者或者编辑联系获取登录密码，然后登录本书教学资源的网盘地址（http://pan.baidu.com/s/1hqolQZU）免费下载相关资源。

本书由苏州市职业大学杨静波和古明星主编。在教材的编写过程中，得到了学校和企业专家的大力支持。在此要感谢苏州市职业大学的姜真杰、张量老师在教材内容编排方面提供的宝贵意见和建议，并参与编写基础知识和操作篇；感谢斯派索数码的项目经理李松峰和陈晨，参与了项目制作整理并提供了丰富的教学资源；感谢李金祥教授和周德富教授为教材出版提供的支持和帮助；感谢出版社的各位编辑为本教材所付出的辛勤工作，特别是束传政主任为教材成稿提出了非常关键的建议；同时感谢所有同事好友对我的支持和鼓励！

由于编写时间仓促，本人水平有限，书中难免有不足之处，恳请各位读者朋友批评指正。衷心希望所分享的多年来积累的教学和制作经验，能对各位读者有一点帮助。

杨静波

2014年5月

本书资源密码联系方式：

杨静波　yjb_126@126.com

束传政　rawstone@126.com

目录

三维动画渲染项目教程

项目2 渲染动画道具——“红酒”制作 ……………………079

项目3 渲染动画角色——“卡通玩偶”制作 ……………115

项目4 渲染动画角色——“小女孩”卡通人物制作 …………… 141

上篇

基础知识和操作篇

第1章

三维动画渲染技术

- 三维动画渲染的作用
- 灯光、材质、纹理和渲染的基本知识
- 动画道具渲染的基本要求
- 动画角色渲染的基本要求
- 动画场景渲染的基本要求

三维动画作为计算机科学、计算机图形学与传统视听媒体艺术形态结合的艺术形式，以其多样的表现手法，逼真的画面效果，适合产业化生产的特质，在动画片中占据相当大的比重。受到皮克斯公司、迪士尼公司等制作的动画大片的熏陶，国内观众对三维动画的认知度和接受度大大提高。目前在我国的原创动画市场，三维动画占据越来越重要的地位。

1.1 三维动画渲染概述

三维动画制作过程中的渲染是利用计算机的计算能力，将三维模型场景呈现为指定艺术风格的图像的过程。它是影片画面风格与质量的基本保证。

Maya 在世界电影工业中承担着重要的角色。本书介绍的三维动画渲染技术以 Maya 软件为基础。Maya 能够通过有限的材质编辑参数、有限的纹理节点创建出无数种效果，将纷繁的世界复制到三维空间中。

三维动画的画面效果是给观众的第一印象。就此而言，渲染在三维动画中有着举足轻重的作用。

1.1.1 渲染在动画制作流程中的地位

三维动画的制作流程分为前期、中期和后期三个阶段。前期阶段主要是完成剧本和分镜头脚本的制作；中期阶段的工作基本上都在三维软件中完成，主要包括模型制作、场景制作、材质制作、贴图绘制、灯光制作、角色绑定、动画制作和最终渲染等；后期阶段主要是完成合成、剪辑、特效和输出等。在这三个阶段的工作中，渲染是最重要也最花费时间的步骤之一，如图 1-1 和图 1-2 所示。

图1-1 三维动画电影《疯狂原始人》角色设计草图

图1-2 《疯狂原始人》角色制作效果

1.1.2 渲染的制作环节

通常所说的三维渲染是广义的渲染。从制作环节来讲，三维渲染包括灯光、材质、纹理和最终渲染四个环节。

在动画项目制作中，完成后的模型通常会交给材质组进行材质和纹理的制作，同时灯光组会根据项目的艺术风格和要求制作灯光。由于这时材质组还没有完成模型材质的制作，所以灯光组制作的称为主体灯光；在材质组完成模型的材质制作后，灯光组将根据材质的表现要求调整灯光，完成最终的灯光效果。在制作过程中，模型组、材质组、灯光组、渲染组之间会相互协调和沟通（见图 1-3），以确保画面的艺术效果。

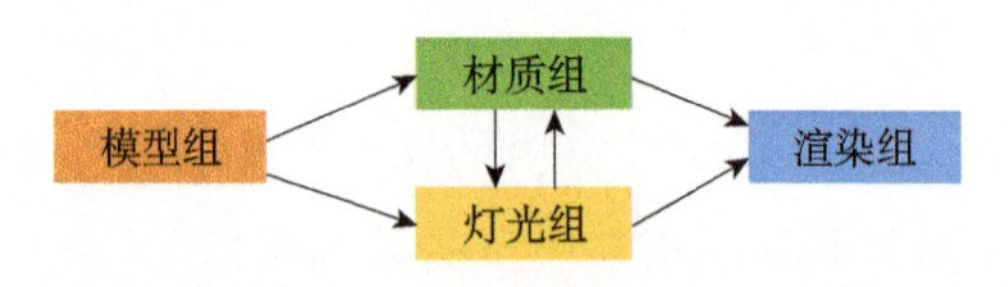

图1-3 渲染的制作环节

1.1.3 影视动画中的渲染效果

在三维世界中，模型是基础，材质及环境的烘托是表现作品思想的重要手段。材质与环境的表现全靠色彩及光影的交叉作用。随着三维技术日新月异，它带来的视觉冲击达到了新的境界。比如，工业光魔公司在《加勒比海盗》中的工作，为影片中计算机生成的人物建立了一个新的黄金准则，实现了光影、皮肤和眼睛的完美真实感（见图 1-4）；卡梅隆执导的科幻电影《阿凡达》在三维制作方面更是具有划时代的意义（见图 1-5）。

图1-4 电影《加勒比海盗》的画面

图1-5 电影《阿凡达》的画面

1.2 灯光

1.2.1 现实中的灯光

在现实生活中，灯光照明无处不在。现实生活中的灯光分为广义和狭义两种。广义的灯光指可以发出光线的任意物体，例如太阳、白炽灯等。狭义的灯光指舞台上或摄影棚内的照明。无论是狭义的灯光还是广义的灯光，在现实生活中都有非常重要的作用。正是因为有了灯光，我们的眼睛才能看见物体；正是因为有了灯光，我们的世界才五彩斑斓。

现实中的光线具有多次反弹的能力，会在不同的物体间根据着落点的不同反射和散射。反射和散射的光线受到反射物体颜色的干扰。在两个相互接近的物体之间，其颜色互相扰乱，直到光能消耗完，或者被我们的眼睛和摄像机接收。当光线照射到物体时，物体对光线进行吸收、反射、折射等一系列动作后进入人的眼睛；大气中的微粒尘埃或者大气密度起伏变化，都会对光产生散射，造成强弱的不同或者颜色的不同（见图 1-6）。

图1-6 作者拍摄的乡村早晨

现实中的灯光有不同的类型。按来源不同，分为自然光和人工光；按光线形式不同，分为聚光、散光、柔光、强光、焦点光等。多种类型的光相互交错，形成了我们看到的一切光影（见图 1-7）。

在三维动画中模拟出现实中的光影，是我们想要达到的最终目的，因此在三维软件中制作灯光时，要本着从实际出发，尽可能模拟现实光影的原则，才能制作出真实的、高质量的动画场景。

图1-7 作者拍摄的城市夜景

1.2.2　三维动画中的灯光

在三维动画中，灯光起着非常重要的作用。首先，灯光可以更加逼真地模拟空间深度；其次，灯光可以用来渲染气氛，提高观众的视听享受；灯光还可以用来刻画角色的性格，甚至带动观众的情感变化。

三维动画不同于传统二维动画很重要的一点，就是它在影像呈现上更有空间感和立体感。在三维动画的制作过程中，合理地使用灯光，可以使模拟出来的场景更加有空间深度。就好比在素描写生时，光线线条画得越好，被表现的物体越生动，越立体（见图 1-8）。

图1-8　展示静物的灯光效果

三维软件中的灯光可以自由改变颜色和强度的参数，因此在三维动画制作过程中，可以更加方便地利用灯光的色彩来渲染场景气氛。和谐友爱的气氛可以用黄色、红色等灯光来烘托；冰冷阴森的气氛可以使用蓝色、紫色等灯光来烘托（见图 1-9 和图 1-10）。

图1-9　动画影片《神偷奶爸》的画面

图1-10 动画影片《功夫熊猫》的画面

在一部动画片中，角色是故事情节的载体，不同角色之间的矛盾冲突，形成了影片的故事主线。想要把角色的矛盾冲突表现得更加真实，需要将角色性格刻画得更加深刻。合理地使用灯光，有助于刻画角色性格。动画片的主角和一些正面角色常用柔和的灯光来表现，因为柔和的灯光给人的感受是温暖和善良的；相反，反面角色使用比较生硬的光影和巨大的阴影来表现，给人的感觉是冰冷和残暴的（见图 1-11 和图 1-12）。

图1-11 动画影片《怪物工厂》的画面

图1-12 动画影片《怪物工厂》的画面

灯光是三维动画不可或缺的重要组成部分，在一部动画片的制作过程中，灯光师根据脚本的场设、人设和故事情节来设计合理的光影，发挥灯光的作用。可以说，灯光是一部动画片的灵魂，让影片的情节真实、生动地呈现在观众面前。

1.2.3 三维动画中常见的布光法则以及效果

在三维动画中，最常见的布光法则是三点布光和区域布光，也会根据情景和场景的具体要求自由组合灯光。三点布光一般使用在比较小的场景中。使用三点布光法则，可以突出表现场景中的某个或某几个物体，加深物体的立体感，柔化背景，使主题物体与背景分离（如图 1-13 和图 1-14）。区域布光一般使用在比较大的场景中。区域布光可以模拟出一个区域内的物体的光影效果（见图 1-15）。

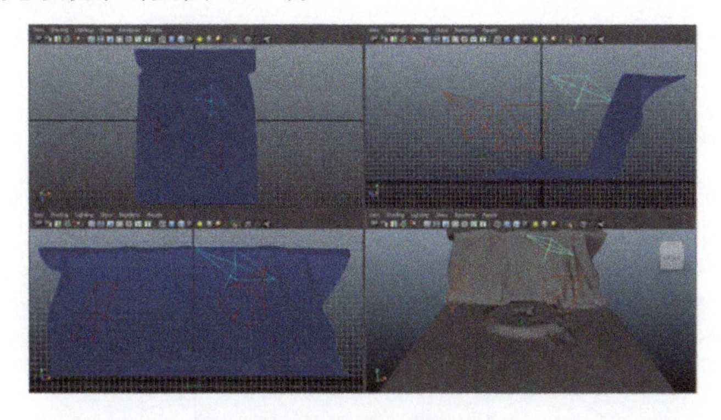

图1-13 三点布光的布局

图1-14 三点布光的效果

图1-15 区域布光的效果

在动画项目的场景灯光制作过程中，常把各种布光法则相结合，从整个场景的具体要求出发，营造出渲染场景气氛，提高动画质量的灯光组合。

1.3 材质

世界上的任何物质都以一定的材质构造特性展现出其独特的质感形象。能够区分万物的，除了其各自的形状以外，更重要的是这些物质特有的质感。比如，晶莹透明的玻璃杯，细腻平滑的骨质陶瓷杯。

在三维动画制作中，制作材质的前提是对生活中各种物质的特性有充分的了解，针对物质的材质特点，将其逼真地反映出来。

1.3.1 现实中的材质特征

现实中的物质本身材料不同，所吸收、反射和折射的光线各有规律（见图 1-16），这种规律在人们长期的生活观察中形成了经验，人们就可以通过观察到的效果判断物体的材质。

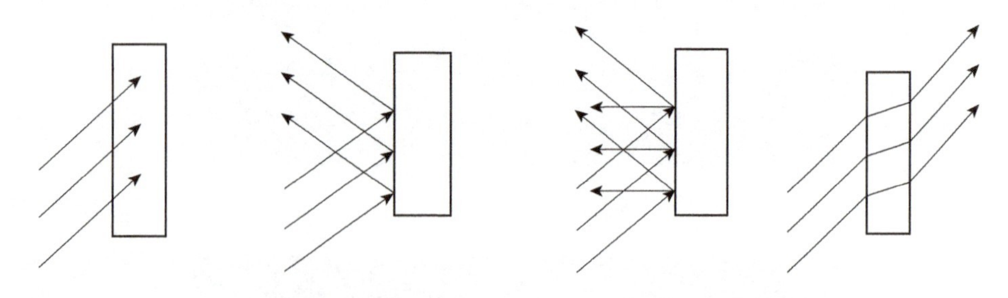

(a) 光的吸收 (b) 光在光滑表面的反射 (c) 光在粗糙表面的反射 (d) 折射

图1-16 光线在不同物质表面的吸收、反射、折射规律

根据吸收、反射、折射光线的规律，大致将现实中的物体材质分为以下四类。

（1）高反光的物体

高反光的物体一般表面光滑，质地细密，对光线的反射最直接。其高光部分反射极强，甚至形成光斑，明暗对比比较明显；暗部的反光形成了清晰的反射，甚至将周围环境映入其中，如镜子、高抛光金属。高反光物体也包含一些透明的材质，如玻璃、水等（见图 1-17 和图 1-18）。

图1-17 水晶

图1-18 不锈钢材质

（2）低反光物体

低反光物体的特点是质地较粗糙，能够形成若干个高光反射面和阴影区域。由于反光面太多，人眼不能够分辨，于是形成光的漫反射，得到均匀、柔和的反光，比如木头、岩石等（见图 1-19 和图 1-20）。

图1-19　木头

图1-20　岩石

（3）毛发

单一的毛发都是细小、柔软的圆锥体，我们通常关注的是毛发的整体效果，而不是每一根毛发的表现，所以将毛发看作特殊的一类材质（见图 1-21）。

（4）发光体

发光体是指本身能产生光的特殊物体。这类物体本身一般没有高光和阴影，但能够散发出光芒。这些光不仅能照亮发光体本身，还可以照亮发光体周围的景物，如太阳、灯泡、火焰和星云等（见图 1-22）。

以上并非针对真实的材料分类，只是在认知和描绘方面的总结，其最终目的是为了在三维动画制作中更好地实现这些材质的外观效果。

图1-21　羽毛

图1-22　火焰

1.3.2　三维动画中的基本材质类型

为了更真实地模拟现实中的材质，Maya 软件渲染模块提供了很多渲染节点，由 Materials

（材质）、Textures（纹理）、Lights（灯光）、Utilities（工具）组成（见图 1-23）。

选择 Window（窗口）→ Rendering Editors（渲染编辑器）→ Hyper Shader（材质编辑器）命令，打开 Hyper Shader（材质编辑器），观察 Maya 的渲染节点系统。

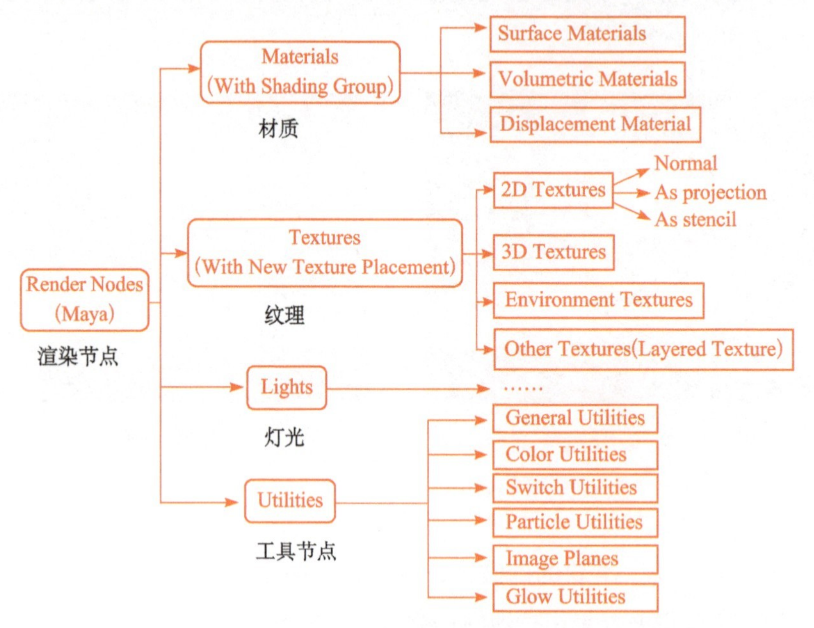

图1-23 Maya渲染节点

Maya 中的基本材质类型分为 Surface（曲面材质）、Volumetric（体积材质）和 Displacement（置换材质）。

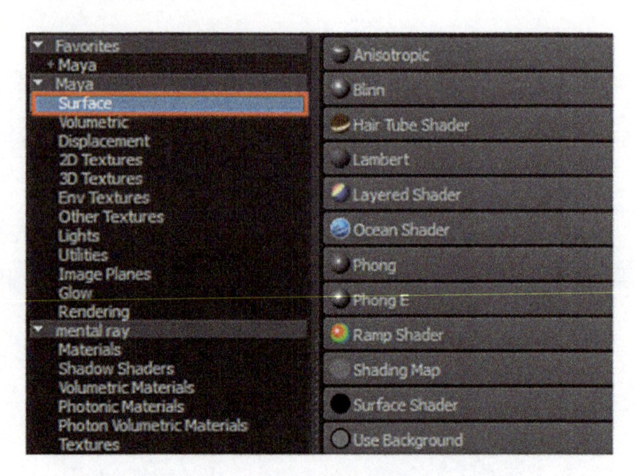

图1-24 Surface材质

其中，Surface（表面）材质中的 Anisotropic（各向异性）主要用来模拟表面有微细凹槽的物体，如头发、镜面、陶瓷等；Blinn（布林）具有较好的镜面反射效果，主要用来模拟金属材质；Lambert（兰伯特）主要用来模拟没有镜面高光的物体，多用于粗糙物体表面，例如自然界中的泥土、木头、岩石等；Layered Shader（层材质）可以将不同的材质节点结合起来，融合形成更复杂的材质；Phong 材质表现光亮透明和明显的镜面反射效果，用来模拟玻璃、水等表面光滑、有光泽的物体（见图 1-24）。

Volumetric（体积）材质主要用于创建环境气氛。其中，Particle Cloud（粒子云）节点经常和 Particle Cloud 系统联合使用，模拟厚重的云层效果（见图 1-25）。

Displacement（置换）材质中的 Displacement 节点是利用纹理贴图来修改模型，改变模型的法线，修改模型上控制点的位置，增加模型表面细节，实现真正的凹凸；C Muscle Shader 材质用于控制肌肉系统皮肤贴图（见图 1-26）。

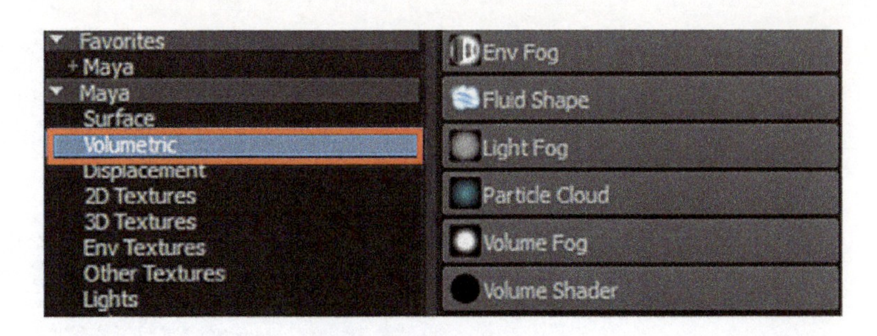

图1-25　Volumetric材质

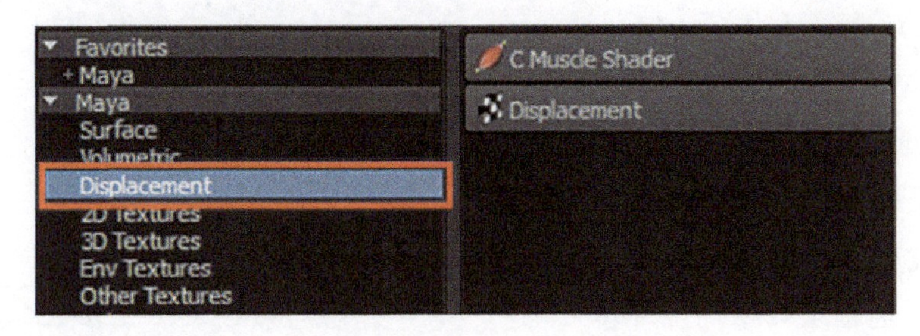

图1-26　Displacement材质

1.4　纹理

纹理是在材质的质感基础上增加的丰富的细节。现实中的物体表面或多或少都有纹理，比如布料上的图案和织线的纹理，苹果表皮的颜色变化和斑点，甚至是墙面上沾染的污迹……。Maya 中表现这些细节，靠的是 Texture（纹理）。

根据纹理的产生方式不同，三维软件里的纹理分成两大类，即 Map Texture（贴图纹理）和 Procedural Textrue（程序纹理）。所谓贴图纹理，就是调用位图图像文件，并且通过模型的 UV 来定位贴图在模型表面的位置；程序纹理是根据模型表面参数空间的 UV 编写的程序。这些纹理是 Maya 内置的函数，通过代码实现，不需要额外的贴图，如 Checker（棋盘格）、Grid（网格）等。

Maya 2013 的纹理节点分成四个模块：2D Texture（二维纹理）、3D Texture（三维纹理）、Env Texture（环境纹理）、Layered Texture（层纹理）。

2D Texture（二维纹理）有 17 种（见图 1-27），常用的有 Checker（棋盘格纹理）、File（文件纹理）、Fractal（分形

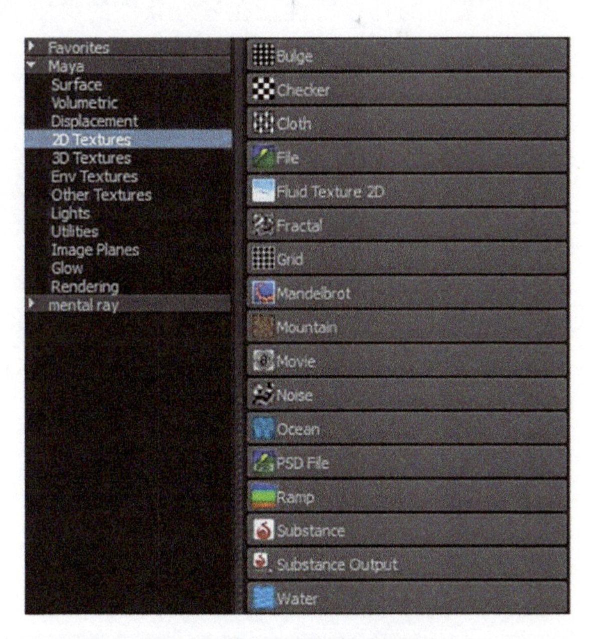

图1-27　2D Texture（二维纹理）

纹理)、Grid(网格纹理)、Mandelbrot(Mandelbrot集纹理)、Mountain(山脉纹理)、Noise(噪波纹理)、Ocean(海洋纹理)、PSD File(PSD文件纹理)、Ramp(渐变纹理)、Wate(水波纹理)等。

3D Texture(三维纹理)有14种(见图1-28),常用的有Cloud(云纹理)、Marble(大理石纹理)、Rock(岩石纹理)、Stucco(灰泥纹理)、Wood(木头纹理)等。

图1-28　3D Texture(三维纹理)

Env Texture(环境纹理)主要用于制作高光材质反射出的环境四周的效果,通常用一张环境反射贴图链接到环境纹理的Color(颜色)通道来模拟周围环境效果。环境纹理节点共有5种(见图1-29)。

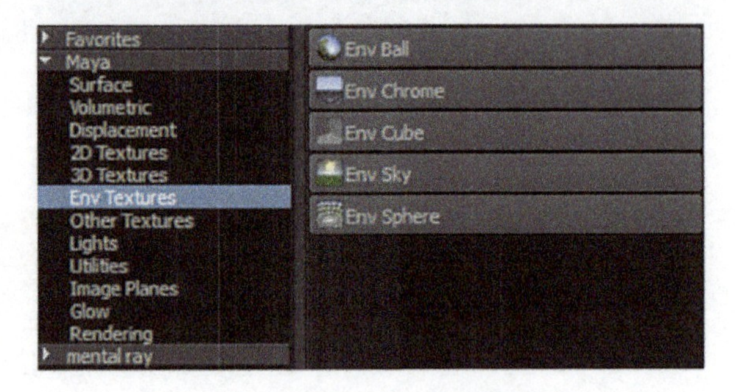

图1-29　Env Texture(环境纹理)

最后一个模块是Layered Texture(层纹理),其作用与Layered Shader(层材质)类似,可以使用Layered Texture混合其他纹理,类似于Photoshop中的图层,还可以设定混合模式。

材质是由物体自身材料决定的一种质感表现,纹理是物体在基本质感上表现出来的更加丰富和细腻的表面特性,即纹理是附着在材质表面的外在特性。在三维软件的材质节点和纹理节点的共同作用下,能更加逼真、细致地塑造物体的外观效果。

1.5　渲染输出

渲染输出是三维动画渲染工作流程中的最后一道工序,也可以说是三维动画制作中期阶段的最后一道工序,是将三维动画场景最终转换成二维图像的过程。无论是单帧图像还是动画序列,都要通过渲染输出来获得最终结果。

Maya软件由自身的渲染器完成渲染输出,还有许多其他渲染器应用在三维动画制作中,比较著名的有皮克斯公司开发的Renderman渲染器,德国Mental Images公司开发的Mental Ray渲染器。其中,Mental Ray渲染器被整合到Maya软件中,为制作高质量影像提供了强大的渲染能力。

Maya中常用的有四种渲染类型,在设置渲染输出时可以选择。

(1)Software(软件)渲染:是最常用的的一种渲染方式,可以渲染出高质量的图像效果（见图 1-30）。当然，如果场景非常复杂，或开启光线追踪阴影等效果时，渲染的时间会大大增加。

（2）Hardware（硬件）渲染：主要用来渲染一些特殊效果，比如粒子特效等（见图 1-31）。可以将硬件渲染简单地理解为依靠计算机显卡的计算能力来渲染，获得一种粗糙的、临时性的渲染效果。

（3）Vector（矢量）渲染：在实际中较少使用，一般用来渲染简单的卡通效果或者物体边线的效果（见图 1-32）。

（4）Mental Ray 渲染：可以获得照片级别的渲染效果。许多影片制作都选用 Mental Ray 渲染，Mental Ray 渲染器提供的全局照明、焦散、最终聚集等渲染方法可以快速、有效地产生真实的照明效果（见图 1-33）。

图1-30　Maya Software（软件）渲染的画面

图1-31　硬件渲染的星云画面

图1-32　矢量渲染的描边效果

图1-33　电影《终结者3》的画面

1.6　三维动画渲染的实际应用

三维动画渲染应用广泛，不止是在影视动画中，在商业设计、影视广告、虚拟现实等方面也有大量的应用。实际的三维动画渲染项目，根据需求不同，大小规模和质量要求不尽相同。按照渲染内容的不同，主要分为三种情况：道具渲染、角色渲染和室内外场景渲染。

1.6.1 三维动画中的道具渲染

动画片中的道具是指与剧情和角色有关的物体。在很多情况下，道具不仅仅是简单的陪衬，它在很多时候甚至超过角色的其他方面，成为其个性外化、标志性的视觉符号。例如，孙悟空的金箍棒、大力水手的菠菜和忍者神龟的武器等（见图 1-34）。

图1-34 动画《忍者神龟》的画面

道具在动画片中的作用主要是交代故事背景、塑造角色性格、推动情节发展和表达角色情感等。道具可以交代动画片中故事发生的时代，环境、地点等；也可以用来塑造人物性格。例如，用骷髅头旗帜、铁钩做成的假手、木头做成的假腿等塑造海盗残暴、冷酷的形象；机器猫从口袋里拿出的各式各样新奇的道具，是推动情节发展的助推器。道具也常常被用来寄托角色的情感，例如灰姑娘的玻璃鞋，《飞屋环游记》中老奶奶的照片等（见图 1-35）。道具甚至可以表现动画片的风格和类型。因此，动画道具在动画片中非常重要，是不可或缺的一部分。

图1-35 动画影片《飞屋环游记》的画面

三维动画中的道具有很多类型。与实拍电影相同，三维动画中的道具按照用途分为：连戏道具（说明故事情节连续性所需的道具）、陈设道具（在演员表演环境中的陈设器具）、戏用道具（与演员表演发生直接关系的）、气氛道具（为增强环境气氛，说明故事发生的时间、地点等特定情景）。

在三维动画的制作过程中，因为项目周期和项目经费的制约，不是所有的道具都需要精细渲染。在渲染道具时，经常用到分层渲染的方式，将整个场景分为角色层、道具层和背景层，通过调节每一层的渲染参数，达到不同的渲染效果，调控项目制作周期。

1.6.2　三维动画中的角色渲染

不论是在传统的二维动画片中，还是在三维动画片中，角色都是剧情发展和主题表达的载体。有了角色，才有了动画片中故事情节的发展。成功的动画角色都要有一个令人印象深刻的造型，甚至可以通过角色的造型来体现其性格。动画片中的角色相当于一部电影里的演员，动画角色是动画片创作的核心。动画剧本要表达的中心思想通过角色的台词、动作、经历才能完整地呈现在观众面前。需要注意的一点是，动画片中的角色并不单单指动画人物角色，在有些动画电影中，动物、机器，甚至在现实世界中不存在的物体也可以充当动画片的角色（见图 1-36），这是动画电影不同于实拍电影很重要的一点。

图1-36　动画电影《机器人总动员》中的瓦力

三维动画中的角色是一部动画片中最重要的部分。在渲染角色时，要分析角色的构成，根据动画脚本的具体要求，渲染出符合主题的角色素材。在 Maya 中渲染动画角色时，默认材质一般不能满足动画制作的要求。以人物角色为例，皮肤、毛发、服装材质都需要绘制贴图来模拟真实的人物特点。在绘制贴图的过程中，要本着模拟真实效果的原则，仔细体会皮肤、毛发、服装的光泽度、镜面反射效果和质地，才能绘制出好的贴图效果。角色在不同的环境情况下，纹理会有变化。比如，机器人瓦力由新变旧时，在表面形成的污迹、锈迹（见图 1-37）。编辑 UV，直接控制了角色模型的贴图绘制质量。如果编辑 UV 的

图1-37　机器人瓦力的材质纹理

效果不理想，材质贴图附到模型上，会出现皱褶或拉伸的情况，因此绘制贴图和编辑 UV 在角色渲染中是非常重要的技术要点。

1.6.3 三维动画中的场景渲染

三维动画中的场景是动画角色的活动空间。根据故事情节的发展需要，一部动画片一般会有若干个场景。对于不同的场景，可以利用灯光和材质制作出所需要的光影和气氛。优秀的动画场景可以直接影响动画片的整体风格，还能强化主题，塑造角色性格，表现角色的心理活动。通过场景时间和空间的变化，可推动故事情节的发展，展现动画片的艺术风格（见图 1-38 和图 1-39）。

图1-38　动画片《冰川世纪》中水草丰美的场景

图1-39　动画片《冰川世纪》中冰天雪地的场景

在传统二维动画中，角色、道具、场景都是手工绘制在一个平面内的，不能把人物角色和背景分离开。在三维动画中，可以利用三维软件制作出空间感和立体感，将动画角色和背景分离开，突出动画角色的表演，真正地将动画场景的作用锁定在营造气氛上，不会喧宾夺主，影响故事情节的表现。在渲染三维场景时，要正确处理场景的光照特性，辅助完成角色造型，营造场景气氛；合理的调整灯光属性，如强度、颜色、位置等，表现出脚本要求的场景季节、气候、环境、冷暖调要求等。在动画电影的制作过程中，特写镜头中的场景物体都需要制作出模型、材质、贴图来表现场景环境，中景和远景镜头通常使用绘制贴图和环境球的方式来模拟场景环境。这样，可以在保证场景质量的前提下，尽可能地提高动画制作效率，缩短动画制作周期。

本章小结

本章介绍了三维动画渲染在电影中的应用和重要作用，讲解了动画渲染的四个制作环节：灯光、材质、纹理、最终渲染，及其相互之间的关系。在后续章节中，我们还将通过项目制作，更深入地学习灯光、材质、纹理和最终渲染的详细过程和具体要求。三维动画渲染的应用场合非常多，渲染项目复杂多变。我们将动画渲染项目根据渲染内容，分成道具渲染、角色渲染和室内外场景渲染。渲染内容不同，渲染制作的要求各有侧重点。在学习渲染的基本操作时，一定要关注渲染内容所需的整体风格，真正做到学以致用。

渲染是呈现画面的过程，画面是吸引观众的重点之一，建议大家除了学习技术之外，多欣赏一些优秀的电影作品，分析其画面构图、光影变化、材质表现及景深处理等，不断提高动画渲染的制作技艺。

第2章

Maya渲染基础

- 渲染器的设置和使用
- Maya 灯光的类型和使用方法
- 阴影的类型和设置方法
- Maya 摄影机的使用方法

Maya 是一款专门为三维影视动画制作设计的软件。在 Maya 中，可以完成建模、动画和渲染等一系列工作。在讨论实战项目之前，通过本章内容，先了解 Maya 渲染模块的基本操作。

2.1 渲染模块菜单

在 Maya 中，针对不同的工作，将菜单分成六大模块，分别是 Animation（动画模块）、Polygons（多边形模块）、Surfaces（曲面模块）、Dynamics（动力学模块）、Rendering（渲染模块）和 nDynamics（n 动力学模块）。在状态行中，单击菜单集的下拉菜单，然后选择需要的模块；或者按键盘上的 F2（动画模块）、F3（多边形模块）、F4（曲面模块）、F6（渲染模块）键，再选择需要的模块。每一个模块都有自己的基础菜单，其中渲染模块的基础菜单主要是 Lighting/Shading、Textring、Render、Toon、Stereo 和 Paint Effects 六个部分（见图 2-1）。

图2-1

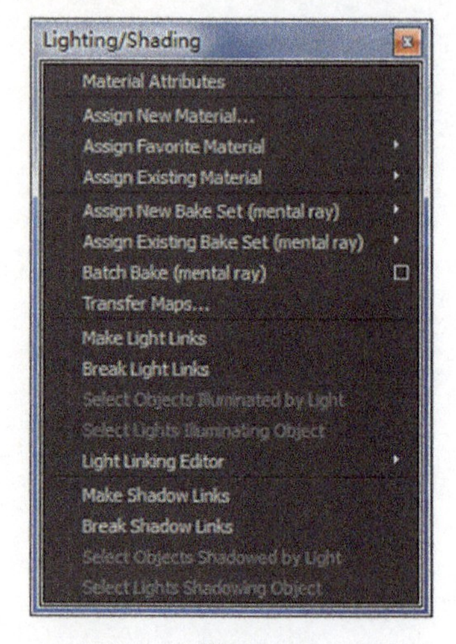

图2-2

1. Lighting/Shading 菜单集中的菜单（见图 2-2）

Assign New Material：指定新材质；Assign New Bake Set：指定新烘培集；Transfer Maps：传递贴图；Make Light Links：生成灯光链接；Break Light Links：断开灯光链接；Light Linking Editor：灯光链接编辑器；Make Shadow Links：生成阴影链接；Break Shadow Linksys：断开阴影链接。

图2-3

2. Texturing 菜单集中的菜单（见图 2-3）

Create Texture Reference Object：创建纹理引用对象；Delete Texture Reference Object：删除纹理引用对象；Select Texture Reference Object：选择纹理引用对象。

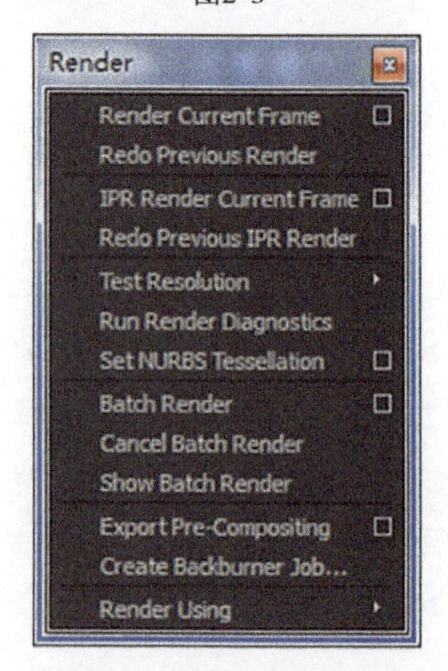

图2-4

3. Render 菜单集中的菜单（见图 2-4）

Render Current Frame：渲染当前帧；Redo Previous Render：重做上一次渲染；IPR Render Current Frame：IPR 渲染当前帧；Test Resolution：测试分辨率；Batch Render：批渲染；Set NURBS Tessellation：设置 NURBS 细分。

4. Stereo 菜单集中的菜单（见图 2-5）

Create → Stereo Camera：创建立体摄影机；Create → Multi Stereo Rig：多重立体装备。

图2-5

2.2 渲染器的使用

2.2.1 渲染器参数设置

Maya 常用的渲染类型有 Software（软件）、Hardware（硬

件）渲染、Vector（矢量）渲染和 Mental Ray 渲染等。这些渲染器有共同的参数，也有自己特有的参数。

单击 Window（窗口）→ Rendering Editors（渲染编辑器）选项，再选择子菜单 Render Settings（渲染设置）（见图 2-6）。

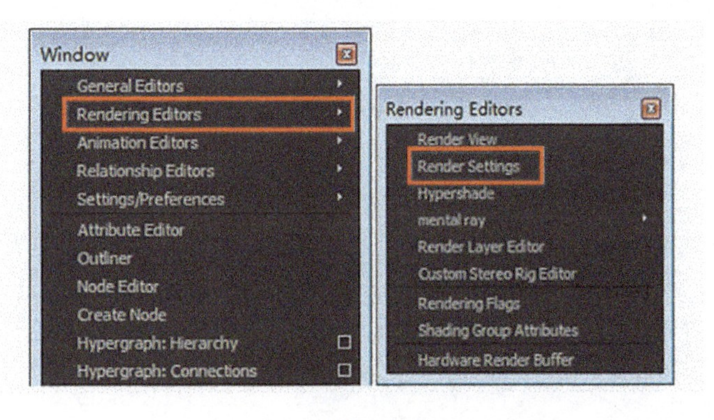

图2-6

Render Settings（渲染设置）中的参数主要分为两部分。一部分是 Common（公用）参数，另一部分是当前渲染器的参数。

Common（公用）属性面板常用的参数包括 File name prefix（文件名前缀）、Image Format（图像格式）、Presets（预设）图像尺寸或 Width（宽度）和 Height（高度）自定义图像尺寸、Enable Default Light（启用默认灯光）（见图 2-7 和图 2-8）。

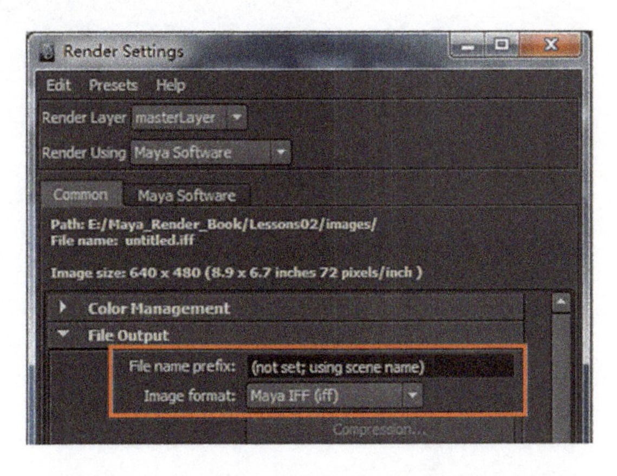

图2-7

如果是渲染序列图文件，要设置 Frame/Animation ext（帧 / 动画扩展名）、Frame Padding（帧填充）、Startframe（开始帧）、Endframe（结束帧）和 By frame（帧数）参数。其中，对 Frame/Animation ext（帧 / 动画扩展名）参数的设置，可以选择帧编号附加到文件名上的位置；对 Frame Padding（帧填充）参数的设置，可以选择帧编号扩展名的位数；Startframe（开始帧）是渲染开始的第一帧，默认设置为 1；Endframe（结束帧）是渲染结束的最后一帧，默认设置为 10；By frame（帧数）是对要渲染的帧

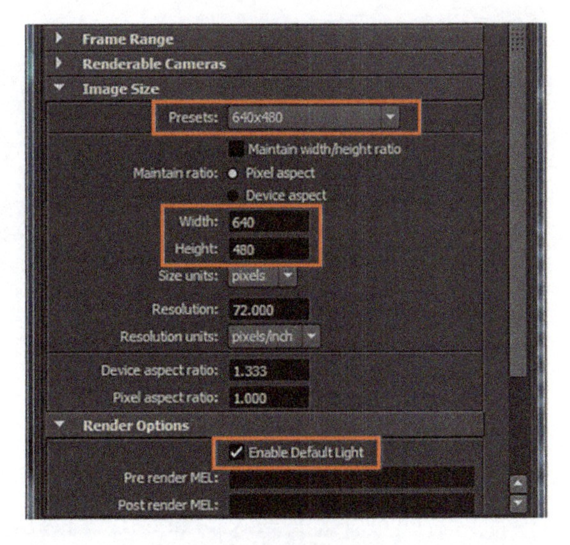

图2-8

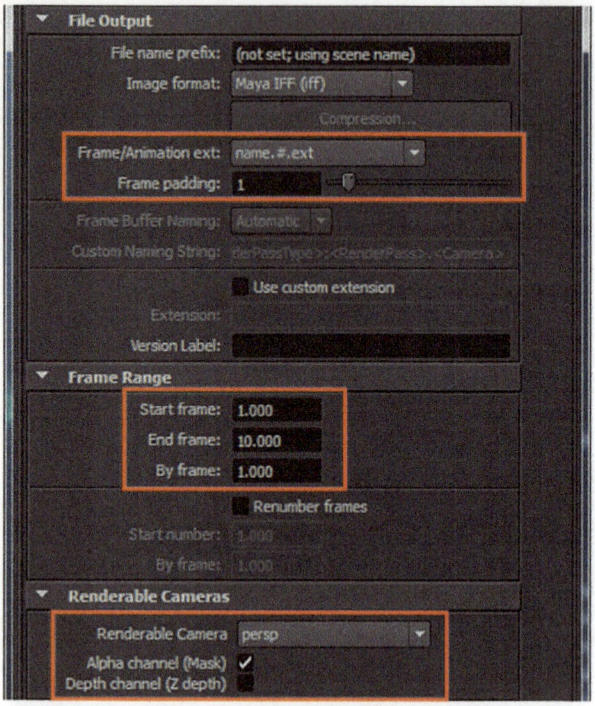

之间的增量设置参数。一般使用默认值 1，即对场景逐帧渲染（见图 2-9）。

Renderable Camrea（可渲染摄影机）参数用来选择渲染场景所使用的摄影机；Alpha channel（Mask）（通明通道（遮罩））是控制渲染图像是否包含遮罩的参数，默认设置为启用；Depth channel（Z depth）（深度通道（Z 深度））是控制渲染图像所包含深度通道的参数，默认设置为“禁用”（见图 2-9）。

图2-9

在 Render Settings 属性编辑器中选择 Render Using（使用以下渲染器渲染）的下拉菜单，可以选择渲染器的类型（见图 2-10）。

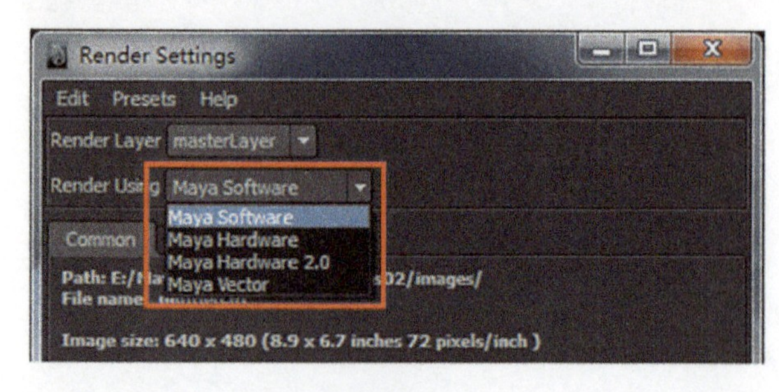

图2-10

Maya 默认的渲染器是 Maya Software。使用 Maya Software 渲染器时，需要设置的参数主要有 Quality（质量）和 Edge anti-aliasing（边缘抗锯齿）。其中，Quality（质量）在最终输出文件时一般设置为 Production Quality（产品级质量），也可以根据具体需要选择其他等级的质量；Edge anti-aliasing（边缘抗锯齿）是控制渲染对象在渲染过程中如何进行抗锯齿处理的参数，一般设置为 Highest Quality（最高质量）。

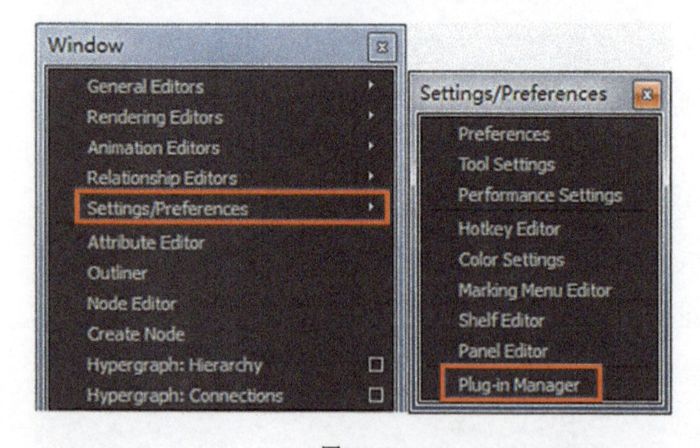

图2-11

另一种 Maya 中常用的渲染器是 Mental Ray 渲染器。使用 Mental Ray 渲染器之前，要在 Plug-in Manager（插件管理器）中激活它：选择 Window（窗口）菜单 Settings/Preferences（设置 / 首选行）中的 Plug-in Manager（插件管理器）（见图 2-11），找到 Mental Ray 渲染器的激活选项 Mayatomr.mll，勾选启用。启用 Mental Ray 渲染器之后，在窗口菜单下选择 Rendering Editors（渲染编辑器）选项，打开子菜单 Render Settings（渲染设置）（见图 2-12）。

打开 Render Using（使用以下渲染器渲染）的下拉菜单，然后选择 Mental Ray 渲染器，可以对 Mental Ray 渲染器的参数进行设置。

Mental Ray 渲染器的参数包括 Passes（过程）、Feature（功能）、Quality（质量）、Indirect Lighting（间接照明）、Options（选项）五部分。本节主要讲解 Feature（功能）、Quality（质量）和 Indirect Lighting（间接照明）选项卡中部分参数的设置（见图 2-13）。

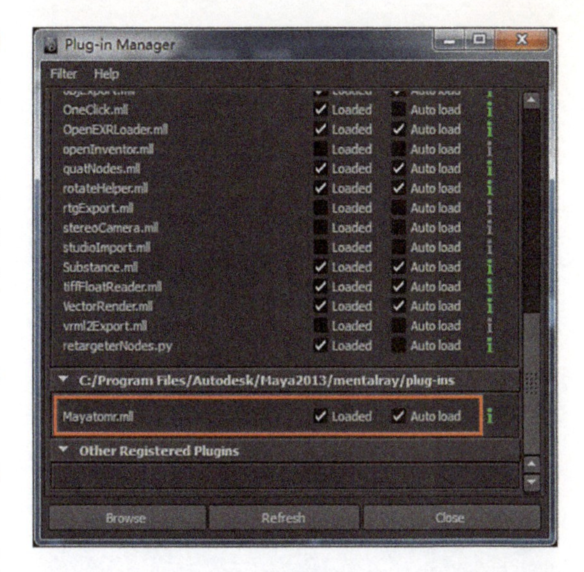

图2-12

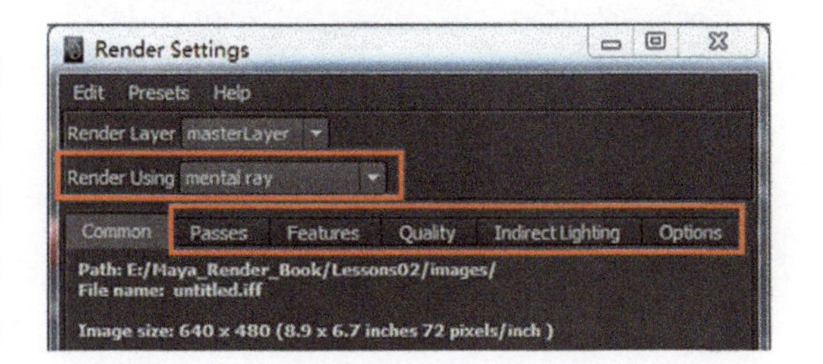

图2-13

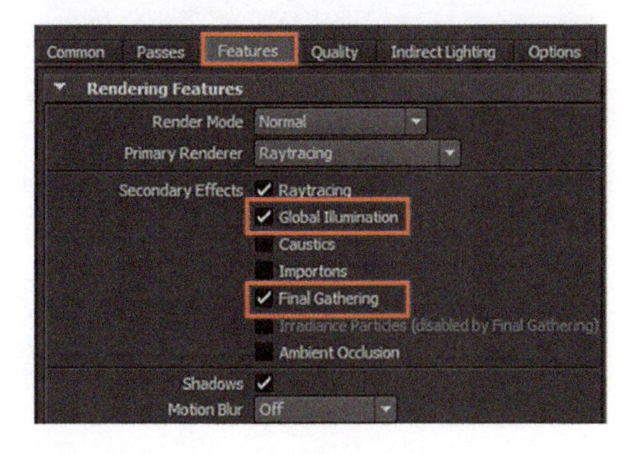

图2-14

在 Feature（功能）和 Indirect Lighting（间接照明）选项卡中，主要设置 Global Illumination（全局照明）和 Final Gathering（最终聚集）参数。Global Illumination（全局照明）是一种允许使用间接照明和颜色溢出等效果的过程，默认设置为禁用。Final Gathering（最终聚集）是模拟全局照明的方法。与 Global Illumination（全局照明）结合使用时，最终聚集可以为场景创建最逼真、物理上精确的光源条件，默认设置为禁用。使用 Global Illumination（全局照明）和 Final Gathering（最终聚集），首先要在 Feature（功能）选项卡中勾选启用 Global Illumination（全局照明）和 Final Gathering（最终聚集）选项（见图 2-14），然后在 Indirect Lighting（间接照明）选项卡中勾选启用 Global Illumination（全局照明）和 Final Gathering（最终聚集）参数。一般情况下，使用默认参数值（见图 2-15）。

在 Quality（质量）选项卡中，一般将 Quality Presets（质量预设）设置为 Production quality（产品级质量），其他参数一般使用默认值。如果要增加图像的细节，将 Filter（过滤器）设置为 Mitchell 或 Lanczos。需要注意的是，改变面板中的参数之后，Quality Presets（质量预设）将自动被设置为 Custom（自定义）（见图 2-16）。

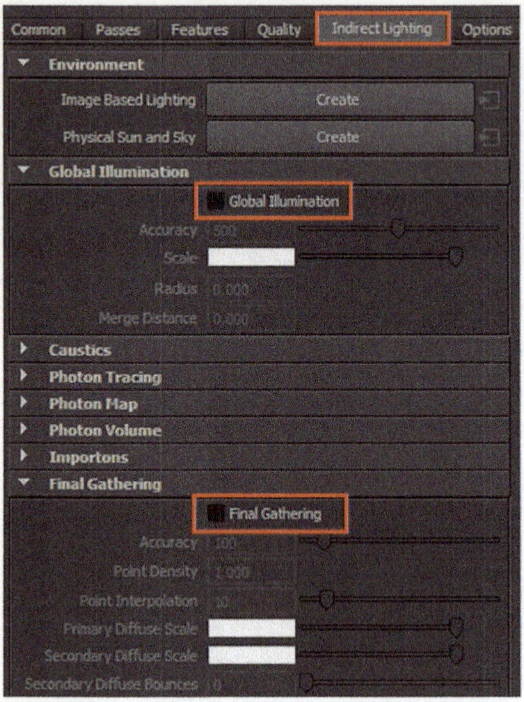

图2-15

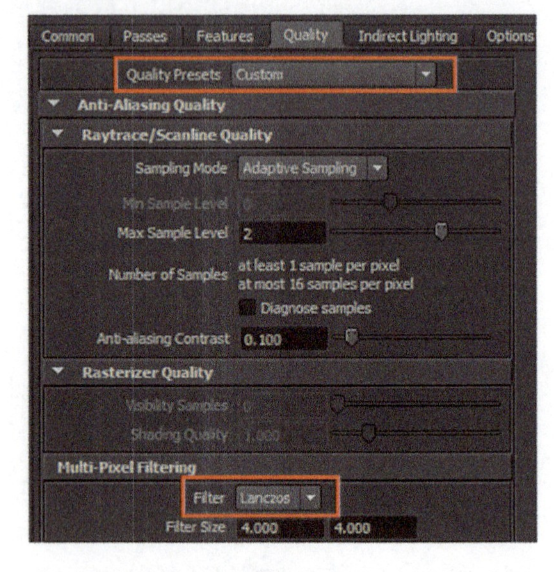

图2-16

2.2.2 测试渲染窗口的使用

Maya 渲染基本分为两个步骤，即测试渲染和批渲染。测试渲染是为了用户方便、快捷地观察渲染效果，批渲染一般用来渲染需要长时间计算才能完成的画面或者大量的连贯动画。

Render View（测试渲染窗口）在 Maya 项目制作中经常用到。利用 Render View（测试渲染窗口），可以更加方便地实时查看场景中灯光、材质等的制作效果。

打开测试渲染窗口有三种方式。第一种方式是在 Window（窗口）菜单中选择 Rendering Editors（渲染编辑器）中的 Render View（测试渲染窗口）（见图 2-17）。

第二种方式是在 Rendering 模块中，选择 Render 菜单中的 Render Current Frame（渲染当前帧），开启 Render View（测试渲染窗口）（见图 2-18 和图 2-19）。

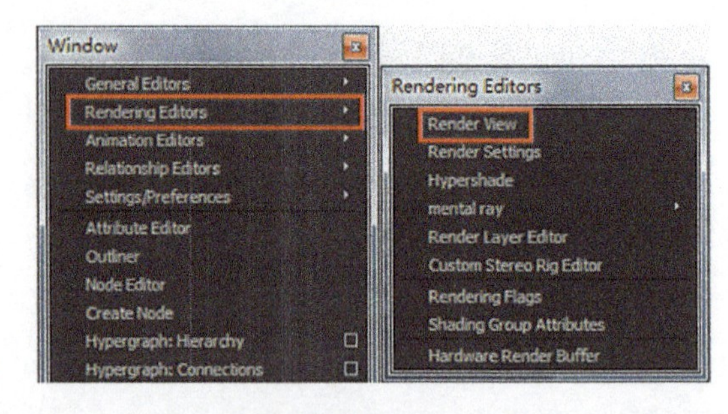

图2-17

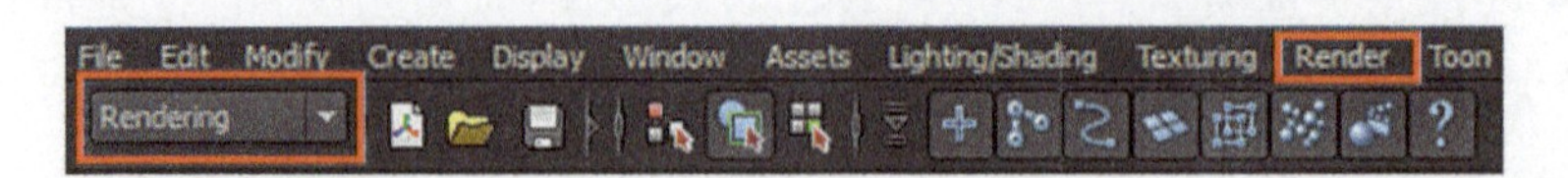

图2-18

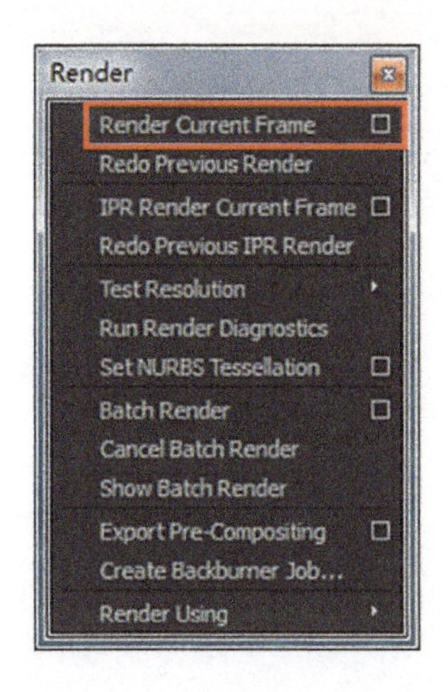

图2-19

第三种方式是在 Status Line（状态栏）中单击渲染当前帧按钮和 IPR 渲染按钮，打开 Render View（测试渲染窗口）（见图 2-20）。

图2-20

Render View（测试渲染窗口）主要分为两个部分。窗口上半部分是菜单栏和工具栏，下半部分是渲染结果和渲染信息的显示区域（见图 2-21）。

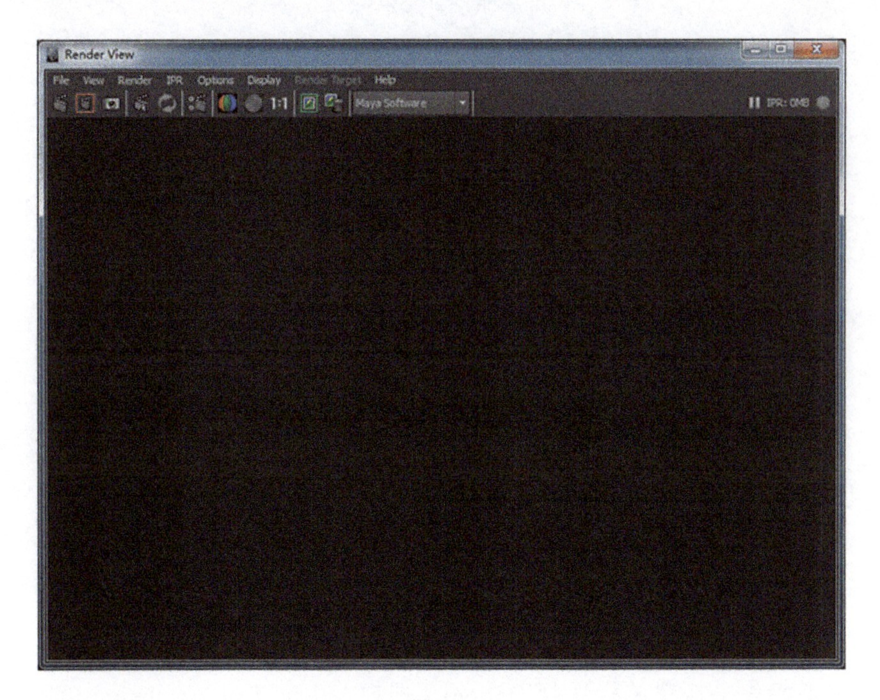

图2-21

工具栏中各个图标的作用分述如下：

：渲染当前帧。

：渲染指定区域选择渲染区域按钮之前，用鼠标在渲染结果显示区域画出一个矩形选区，然后进行渲染制定区域的操作。

：渲染场景快照。

：进行 IPR 渲染。

：刷新 IPR（实时更新）信息。

：渲染设置。

：颜色通道。

：Alpha 通道。

1:1：1:1 显示图像实际尺寸。

：保持图像。

：移除当前图像。

mental ray：选择渲染器。

使用 Render View（测试渲染窗口）时，常用的渲染操作有两种。第一种是进行测试渲染时，比较某些参数的调节。单击保存图像按钮，保存当前的渲染结果。对调节参数之后，重新渲染，此时渲染窗口的最下面出现一个滑块，滑动该滑块，比较参数调节前后的差别（可对多张图像）（见图 2-22）。

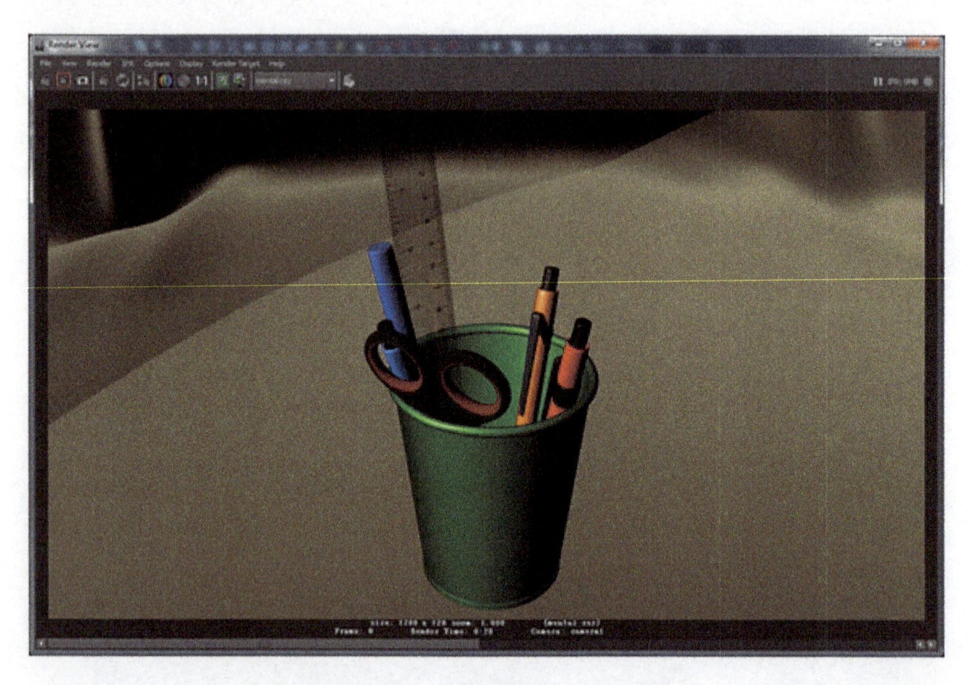

图2-22

第二种渲染操作是在菜单栏选择 Options（选项）中的 Test Resolution（测试分辨率）命令，为测试渲染的结果设置分辨率，以便在不改变最终渲染设置的情况下加快渲染速度

（见图 2-23）。

图2-23

2.2.3 批量渲染

为了更直观地实时查看被渲染物体的制作情况，一般在动画项目最终渲染输出时使用 Batch Render（批量渲染）。

在 Rendering 模块中，选择 Render（渲染）窗口中的 Batch Render（批量渲染）进行批量渲染（见图 2-24 和图 2-25）。

在批量渲染的过程中，可以打开 Window（窗口）中 General Editors（常规编辑器）中的 Script Editor（脚本编辑器），查看渲染情况（见图 2-26 和图 2-27）。

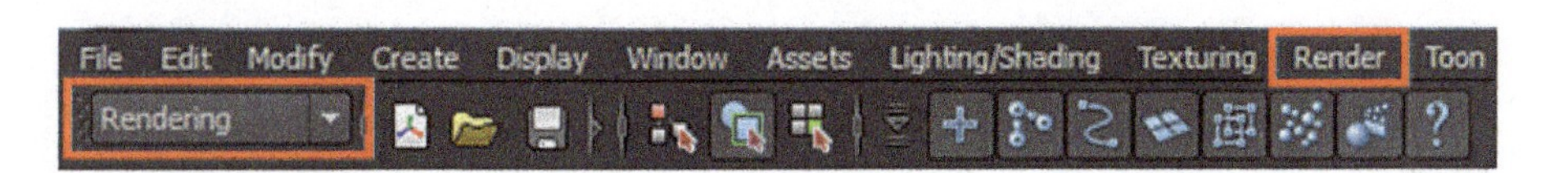

图2-24

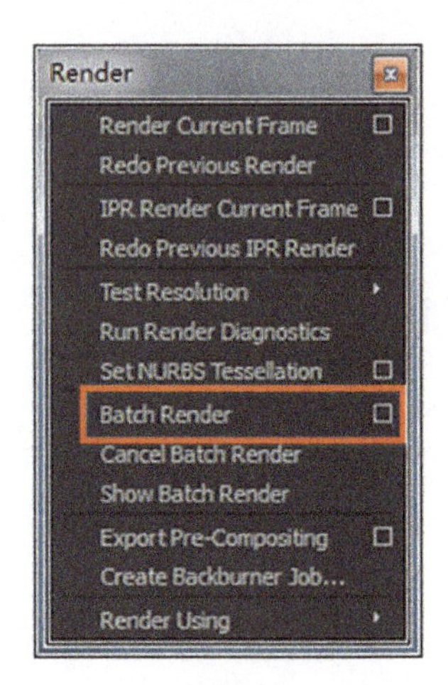

图2-25

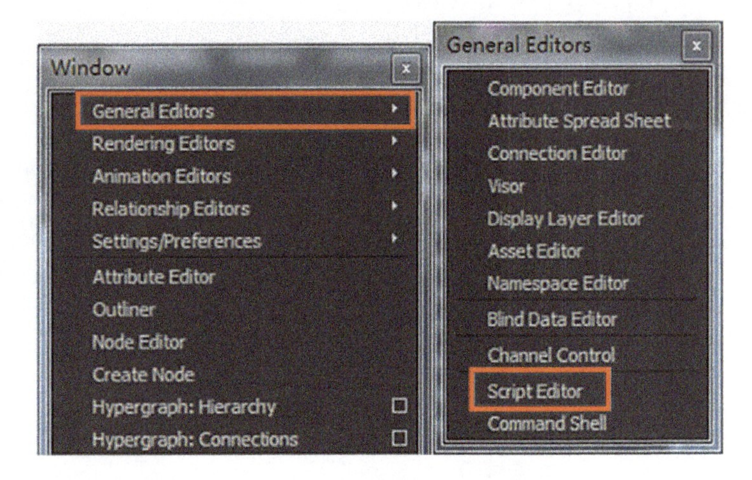

图2-26

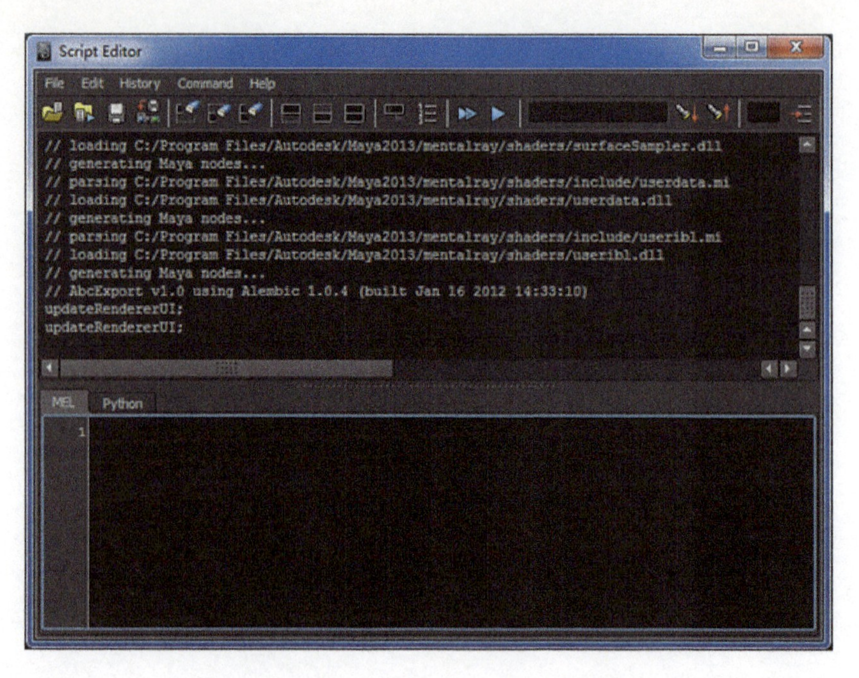

图2-27

渲染进程结束后，可以在指定的保存位置找到渲染输出的图像文件。

2.3 Maya 灯光模块

2.3.1 灯光类型

Maya 中默认包括 6 种不同的灯光类型，分别是 Ambient Light（环境光）、Directional Light（平行光）、Point Light（点光源）、Spot Light（聚光灯）、Area Light（区域光）和 Volume Light（体积光）。

在任意模块中，选择 Create（创建）窗口中的 Light（灯光），可以选择创建 Maya 默认的 6 种灯光类型。每一种灯光在 Maya 场景中的显示图标都有区别（见图 2-28）。

图2-28

1. Ambient Light（环境光）

环境光能够从各个方向均匀地照射场景中的所有物体。环境光同时模拟了两种光的照射方式：一部分光线从光源出发（类似一个灯泡发出的光），平均地向各个方向照射；另一部分光线从场景的各个方向平均地照射所有物体（类似灯泡的光照射在墙壁上产生的漫反射）。环境光的照射效果如图 2-29 所示。

图2-29

2. Directional Light（平行光）

平行光的光线是互相平行的，可以从一个方向平均地发射光线。平行光是没有衰减属性的，所以平行光经常被用来模拟一个遥远并且非常明亮的光源。平行光照射效果如图 2-30 所示。

图2-30

3. Point Light（点光源）

点光源是使用最普遍的光源类型。点光源的光线从光源位置出发，平均地向各个方向照射。点光源的照射效果如图 2-31 所示。

图2-31

4. Spot Light（聚光灯）

聚光灯是具有方向性的光源类型。聚光灯从光源位置出发，在一个圆锥形的区域中平均发射光线。圆锥区域的锥角大小通过调节参数来控制。聚光灯的照射效果如图 2-32 所示。

图2-32

5. Area Light（区域光）

区域光是特殊类型的灯光，它是一种二维矩形光源。区域光的亮度不仅由强度控制，还可以通过调节区域光的面积来控制。在不改变其他参数的情况下，区域光的面积越大，亮度越强。同时，区域光具有非常强的衰减效果。区域光照射效果如图 2-33 所示。

6. Volume Light（体积光）

体积光，顾名思义，就是在体积光形状的体积范围之内的物体受体积光的照射影响，在其体积范围之外的物体不受体积光的照射影响。体积光的形状可以根据实际制作需要来改变，可改变的形状包括 Box（正方形）、Sphere（球形）、Cylinder（圆柱形）、Cone（圆锥形）。不同的形状决定了不同的体积光照射范围（注：在 Maya 没有加载 Mental Ray 渲染器的情况下，Maya Software 渲染器可以渲染出正确的体积光效果；如果加载过 Mental Ray 渲染器，只有用

Mental Ray 渲染器才能渲染出正确的体积光效果）。体积光照射效果如图 2-34 所示。

图2-33

图2-34

2.3.2 灯光基本属性

在 Maya 中，灯光的属性是由灯光属性编辑器里的各项参数控制的。在属性编辑面板中包含灯光的所有属性参数，通过调节灯光的颜色、强度等参数模拟出项目所需要的光效。

在 Maya 默认的 6 种灯光类型中，Spot Light（聚光灯）的属性参数是最全面的，所以下面以 Spot Light（聚光灯）为例，讲解灯光的基本属性。在场景中创建一盏 Spot Light（聚光灯），然后打开灯光属性编辑器（按组合键 Ctrl+A）。灯光属性编辑器的面板有 7 个部分，如图 2-35 所示。

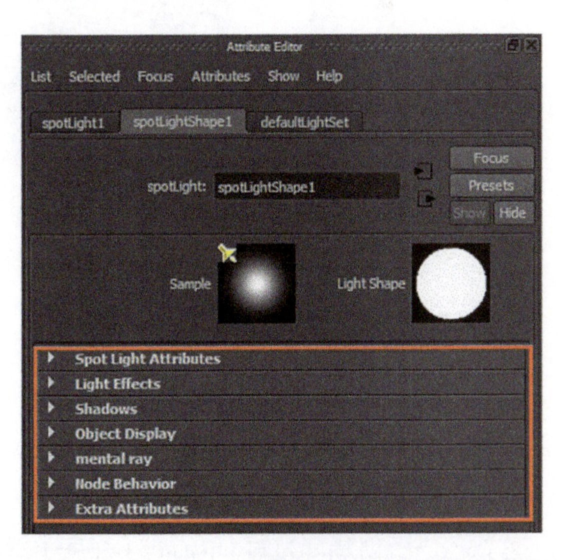

图2-35

单击 Spot Light Attributes 展开聚光灯属性面板，调节灯光的主要属性都在此面板中。

1. Type（类型）

Type（类型）是用来改变灯光类型的属性。通过该选项，可以把当前灯光改变为其他类型。例如，打开 Type（类型）的下拉菜单，将 Spot Light（聚光灯）改成其他任一种灯光类型，如图 2-36 所示。

2. Color（颜色）

Color（颜色）是用来控制灯光颜色的属性。新创建的灯光的 Color（颜色）默认值是白色（R：255，G：255，B：255）。单击颜色区域，打开 Color Chooser 窗口，在此选择需要的灯光颜色。默认的颜色选择模式是 HSV，也可以更改成 RGB 模式。颜色区域右侧的范围控制滑动条用于调节当前颜色明度。最右侧的黑白交错按钮用于制作贴图。单击该按钮，打开 Create Render Node 面板，为灯光的颜色属性制作的材质纹理可以通过灯光投影的形式表现出来（注：在 Maya 中的灯光、材质属性中，右侧有贴图制作按钮的，都可以绘制贴图纹理），如图 2-37 和图 2-38 所示。

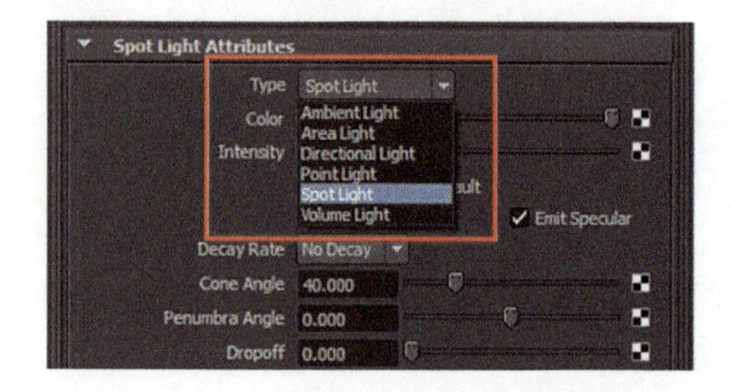

图2-36

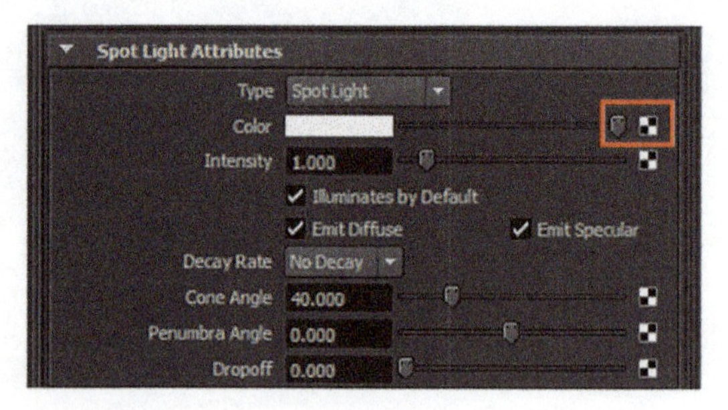

图2-37

图2-38

3. Intensity（强度）

Intensity（强度）是用来控制灯光强度的属性。通俗来讲，就是用来控制灯光的亮度。调节强度值，可以使用右侧的范围控制滑动条，也可以直接在 Intensity（强度）属性文本框中输入数值。使用范围控制滑动条，可调节的强度值在 0 ～ 10 之间；在文本框中可以输入任意数值。新创建灯光的 Intensity（强度）默认值为 1。当灯光的 Intensity（强度）值为 0

时，该灯光没有任何照明效果。当灯光的 Intensity（强度）值大于 0 时，灯光的亮度随着数值的增大而变强。当灯光的 Intensity（强度）值小于 0，为负数时，产生吸光效果，当前灯光会吸收照射范围内其他灯光的光线，一般用于吸收局部范围内其他灯光产生的过曝效果。

4. Illuminates by Default（默认照明）

Illuminates by Default（默认照明）是用来控制灯光的开关。在新创建的灯光中默认开启（已勾选）。如果取消勾选，关闭当前灯光的照明效果。

5. Emit Diffuse（发射漫反射）

Emit Diffuse（发射漫反射）是用来控制灯光对物体照射的漫反射效果的开关。在新创建的灯光中默认开启（已勾选），此时被照射物体在渲染时将模拟出漫反射效果，形成物体自身的颜色。如果取消勾选，被照射物体在渲染时只会产生高光效果，不会模拟出漫反射效果。

6. Emit Specular（发射镜面反射）

Emit Specular（发射镜面反射）是用来控制灯光被照射的高光效果的开关。在新创建的灯光中默认开启（已勾选），此时被照射物体在渲染时将模拟出高光效果。如果取消勾选，被照射物体在渲染时只会产生漫反射效果，不会模拟出高光效果（见图 2-39）。

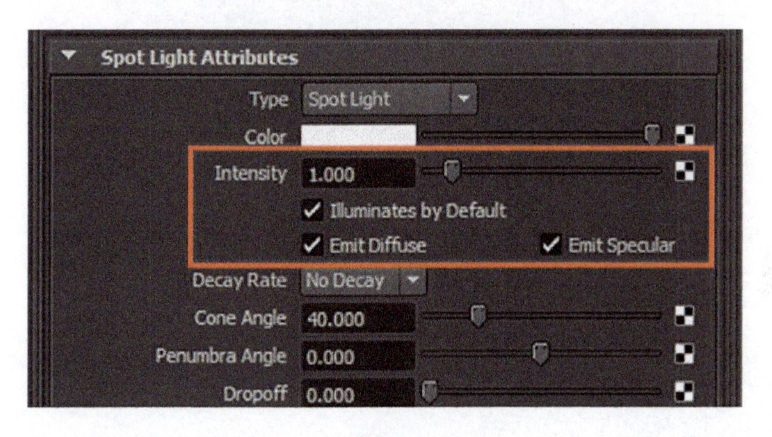

图2-39

7. Decay Rate（衰退速率）

Decay Rate（衰退速率）是用来控制灯光衰减的属性。自然界中的光线在传播的过程中不断被消耗，所以通过调整灯光的 Decay Rate（衰退速率），可以更加真实地模拟自然光效。打开 Decay Rate（衰退速率）的下拉菜单，可以看到 No Decay（无衰减）、Linear（线性衰减）、Quadratic（二次方衰减）和 Cubic（立方衰减）4 种衰减方式（见图 2-40）。在新创建的灯光中，Decay Rate（衰减比率）默认选择 No Decay（无衰减）。在实际项目制作中，Decay Rate（衰退速率）属性的调节对于表现场景的真实感和场景深度有很好的效果。

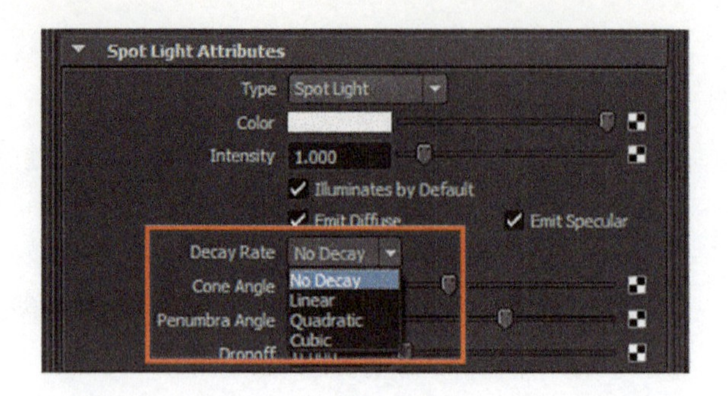

图2-40

8. Cone Angle（圆锥体角度）

Cone Angle（圆锥体角度）是 Spot Light（聚光灯）特有的属性，用于调节聚光灯光源的照射范围。调节 Cone Angle（圆锥体角度）的方式有两种，一种是直接在文本框中输入需要的数值，另一种是拖动右边的范围控制滑动条来调节。Cone Angle（圆锥体角度）属性的有效参数范围是 0.006 ～ 179.994（见图 2-41）。

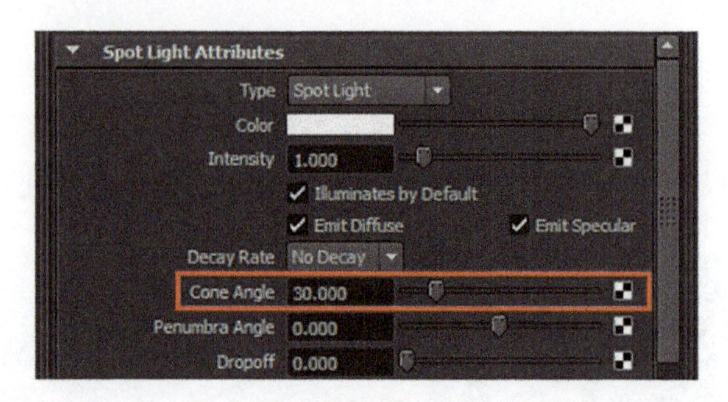

图2-41

打开第 2 章的场景文件 test2-1，调整聚光灯圆锥体角度参数为 30 或 40，并对比效果（见图 2-42）。

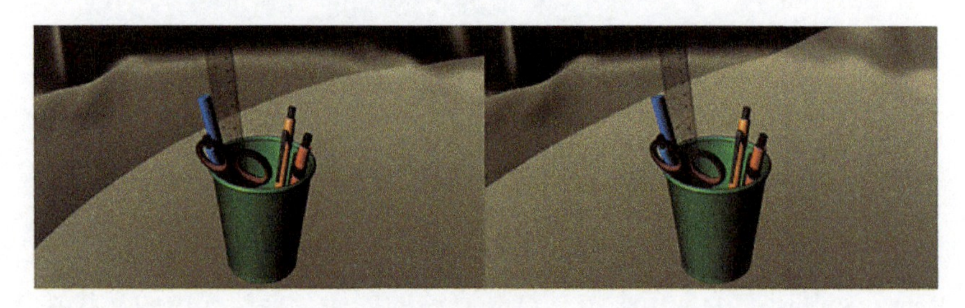

图2-42

9. Penumbra Angle（半影角度）

Penumbra Angle（半影角度）是用来调节聚光灯锥角边缘在半径方向上衰减程度的属性。Penumbra Angle（半影角度）是 Spot Light（聚光灯）特有的属性，实际的效果就是 Spot Light（聚光灯）的强度以线性方式从锥角边缘下降到 0，类似 Photoshop 中的羽化效果。Penumbra Angle（半影角度）属性的有效参数范围是-179.994～179.994；使用范围控制滑动条，可调节的范围是-10～10。新创建灯光的Penumbra Angle（半影角度）默认值为0，此时灯光的照射边缘没有衰减。当灯光的Penumbra Angle（半影角度）值大于0时，照射边缘随着数值的增大向外扩展产生衰减效果。当灯光的Penumbra Angle（半影角度）值为负数时，照射边缘随着数值的减小向内扩展产生衰减效果（见图2-43）。

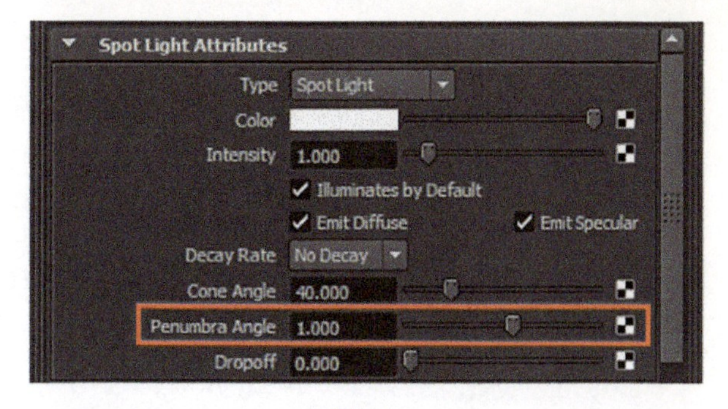

图2-43

10. Dropoff（衰减）

Dropoff（衰减）是用于控制灯光强度从聚光灯光束中心到边缘的衰减速率的属性。Dropoff（衰减）属性的有效参数范围是0～+∞，使用范围控制滑动条可调节的范围是0～255。

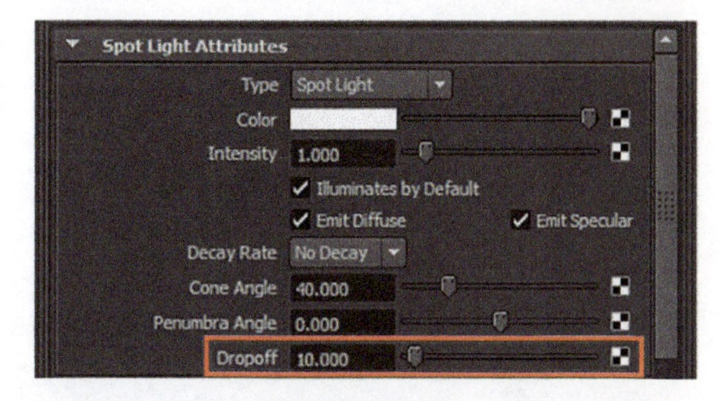

图2-44

需要注意的是，Dropoff（衰减）属性的典型值在0～50之间，小于或等于1的值会产生几乎相同的效果（沿光束半径无法看到强度下降）。新创建灯光的Dropoff（衰减）默认值为0，没有衰减（见图2-44）。

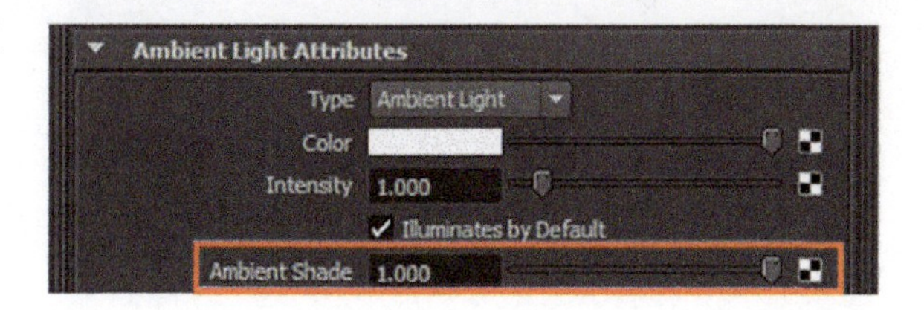

图2-45

Ambient Light（环境光）有一个特有的属性：Ambient Shade（环境光明暗处理），用于控制环境光从光源出发向场景各个方向照射的光线和从场景的各个方向平均照射的光线的比例。Ambient Shade（环境光明暗处理）的有效参数是0～1。可以使用范围控制滑动条来调节，也可以直接在文本框中输入0～1之间的数值。当Ambient Shade（环境光明暗处理）的值为1时，Ambient Light（环境光）相当于一个点光源，只有从光源出发向场景各个方向照射的光线（见图2-45和图2-46）。

图2-46

2.3.3 阴影的类型及属性

在真实世界中，光和影是互相依存的。光源照射在物体上，物体被光源照射的一面被照亮，背对光源的一面是黑的。当一个物体处在另一物体与光源的中间位置时，会产生投影。在 Maya 中，当灯光照射在一个物体上时，被灯光照射的一面被照亮，没有被灯光照射的一面是黑的。但是默认的 Maya 灯光设置不会使物体产生投影。为了使场景和物体产生空间感和质量感，需要为 Maya 灯光添加阴影。

Maya 的灯光属性面板中 Shadows（阴影）部分提供了两种阴影生成方式：Depth Map Shadows（深度贴图阴影）和 Ray Trace Shadows（光线追踪阴影）（注：Ambient Light（环境光）只支持 Ray Trace Shadows（光线追踪阴影），没有 Depth Map Shadows（深度贴图阴影）选项），如图 2-47 所示。

图2-47

1. Depth Map Shadows（深度贴图阴影）

打开灯光属性编辑器面板，在 Shadows（阴影）中找到 Depth Map Shadows Attributes（深度贴图阴影），面板中的常用参数讲解如下。

（1）Use Depth Map Shadows（使用深度贴图阴影）

Use Depth Map Shadows（使用深度贴图阴影）在新创建的灯光中是默认关闭的。勾选开启以后，该灯光产生深度贴图阴影，其属性参数被激活（见图 2-48）。

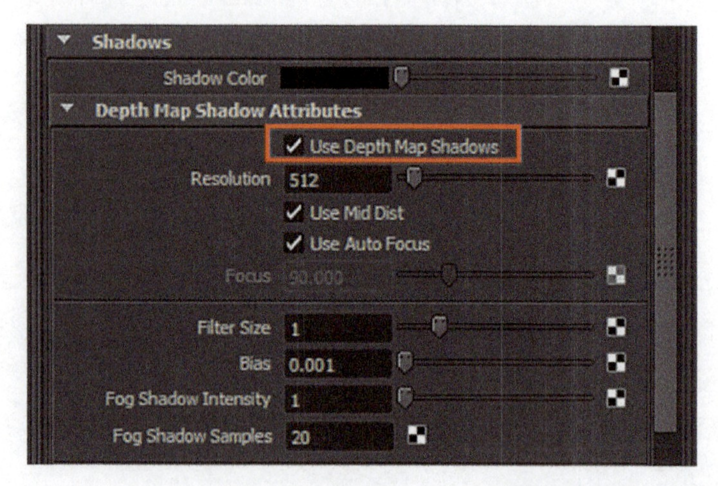

图2-48

（2）Resolution（分辨率）

Resolution（分辨率）是控制灯光阴影分辨率的属性。如果 Resolution（分辨率）值小，阴影边缘将锯齿化或像素化。但增加 Resolution（分辨率）的值，会增加渲染时间，因此在项目制作过程中，要设置一个适当的值（见图 2-49）。图 2-50 所示为 Resolution（分辨率）参数为 512 和 4096 的对比效果。

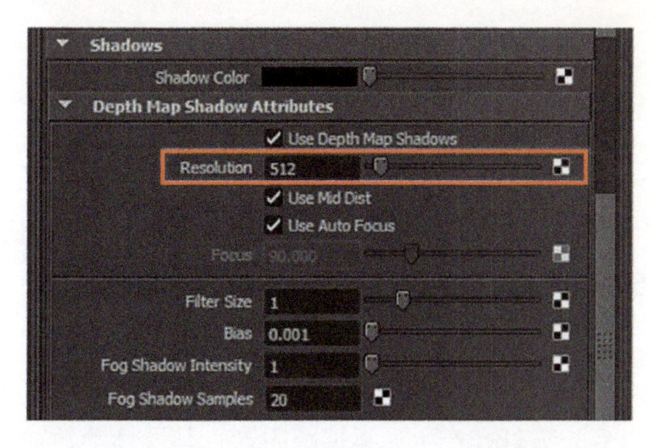

图2-49

图2-50

（3）Filter Size（过滤器大小）

Filter Size（过滤器大小）是控制深度贴图阴影边缘柔和度的属性（注：阴影边缘的柔和度还受 Resolution（分辨率）的控制）。Filter Size（过滤器大小）的有效参数范围是 0～+∞。新创建的灯光 Filter Size（过滤器大小）的默认值是 1。使用范围控制滑动条可调节的范围是 0～5，也可以直接在文本框中输入 0～+∞的数值。通常 Filter Size（过滤器大小）的值为 3 或者更小（见图 2-51）。

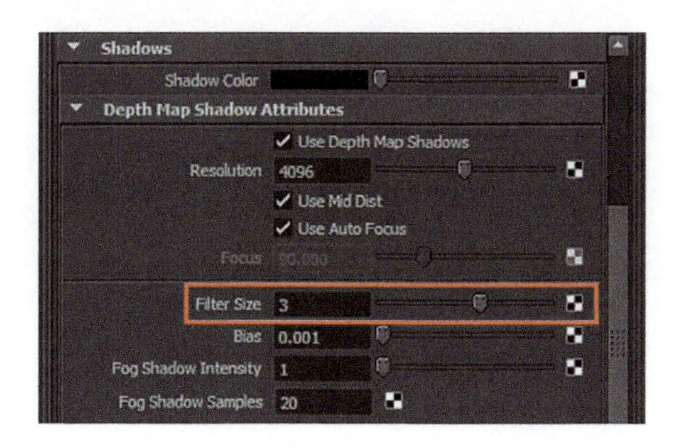

图2-51

（4）Bias（偏移）

Bias（偏移）是用来控制深度贴图阴影偏移物体的程度的属性。只有当所照明的曲面上

出现暗斑、条纹或阴影要从阴影投射曲面分离时，才需要调整 Bias（偏移）的值。一般情况下使用默认值 0.001。Bias（偏移）的有效参数范围是 0 ～ 1。

2. Ray Trace Shadows（光线追踪阴影）

打开灯光属性编辑器面板，在 Shadows（阴影）中找到 Ray Trace Shadows Attributes（光线追踪阴影属性），面板中的常用参数讲解如下。

（1）Use Ray Trace Shadows（使用光线追踪阴影）

Use Ray Trace Shadows（使用光线追踪阴影）在新创建灯光中是默认关闭的。勾选开启以后，该灯光产生光线追踪阴影，其属性参数被激活（见图 2-52）。

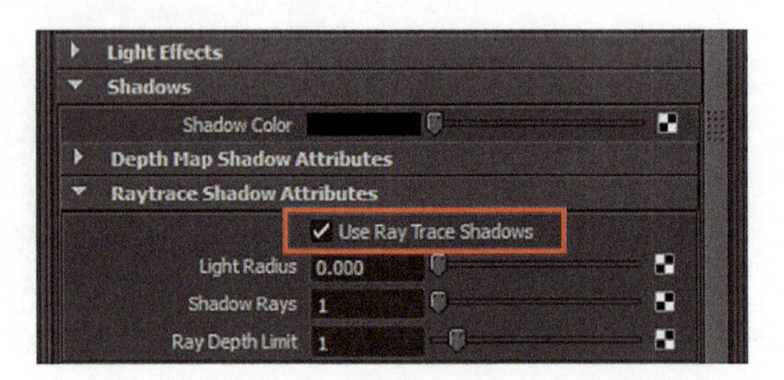

图2-52

打开第 2 章中的场景文件 test2-2，启用 Ray Trace Shadows（光线追踪阴影）后的渲染效果，如图 2-53 所示。

图2-53

（2）Shadow Radius（阴影半径）、Light Radius（灯光半径）、Light Angle（灯光角度）

Shadow Radius（阴影半径）、Light Radius（灯光半径）、Light Angle（灯光角度）都用来控制阴影边的柔和度。数值越大，柔和程度越高，但是会出现颗粒现象。其中，Shadow Radius（阴影半径）是环境光中的属性；Light Radius（灯光半径）是点光源、体积光和聚光灯中的属性；Light Angle（灯光角度）是平行光和体积光的属性（见图 2-54）。

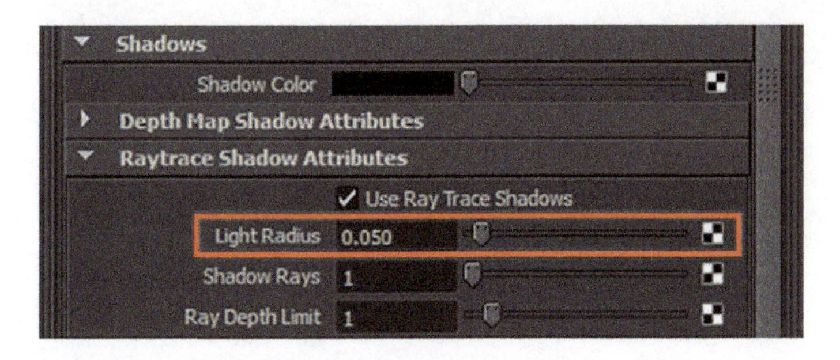

图2-54

调节 Light Radius（灯光半径）参数后的渲染效果如图 2-55 所示。

图2-55

（3）Shadow Rays（阴影光线数）

Shadow Rays（阴影光线数）是用来控制光线追踪阴影的边缘细腻程度的属性。Shadow Rays（阴影光线数）的有效参数范围是 1 ～ + ∞，使用范围控制滑动条可调节的范围是 1 ～ 40。Shadow Rays（阴影光线数）值越大，渲染时间越长。因此在项目制作过程中，要设置适当的值（见图 2-56）。

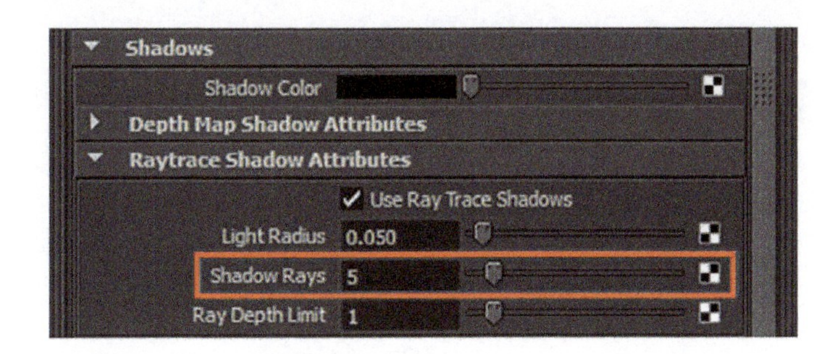

图2-56

调节 Shadow Rays（阴影光线数）参数后的渲染效果如图 2-57 所示。

图2-57

（4）Ray Depth Limit（光线深度限制）

Ray Depth Limit（光线深度限制）是用来控制生成光线跟踪阴影时光线反射或折射计算次数的属性。新创建的灯光默认值是 1。如果将 Ray Depth Limit（光线深度限制）设定为 1，则阴影仅在地平面上可见。如果将 Ray Depth Limit（光线深度限制）设定为 2，则阴影在地平面和反射平面上均可见。当同时使用 Render Globals（渲染全局设置）中 Raytracing Quality 的 Shadows（阴影）参数时，Maya 默认选择一个较小的值作为最终次数。

2.3.4 灯光操纵器

学会使用灯光操纵器，可以使灯光调节、操控更加方便。灯光操纵器用于调节灯光的入射角度、目标点、灯光属性等。在场景中选中需要调节的灯光，然后单击工具箱中的“显示操纵器工具”（Show Manipulator Tool）按钮或按下键盘上的“T”键，打开灯光操纵器。灯光操纵器由四部分组成，分别是灯光原点、目标点、循环开关和枢轴点，如图 2-58 所示。

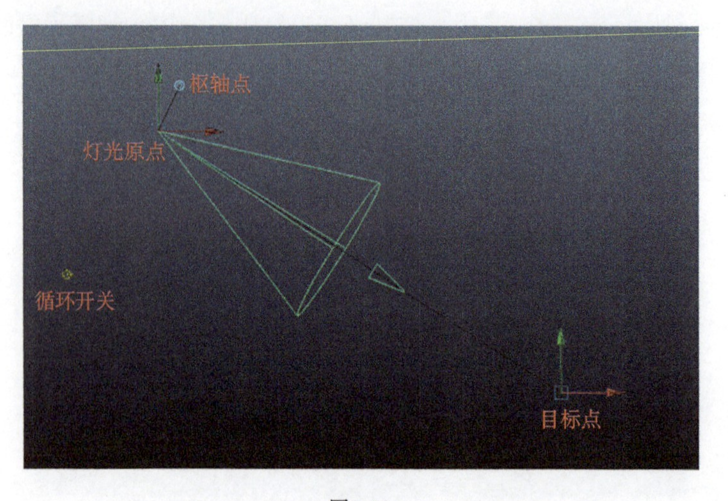

图2-58

其中，灯光原点用来控制灯光的位置；目标点，顾名思义，用来控制灯光的照射位置；循环开关用来显示不同类型的灯光操纵器；枢轴点用于设置被操纵灯光的不同轴点。

2.4 Maya 摄影机模块

渲染同真实拍摄一样，都必须有一台定位好的摄影机来拍摄影像。一般来说，三维软件提供了4个默认的摄影机，那就是软件中的4个视图窗口，分别是顶视图、正视图、侧视图和透视图。在通常情况下，我们渲染的是透视图或自定义摄影机视图。Maya 中的摄影机与真实摄影机相比有一些优点：Maya 摄影机不受大小或重量限制，可以移动到场景中的任何位置，甚至是最小型对象的内部，给动画创作提供了更好的条件。

2.4.1 摄影机基本类型

Maya 中常用的动画摄影机主要包括 Camera（摄影机）、Camera and Aim（摄影机和目标）和 Camera，Aim，and Up（摄影机、目标和上方向）。Camera（摄影机）可用于静态场景和简单的动画；Camera and Aim（摄影机和目标）摄影机可用于较为复杂的动画，例如追踪物体的移动线路；Camera，Aim，and Up（摄影机、目标和上方向）摄影机可以指定摄影机的哪一端必须朝上，适用于复杂的动画，如随着转动的过山车移动的摄影机。

以上三种摄影机的创建流程是：在任意 Maya 模块中，选中创建菜单中的 Camera（摄影机），然后选择需要的摄影机类型（见图 2-59）。

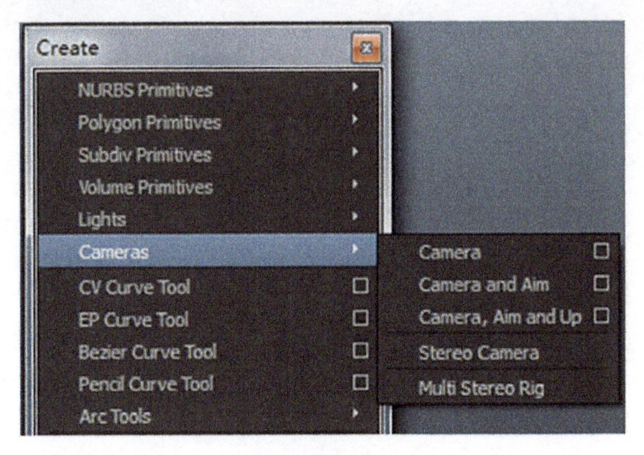

图2-59

2.4.2 摄影机基本属性

选择场景中的摄像机，打开摄影机属性编辑器（按下键盘上的 Ctrl+A）。在属性编辑面板中包含摄影机的所有属性参数，通过调节各项参数模拟项目所需要的摄影机效果。本节介绍 Camera Attribute（摄影机属性）、Film Back（胶片背）和 Depth of Field（景深）中的部分参数。

1. Camera Attribute

Camera Attribute（摄影机属性）中的参数都是在 Maya 项目制作中常用的基本属性。

（1）Focal Length（聚焦距离）

聚焦距离指的是镜头中心到物体的距离。增加焦距，物体离镜头越近，物体在摄影机中越大；减小焦距，物体离镜头越远，物体在摄影机中越小。Focal Length（聚焦距离）的有效值范围为 2.5 ～ 3500，默认值为 35（见图 2-60）。不改变摄影机的位置，Focal Length（聚焦距离）值为 35 与 70 的差别如图 2-61 所示。

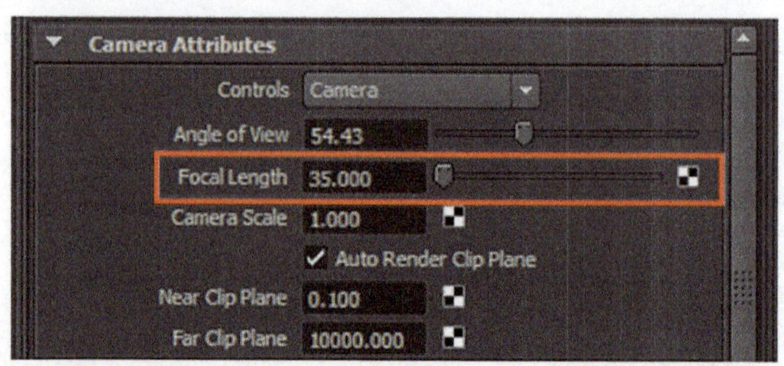

图2-60

图2-61

（2）Auto Render Clip Plane（自动渲染剪裁平面）

自动渲染剪裁平面是 Maya 特有的属性，一般默认勾选。如果此项处于打开状态，会自动设置近剪裁平面和远剪裁平面，因此在摄影机视图中包含所有对象。

2. Film Back

Film Back（胶片背）中的属性是控制摄影机的基本属性。

（1）Film Gate（胶片门）

在胶片门中选择一个预设好的摄影机类型，Maya 会自动设置 Camera Aperture（摄影机光圈）、Film Aspect Ratio（胶片纵横比）和 Lens Squeeze Ratio（镜头挤压比）等属性。默认设置为 User（用户）。

（2）Camera Aperture（摄影机光圈）

摄影机光圈模拟现实中相机光圈的属性，对摄影机的视角有直接影响。默认值为 1.417 和 0.945。

（3）Film Aspect Ratio（胶片纵横比）

胶片纵横比是 Camera Aperture（摄影机光圈）的宽度和高度之比，有效值范围是 0.01 ～ 10，默认值为 1.5。改变 Film Aspect Ratio（胶片纵横比）后，Camera Aperture（摄影机光圈）和 Focal Length（聚焦距离）跟着改变。

（4）Lens Squeeze Ratio（镜头挤压比）

镜头挤压比控制摄影机镜头水平压缩图像的程度，一般使用的值是 1。变形摄影机会水平压缩图像，使大纵横比的图片落在方形区域内（见图 2-62）。

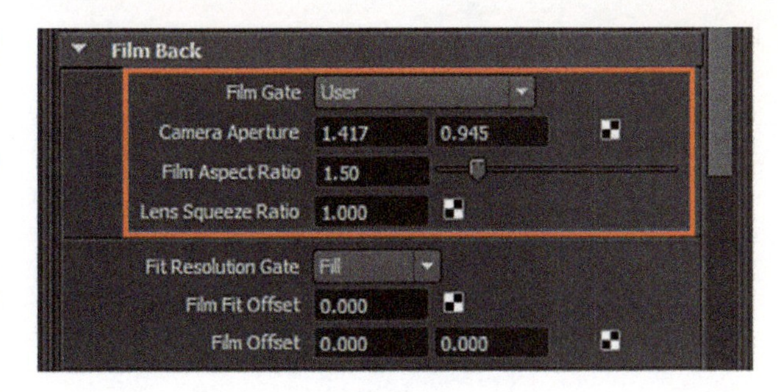

图2-62

3. Depth of Field

Depth of Field（景深）中的属性一般用来控制摄影机焦点的位置。景深是照片中锐化聚焦的区域。

（1）Depth of Field（景深）

启用此选项之后，摄影机的焦点将聚集于场景中的某些对象，其他对象会模糊或超出焦点；如果禁用此选项，摄影机聚焦于场景中的所有对象。Depth Of Field（景深）在默认情况下处于禁用状态。

（2）Focus Distance（聚焦距离）

聚焦距离是用来控制景深深浅属性。减小 Focus Distance（聚焦距离），景深将降低。Focus Distance（聚焦距离）的默认值为 5，有效范围为 0 ～ + ∞。

（3）F Stop（F 制光圈）

F 制光圈的设置范围可影响 Depth Of Field（景深）。F Stop（F 制光圈）越低，Depth Of Field（景深）的量越低；F Stop（F 制光圈）越高，Depth Of Field（景深）的量越高。

（4）Focus Region Scale（聚焦区域比例）

聚焦区域比例是用来缩放 Focus Distance Value（聚焦距离值）的属性，有效值范围是 0 ～ + ∞，默认值为 1（见图 2-63）。

图2-63

2.4.3 摄影机视图操作

摄影机视图是以摄影机的角度查看物体。在摄影机视图中看到的所有物体，就是最终使用该摄影机渲染的结果。打开面板工具栏 Panels（面板）中的 Perspective 选择某个摄影机，进入摄影机视图（见图 2-64）。

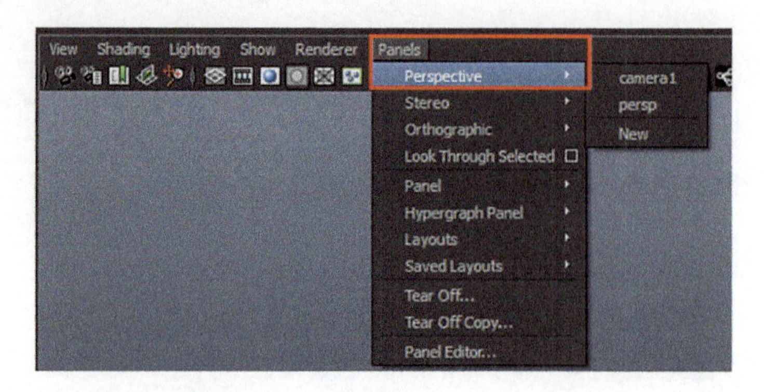

图2-64

另一种方法是在场景中选择摄影机，然后选择面板工具栏 Panels（面板）中的 Look Through Selected，进入摄影机视图（见图 2-65）。

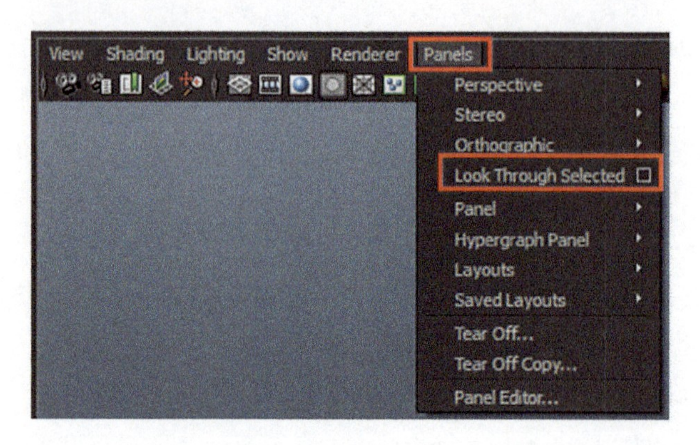

图2-65

在摄影机视图中的所有操作都只是改变摄影机的位置，不能调节摄影机的焦距、视角等参数。滑动鼠标中键可以调节物体与摄影机的距离；同时按下 Alt + 鼠标左键，可以改变摄影机的方向。

本章小结

本章介绍了 Maya 渲染模块的基本操作，主要有渲染模块菜单的构成，渲染器的设置和使用，Maya 灯光的类型和使用方法，阴影的类型和设置方法，Maya 摄影机的使用方法。这些操作在实战项目中反复用到，部分重要内容将在实战项目中结合具体需求来讲解和应用。本章内容可以作为后续应用时菜单和参数的速查表，便于学生在用中学，学中用，温故而知新。

下篇

项目实战篇

项目1

项目2

项目3

项目4

项目5

项目6

项目 1

渲染动画场景——“水果盘”制作

1. 项目需求分析

本项目是广告短片中的一个水果盘静物渲染场景，画面效果要求写实、唯美，也就是说，场景中物体材质要写实，纹理清晰、纯净，没有污迹，光线明亮、柔和。项目的最终渲染效果如图 3-1 所示。

图3-1

2. 核心技术分析

本项目的制作讲解综合介绍了三点布光法则，使用 Maya 默认材质制作物体材质效果，利用 Maya 默认的 Software 渲染器渲染场景，深入学习三维动画场景的标准渲染流程、方法和实施步骤。

3. 艺术风格分析

本项目的渲染要求是真实再现一个静物场景，场景中各个物体的材质和纹理都要尽可能地模拟现实场景。静物场景要突出表现光影的交错和物体的本身属性，苹果的青绿，果盘的陶瓷效果，桌布的柔软，要通过制作清晰地表现出来。

项目背景知识

1. 三点布光法则

项目中的布光对象是室内静物，可以采用传统的三点布光法则营造出更好的空间感、透视感和立体感。三点布光包括主体光、辅助光和背光（或轮廓光）。其中，主体光用来照亮场景中的主要对象及其周围区域，它规定了照明光轴与照射角，明确了光影的方向、角度与范围；辅助光又称补光，用来照亮主体光未照明的区域，柔化主体光的阴影，调和明、暗区域之间的强烈反差，从而形成更好的层次和景深效果；背光（或轮廓光）用来把物体与环境隔开，增加背景的亮度，从而衬托主体，使主体对象与背景分离（见图 3-2）。

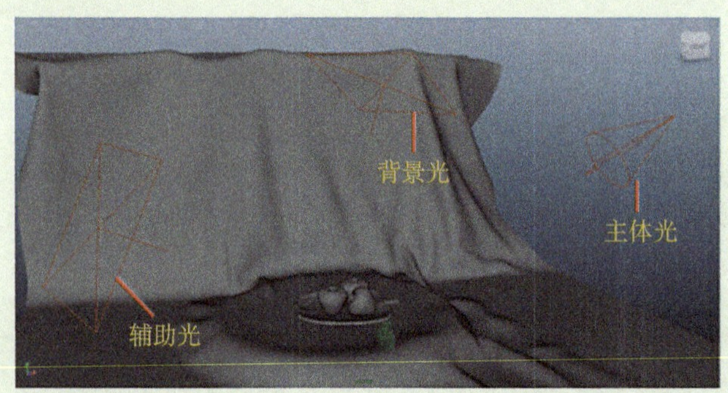

图3-2

2. 三点布光的效果

本场景运用三点布光法则之后的光影效果如图 3-3 所示。

图3-3

项目实施流程图如下所示：

（1）场景灯光设置的流程

（2）材质纹理设置的流程

任务1-1 灯光阴影设置

本项目运用三点布光法则布置场景灯光，包括主体光、辅助光和背景光（轮廓光）。

步骤 1　设置主体光

主体光选择使用聚光灯。在创建菜单中选择标准的 Spot Light（聚光灯）命令，即执行 Lights → Spot Light 命令（见图 3-4 和图 3-5），创建主体光并命名为 ZhuGuang。

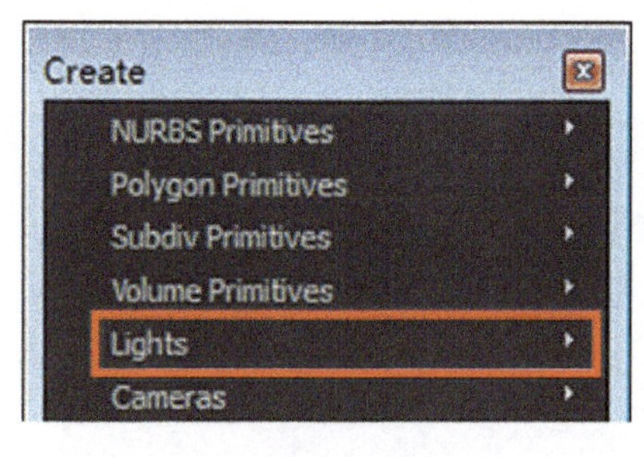

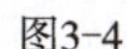
图3-4

图3-5

聚光灯在日常生活中是指使用聚光镜头或反射镜等聚成的光，具有强度强、照幅窄的特性。在本项目中使用聚光灯作为主体光，可以更好地表现静物的光影效果。

将场景切换至四视图的显示方式，然后将主体光位置调节在物体的右上方（见图 3-6）。

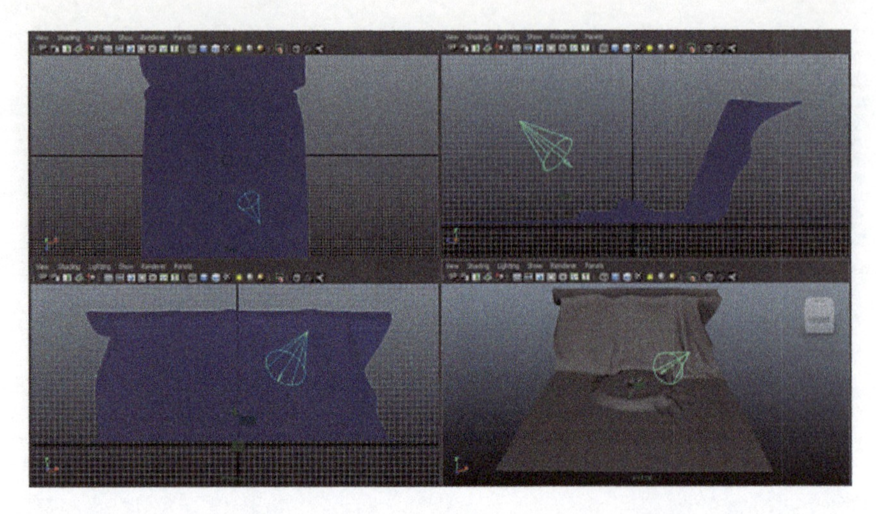

图3-6

选中 ZhuGuangShape，在灯光属性面板，调整 Intensity（强度）为 1.8，Cone Angle（圆锥体角度）为 44.5，Penumbra Angle（半影角度）为 10.0，Dropoff（衰减）为 103.5（见图 3-7）。

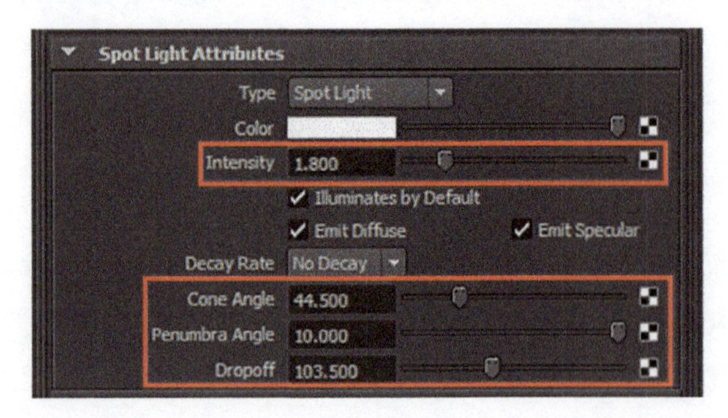

图3-7

调整主体光位置和参数后的渲染效果如图 3-8 所示。

图3-8

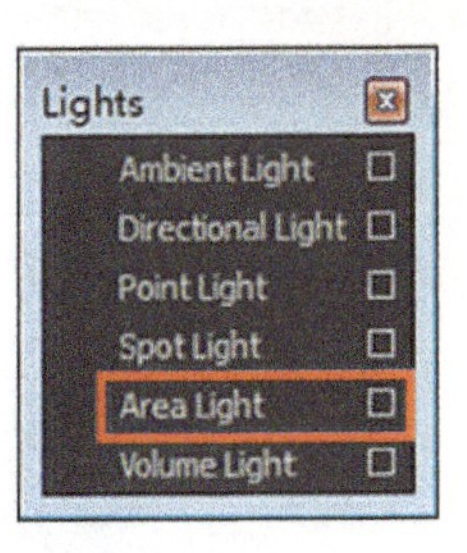

图3-9

步骤 2　设置辅助光

辅助光（也称辅光）选择用区域光来模拟现实的光影。在创建菜单中选择标准的 Area Light（区域光）命令（见图 3-9）。

区域光是从平面矩形区域进行照射，可以创建出真实的高光效果，很好地模拟出散射光线，柔化主体光投射下的阴影。

调节辅光灯的位置和大小，如图 3-10 所示。

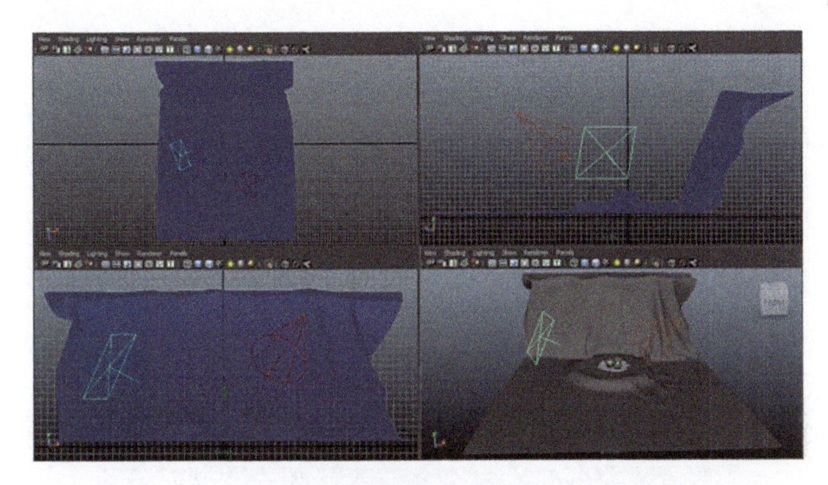

图3-10

选中辅光，在灯光属性面板中调整 Intensity（强度）为 0.2，如图 3-11 所示。

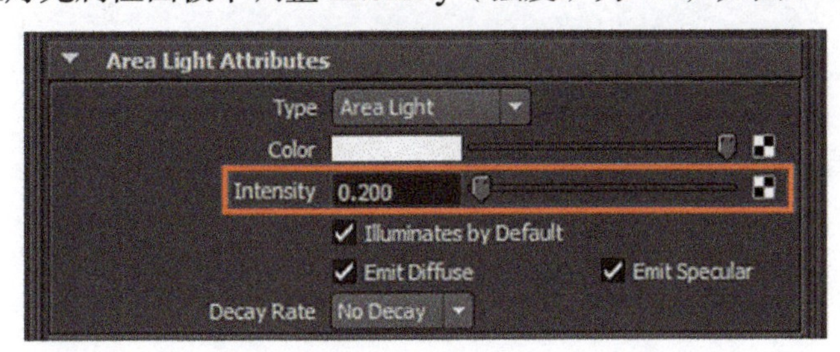

图3-11

调整辅助光的位置和参数后的渲染效果如图 3-12 所示。

图3-12

步骤 3　设置背景光

背景光（轮廓光）也选择用区域光来模拟现实的光影。调节背景光（轮廓光）的位置和大小如图 3-13 所示。

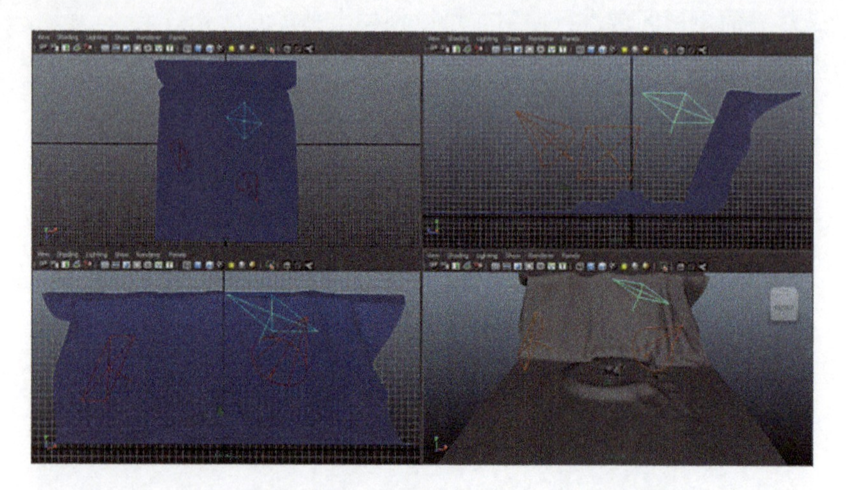

图3-13

选中背景光，在灯光属性面板中调整 Intensity（强度）为 0.1，如图 3-14 所示。

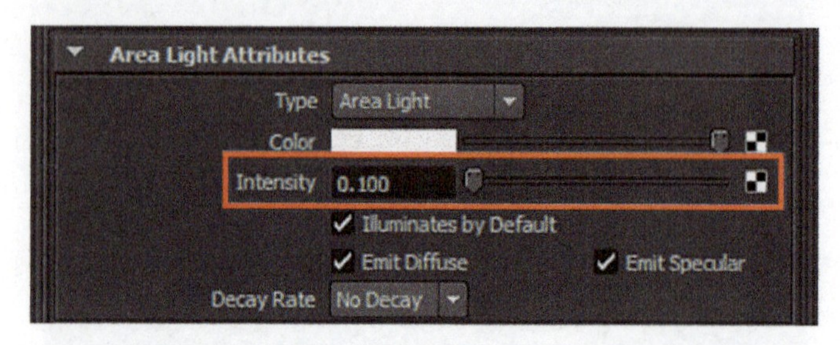

图3-14

调整轮廓光的位置和参数后的渲染效果如图 3-15 所示。

图3-15

步骤 4　深度贴图阴影应用

在主体光的灯光属性面板中选择 Shadow Color（阴影颜色），调整为（R：62，G：62，

B：62），然后选择 Depth Map Shadow Attributes（深度贴图阴影属性）选项，勾选 Use Depth Map Shadow 并设置 Resolution（分辨率）的参数为 2048，Filter Size（滤光尺寸）参数为 5（见图 3-16）。

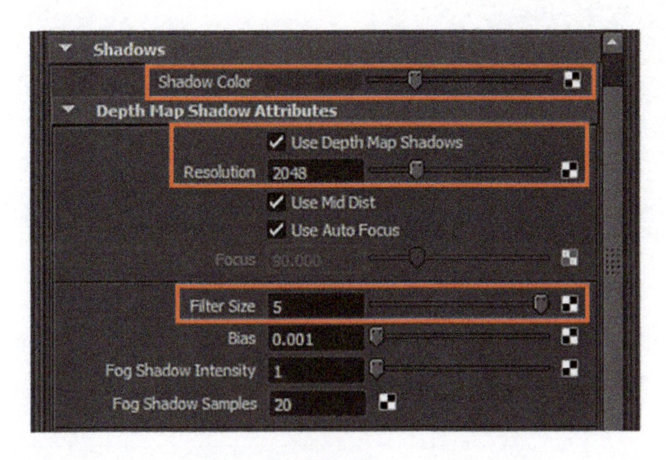

图3-16

调节主体深度贴图阴影后的渲染效果如图 3-17 所示。

图3-17

任务1-2 果盘材质制作

在本项目中，果盘的材质为陶瓷，需要通过制作表现出陶瓷的高光和反射光效果。

步骤 1 指定果盘的材质节点

首先选择 Window（窗口）→ Rendering Editors（渲染编辑器）→ Hypershade（材质编辑器）命令，打开 Hypershade（材质编辑器）（见图 3-18 和图 3-19）。

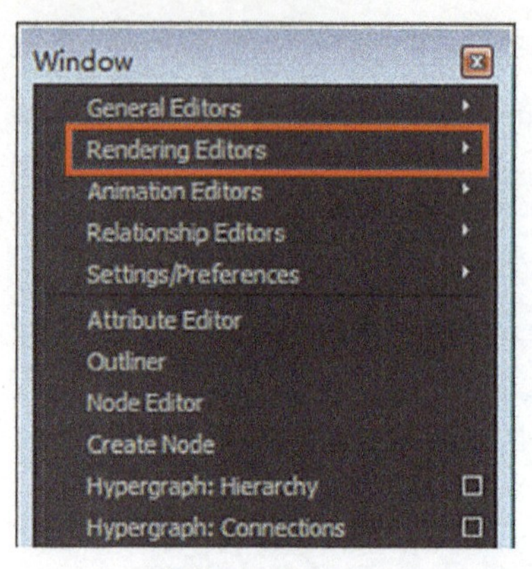

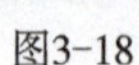
图3-18

图3-19

在 Creat（创建）面板中，单击 Surface（表面）材质，然后单击选择创建一个 Blinn 材质节点，并重命名为 Apple_plane1（见图 3-20）。

图3-20

右击 Blinn 材质节点，然后在快捷菜单中单击 Assign Material To Selection 命令，将其指定给果盘模型（见图 3-21）。

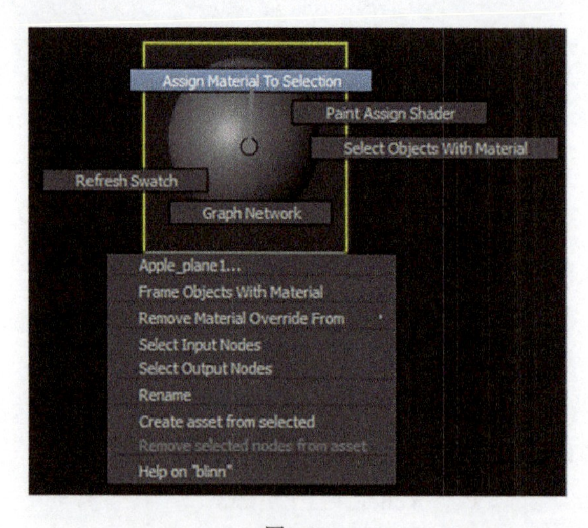

图3-21

添加 Blinn 材质后，果盘的渲染效果如图 3-22 所示。

图3-22

步骤 2　调整材质基本属性

在材质球属性面板中将 Color（颜色）调整为（R：130，G：130，B：130），将 Incandescence（白炽度）调整为（R：45，G：50，B：60），将 Diffuse（漫反射）调整为 1.0（见图 3-23）。

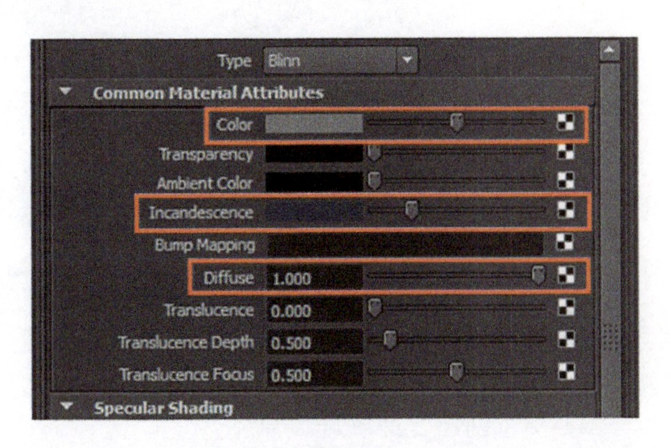

图3-23

步骤 3　调整材质的高光属性

将 Eccentricity（偏心率）调整为 0.05，将 Specular Roll Off（镜面反射衰减）调整为 0.77，将 Specular Color（镜面反射颜色）调整为（R：255，G：255，B：255），将 Reflectivity（反射率）调整为 0.45（见图 3-24）。

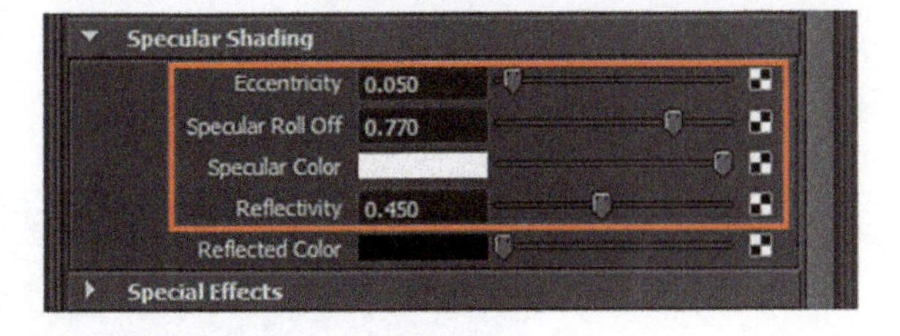

图3-24

调整参数后果盘的渲染效果如图 3-25 所示。

图3-25

任务1-3 水果材质纹理制作

在本项目中，苹果的材质纹理是模拟青苹果的形态来制作的。

步骤 1 指定材质节点

首先打开 Hypershade（材质编辑器），创建一个 Blinn 属性的材质球，然后将其指定给苹果模型，并重命名为 Apple1（见图 3-26）。

图3-26

步骤 2 创建分层纹理节点

苹果的纹理是用 Layered Texture（分层纹理）将颜色和斑点两个部分融合在一起完成的。首先在材质球属性面板中选择 Color（颜色）的贴图制作选项，创建一个 Layered Texture（分层纹理）（见图 3-27 和图 3-28）。

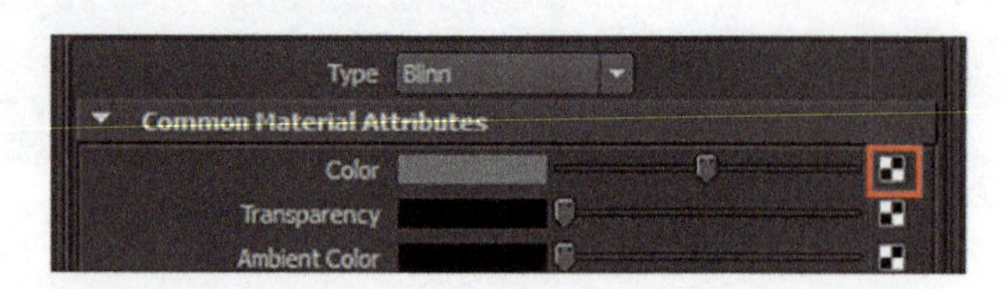

图3-27

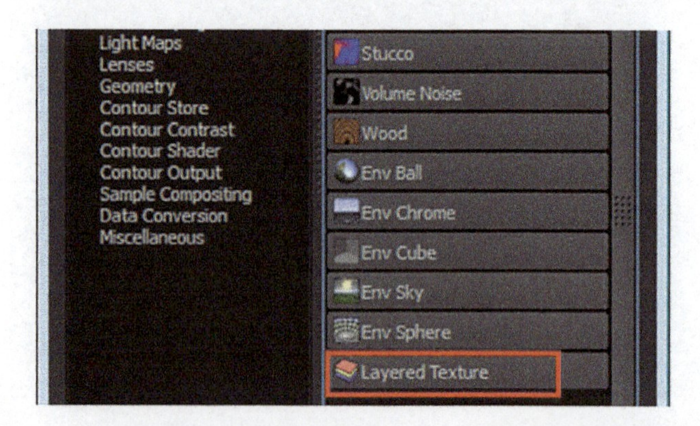

图3-28

步骤 3 制作颜色纹理

单击 Layered Texture（分层纹理）中 Color（颜色）通道贴图按钮，创建一个 Ramp（渐变）节点（见图 3-29 和图 3-30）。

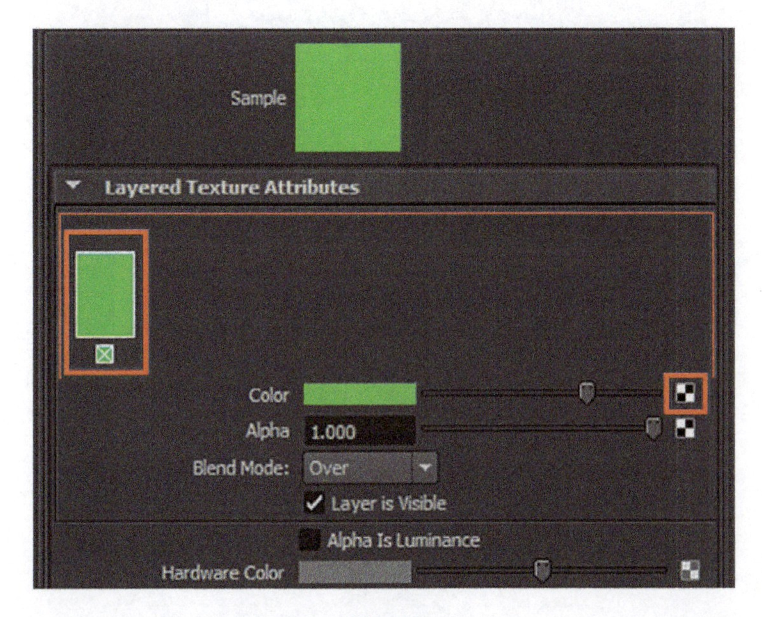

图3-29

图3-30

在 Ramp（渐变）节点的属性面板中，将 Type（类型）调整为 U Ramp，Interpolation（插值）调整为 Smooth。然后，选择一个控制柄，将 Selected Position（选定位置）调整为 1，为 Selected Color（选定颜色）创建 Fractal（分形）节点（见图 3-31 和图 3-32）。

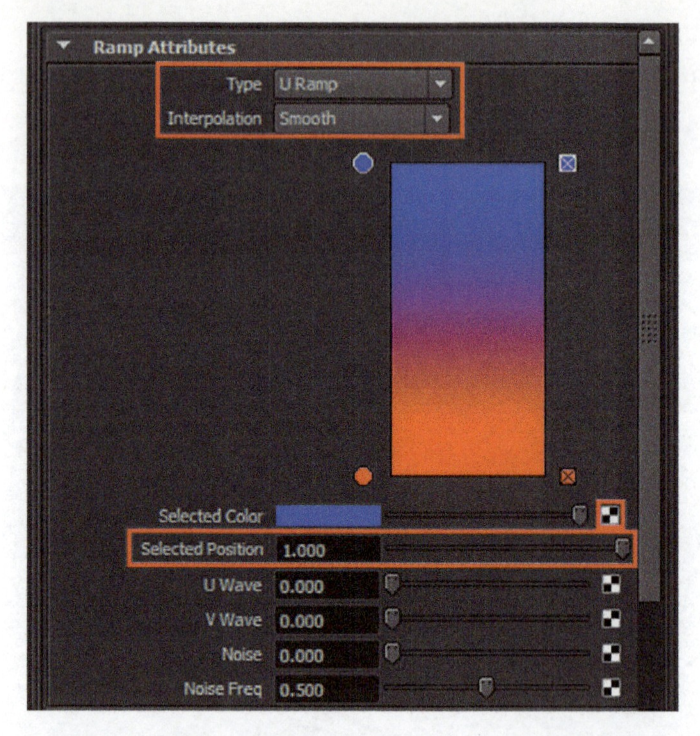

图3-31

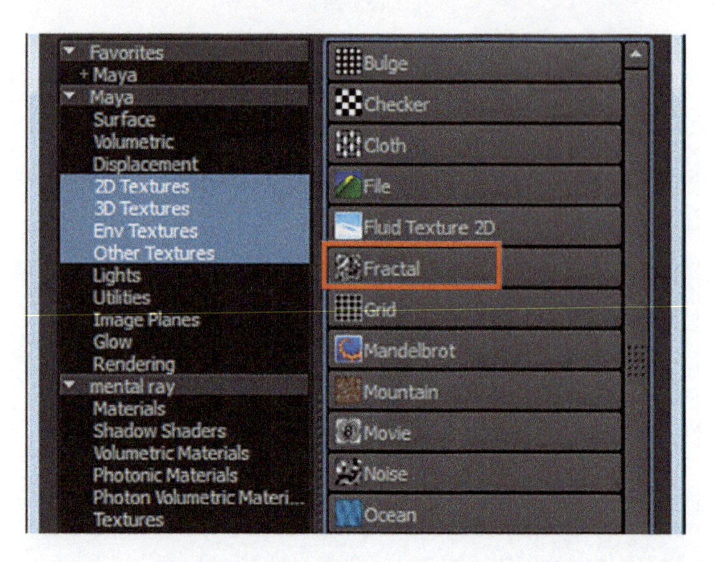

图3-32

在 Fractal（分形）节点的属性面板中，将 Fractal Attributes（分形属性）中的 Amplitude（振幅）调整为 0.5，将 Color Balance（色彩平衡）中的 Color Gain（色彩增益）调整为（R：55，G：80，B：25），将 Color Offset（色彩偏移）调整为（R：50，G：70，B：25），如图 3-33 所示。

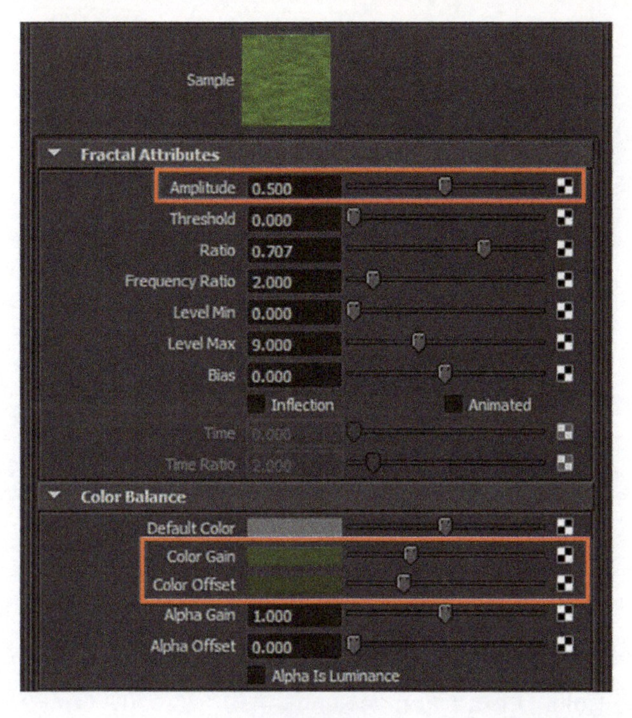

图3-33

无论是 2D 纹理节点还是 3D 纹理节点，创建后都会有一个纹理放置节点与之相连，用于控制纹理位置和方式。2D 纹理节点的放置节点为 Place2dTexture。

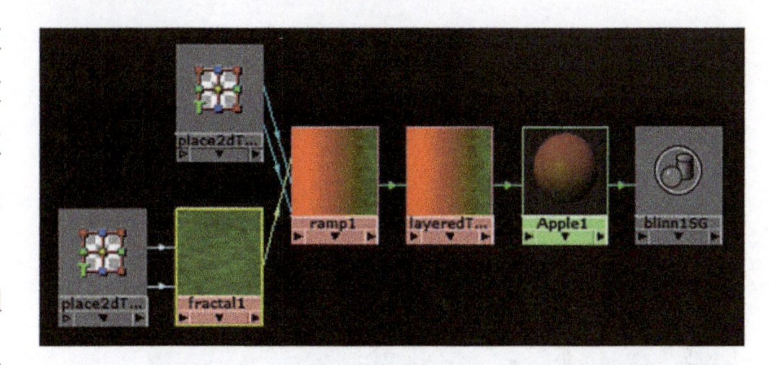

图3-34

在 Hypershade 里单击 Fractal（分形），展开节点的前后连接（见图 3-34）。单击选择与之相连的 Place2dTexture 节点，并在其属性面板中将 Repeat UV 调整为 0.3 和 1（见图 3-35）。

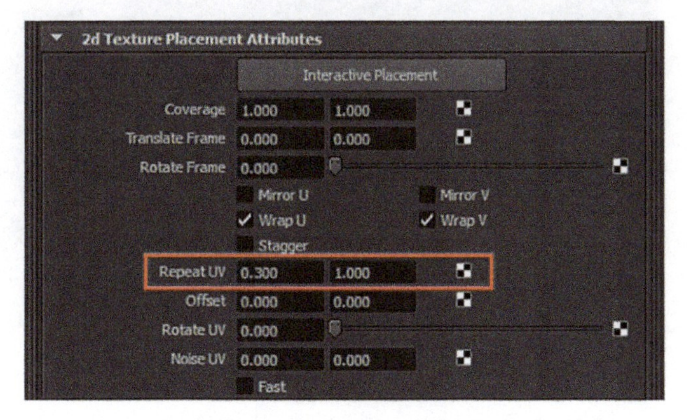

图3-35

在 Ramp（渐变）节点的属性面板中选择另一个控制柄，将 Selected Position（选定位置）调整为 0；为 Selected Color（选定颜色）创建 Fractal（分形）节点（见图 3-36 和图 3-37）。

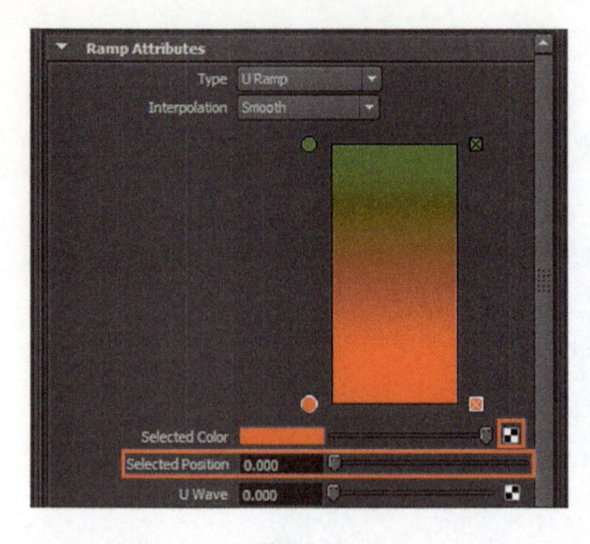

图3-36

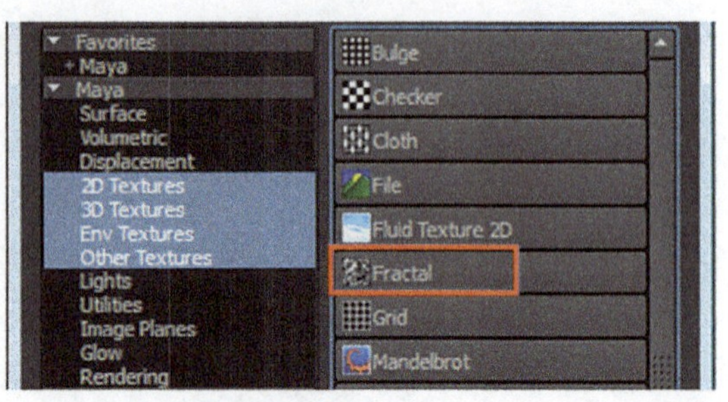

图3-37

在 Fractal 节点的属性面板中，将 Fractal Attributes（分形属性）中的 Amplitude（振幅）调整为 0.66，将 Color Balance（色彩平衡）中的 Color Gain（色彩增益）调整为（R：55，G：80，B：25），将 Color Offset（色彩偏移）调整为（R：50，G：70，B：25），如图 3-38 所示。

在 Place2dTexture5 的属性面板中，将 Repeat UV 调整为 0.3 和 1（见图 3-39）。

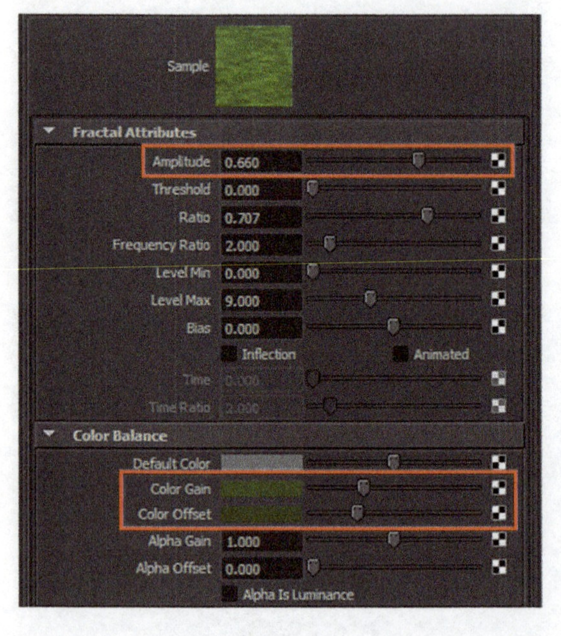

图3-38

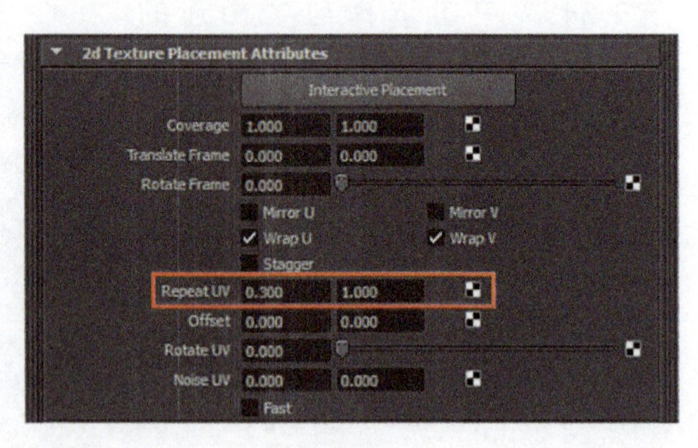

图3-39

苹果材质添加 Ramp 节点后的渲染效果如图 3-40 所示。

图3-40

步骤 4 调整颜色纹理的效果

为了模拟出更真实的苹果颜色纹理，需要在 Ramp（渐变）节点添加过渡颜色实现颜色的渐变。在 Ramp 节点的属性面板中添加两个 Selected Color（选定颜色），然后选择新添加的两个 Selected Color（选定颜色）的贴图按钮，创建 Fractal（分形）节点（见图 3-41 和图 3-42）。

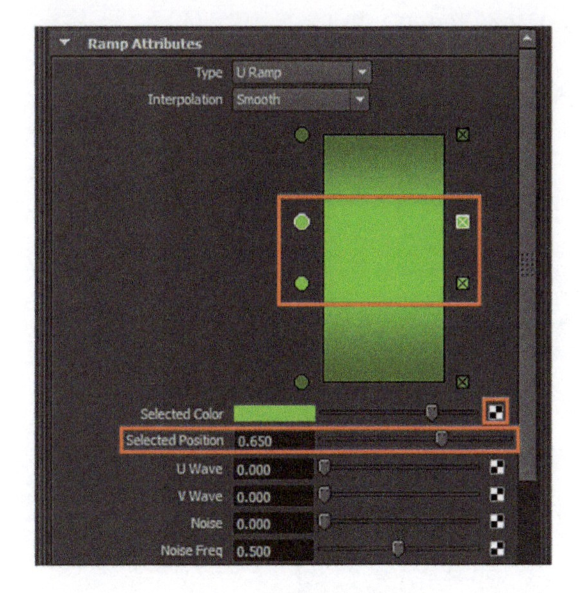

图3-41

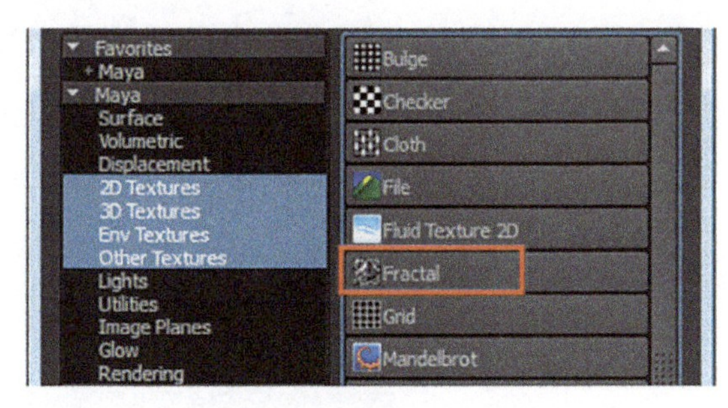

图3-42

在 Fractal（分形）节点的属性面板中，将 Fractal Attributes（分形属性）中的 Amplitude（振幅）调整为 0.12，将 Threshold（阈值）调整为 0.17，将 Color Balance（色彩平衡）中的 Color Gain（色彩增益）调整为（R：100，G：175，B：30），将 Color Offset（色彩偏移）调整为（R：40，G：65，B：0）（见图 3-43）。

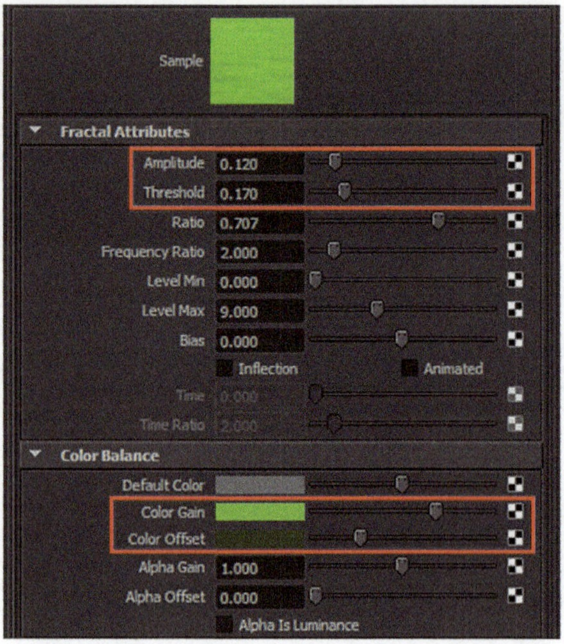

图3-43

在 Place2dTexture3 的属性面板中，将 Repeat UV 调整为 0.1 和 1（见图 3-44）。

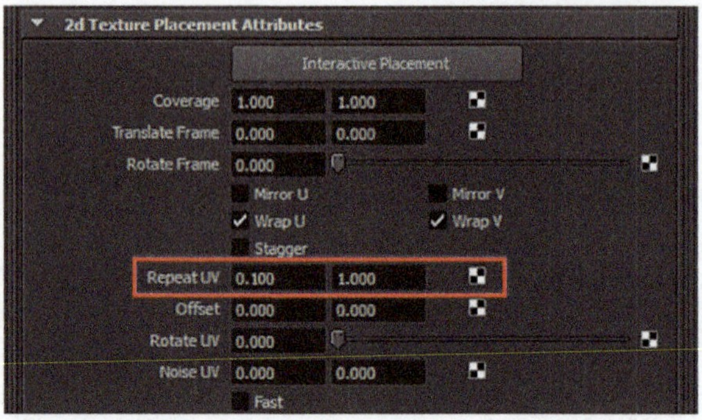

图3-44

苹果材质调整 Ramp（渐变）过渡颜色后的渲染效果如图 3-45 所示。

图3-45

步骤 5 制作苹果斑点纹理

在 Layered Texture（分层纹理）的属性面板中，单击添加一个层，并拖动到左位，然后选择新添加层的 Color（颜色）通道的贴图按钮，创建一个 Rock（岩石）节点（见图 3-46 和图 3-47）。

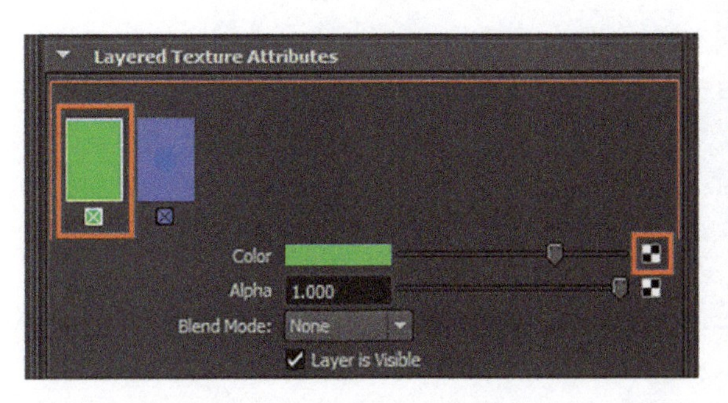

图3-46

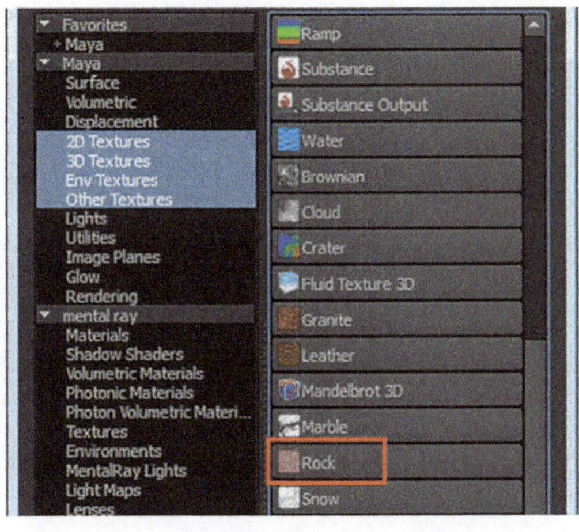

图3-47

在 Rock（岩石）节点的属性面板中，将 Color 1 调整为（R：40，G：50，B：15），将 Diffusion（漫反射）调整为 0.24，Mix Ratio（混合比）调整为 0.76（见图 3-48）。

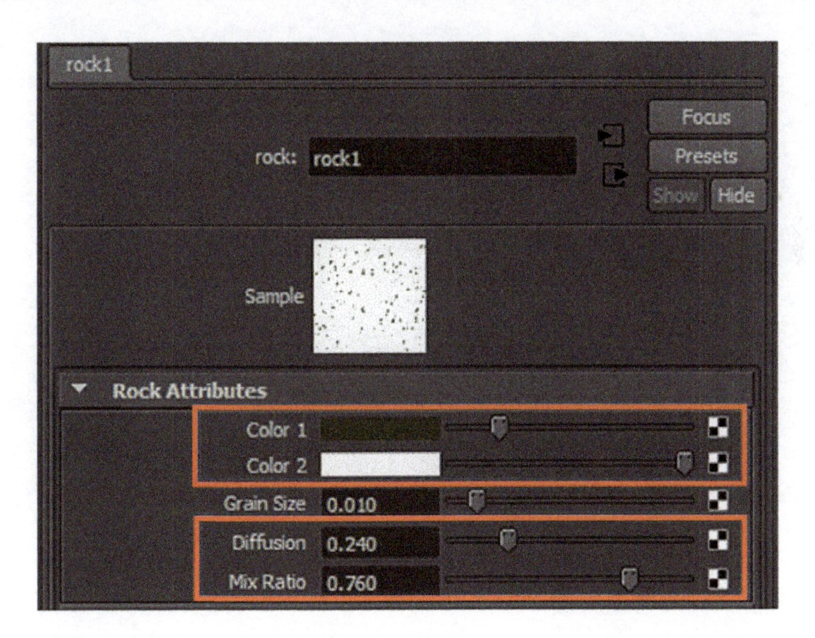

图3-48

在 Layered Texture（分层纹理）属性面板中，将 Alpha 调整为 0.235，Blend Mode（混合模式）调整为 Multiply（相乘）（见图 3-49）。

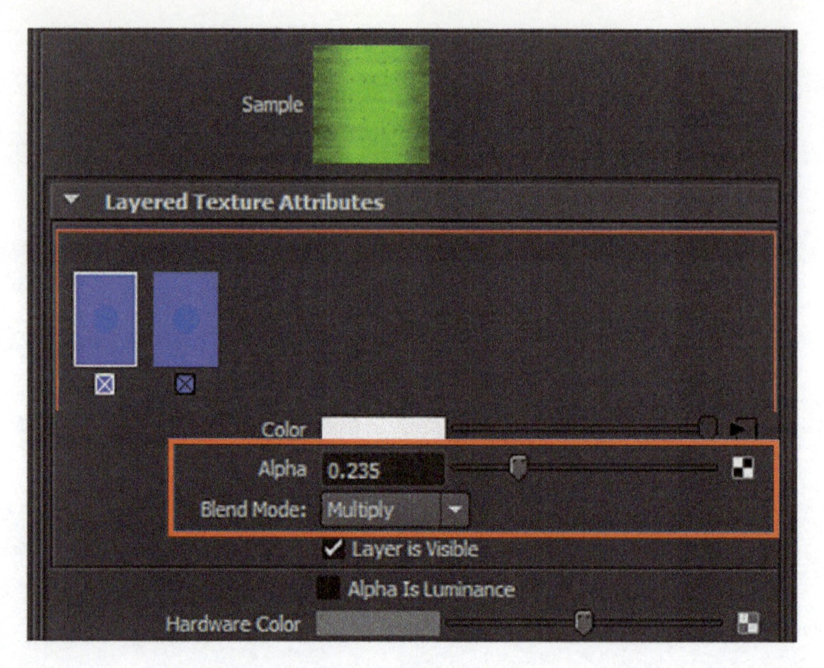

图3-49

苹果材质添加斑点后的渲染效果如图 3-50 所示。

图3-50

步骤 6　调整材质的高光属性

最后调整苹果的高光属性。在材质球属性面板的 Specular Shading（镜面反射属性）中，将 Eccentricity（偏心率）调整为 0.145，将 Specular Roll Off（镜面反射衰减）调整为 0.41，将 Specular Color（镜面反射颜色）调整为（R：80，G：155，B：55），将 Reflectivity（反射率）调整为 0（见图 3-51）。

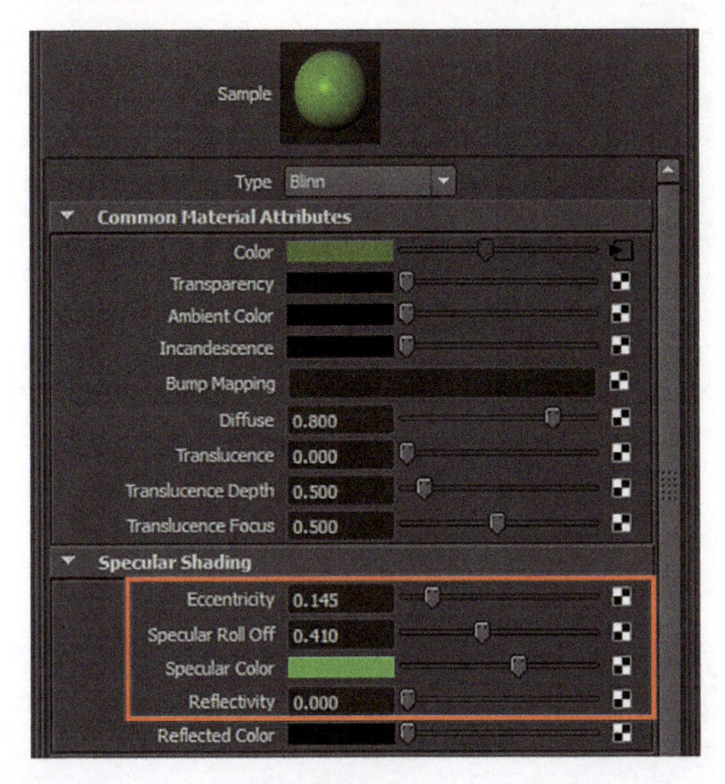

图3-51

苹果材质调整高光参数后的渲染效果如图 3-52 所示。

图3-52

步骤 7　苹果梗的制作

打开 Hypershade（材质编辑器），创建一个 Blinn 属性的材质球，将其附给苹果梗，并重命名为 Apple_Geng（见图 3-53）。

图3-53

在Blinn材质的属性面板中选择Color（颜色）的贴图制作选项，创建一个Ramp（渐变）节点（见图3-54和图3-55）。

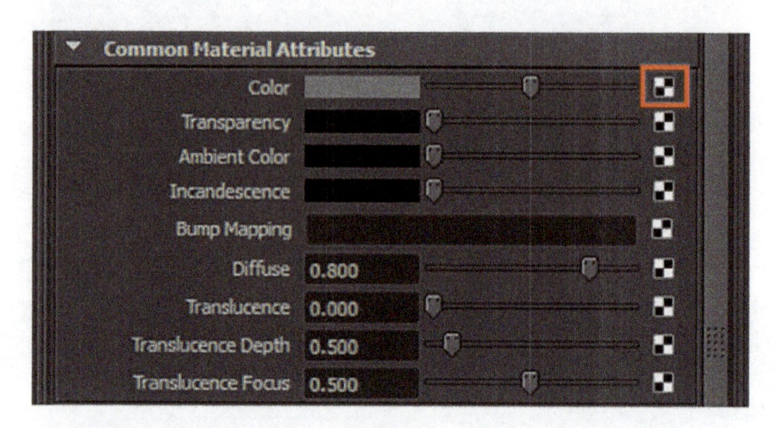

图3-54

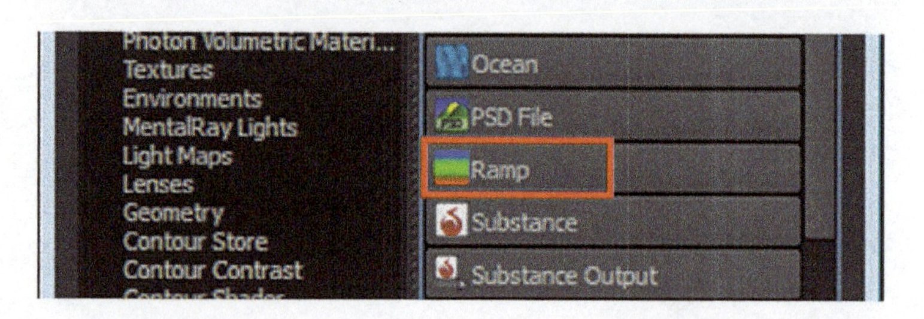

图3-55

在Ramp（渐变）节点属性面板中，将Type（类型）调整为U Ramp，Interpolation（插值）调整为Smooth。选择一个控制柄，将Selected Position（选定位置）调整为1，将Selected Color（选定颜色）调整为（R：20，G：40，B：15）；选择另一个控制柄，将Selected Position（选定位置）调整为0，将Selected Color（选定颜色）调整为（R：30，G：40，B：15）（见图3-56）。

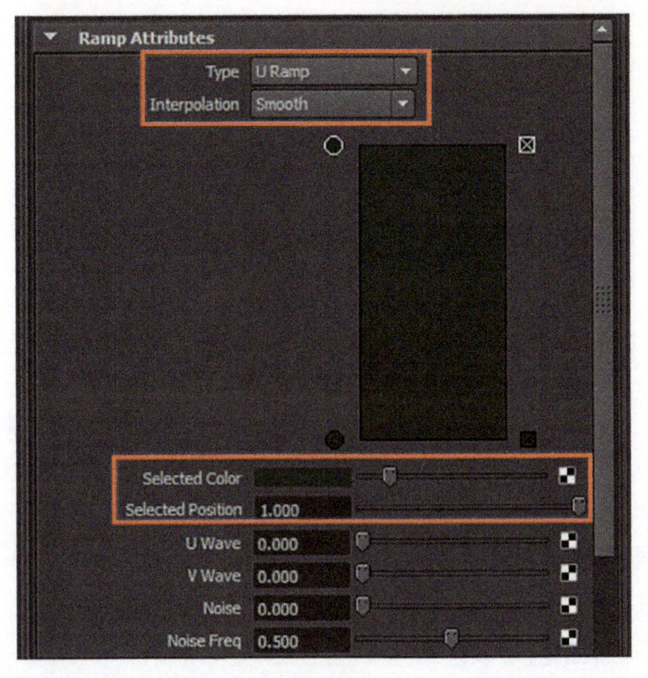

图3-56

苹果梗材质添加 Ramp 节点后的渲染效果如图 3-57 所示。

图3-57

任务1-4 桌布材质效果制作

在本项目中，桌布的材质为混纺布，在制作过程中需要表现出布料的光泽和纹理。

步骤 1 布料的基础材质设置

首先打开 Hypershade（材质编辑器），创建一个 Blinn 属性的材质球，将其附给桌布，并重命名为 BeiJing1（见图 3-58）。

图3-58

在材质球属性面板中，将Color（颜色）调整为（R：20，G：65，B：140）；将Eccentricity（偏心率）调整为0.2，将Specular Roll Off（镜面反射衰减）调整为0.45，将Specular Color（镜面反射颜色）调整为（R：85，G：130，B：215），将Reflectivity（反射率）调整为0（见图3-59）。

桌布材质调整参数后的渲染效果如图3-60所示。

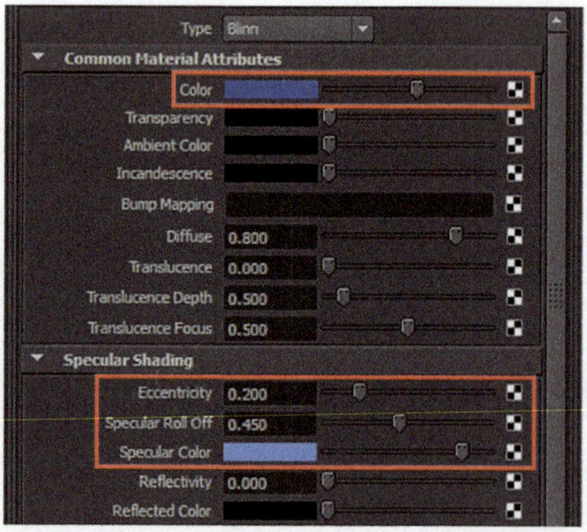

图3-59

图3-60

步骤 2　调整布料的光泽度

为了增加布料的光泽度，需要在 Blinn 材质球属性面板中为 Incandescence（白炽度）创建一个 Ramp 节点。首先选择 Incandescence（白炽度）的贴图制作选项，创建 Ramp（渐变）节点，将 Type（类型）调整为 U Ramp，Interpolation（插值）调整为 Smooth。选择一个控制柄，将 Selected Position（选定位置）调整为 1，将 Selected Color（选定颜色）调整为（R：0，G：0，B：0）；选择另一个控制柄，将 Selected Position（选定位置）调整为 0，将 Selected Color（选定颜色）调整为（R：55，G：90，B：15），如图 3-61 ～图 3-63 所示。

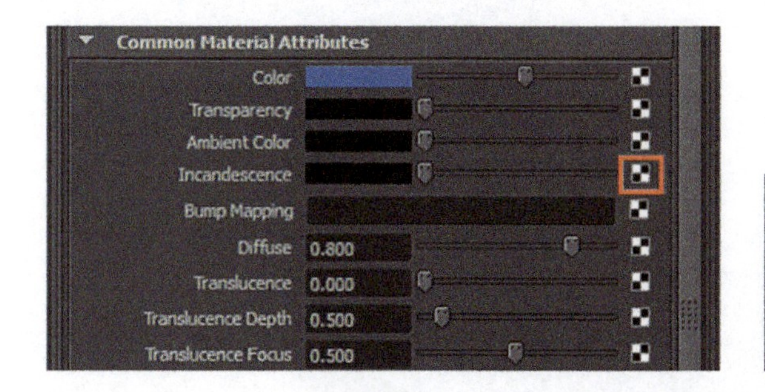

图3-61

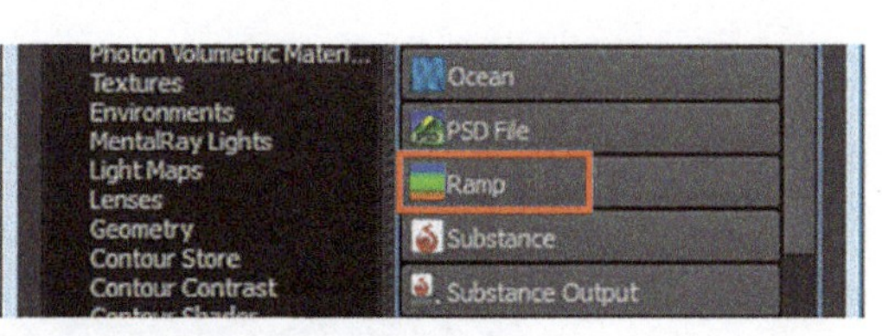

图3-62

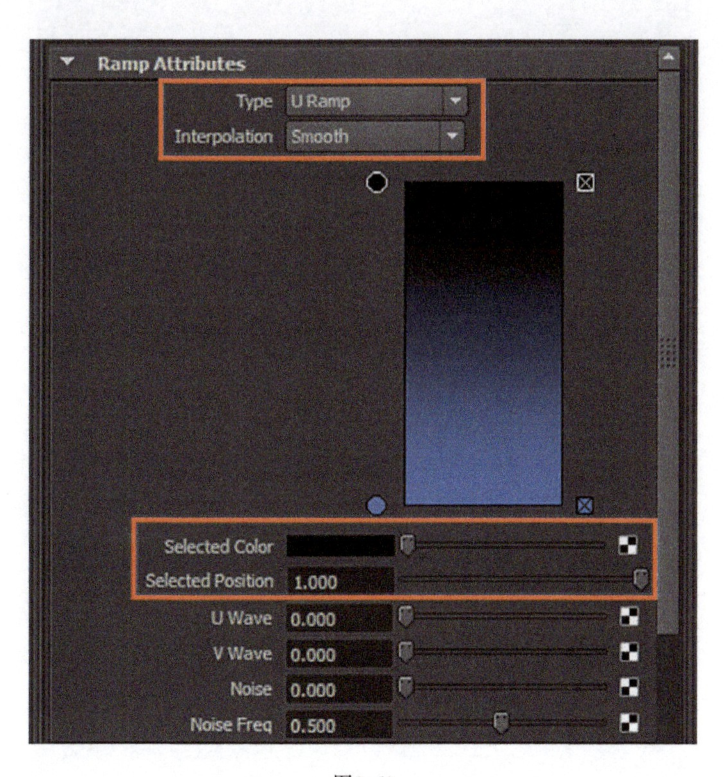

图3-63

打开 Hypershade（材质编辑器），创建 Sampler Info（采样点信息）节点。在窗口菜单下打开 General Editors 下的子菜单 Connection Editor，将 Sampler Info（采样点信息）节点的 FacingRatio 属性与 Ramp 节点的 uCoord 属性连接起来，如图 3-64 ～图 3-66 所示。

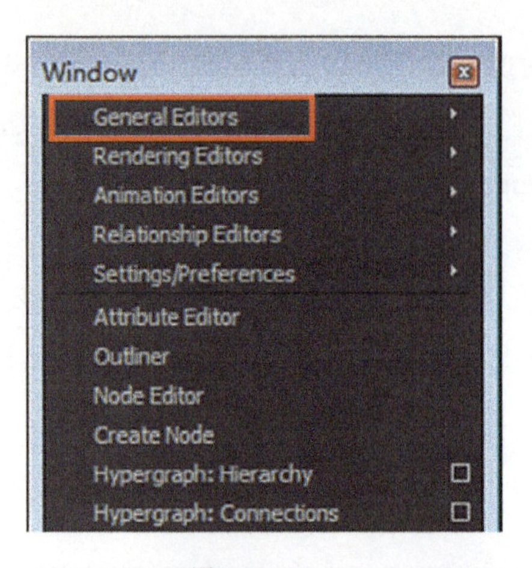

图3-64

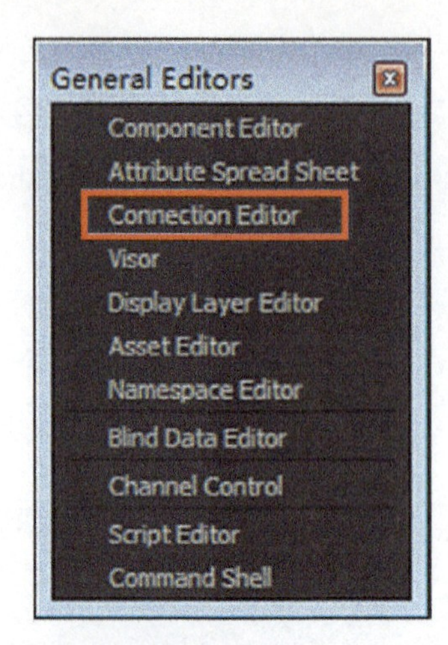

图3-65

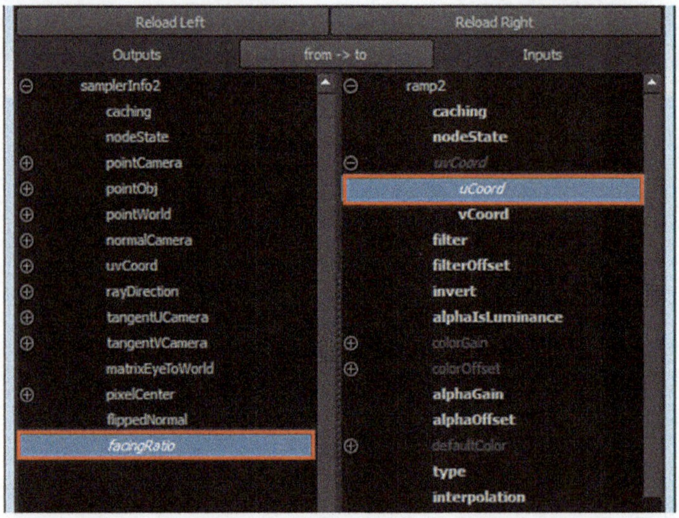

图3-66

桌布材质添加 Ramp（渐变）节点后的渲染效果如图 3-67 所示。

图3-67

步骤 3 设置布料的纹理

最后在 Blinn 材质球属性面板中为 Bump Mapping（凹凸贴图）增加一个 Rock（岩石）节点，将 Bump Depth（凹凸深度）调整为 0.1；然后选择 Bump Value（凹凸值）的参数选项，将 Grain Size（颗粒大小）调整为 0.003，如图 3-68 ～图 3-71 所示。

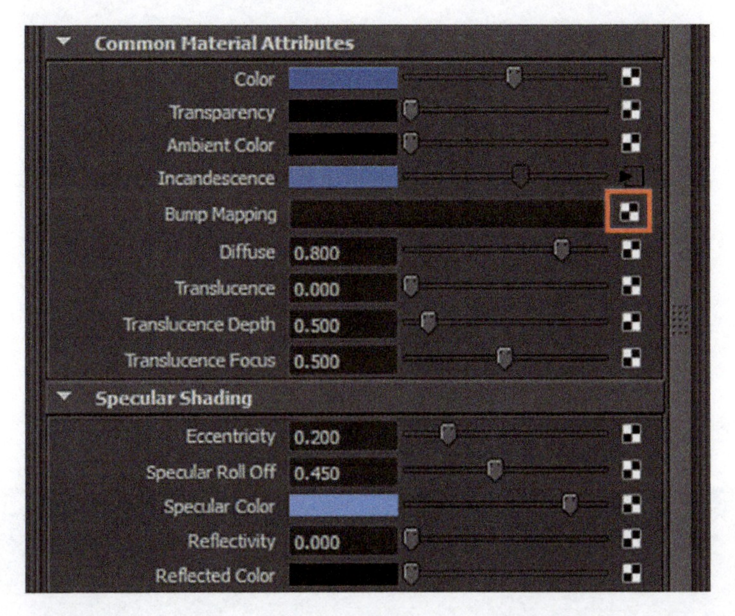

图3-68

图3-69

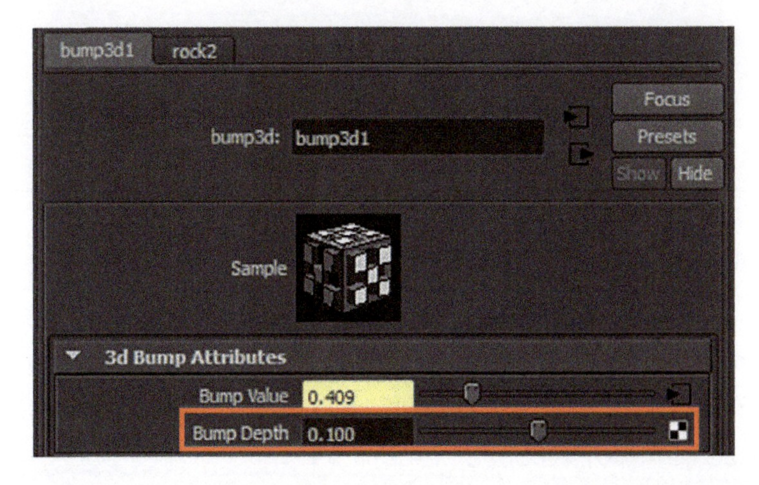

图3-70

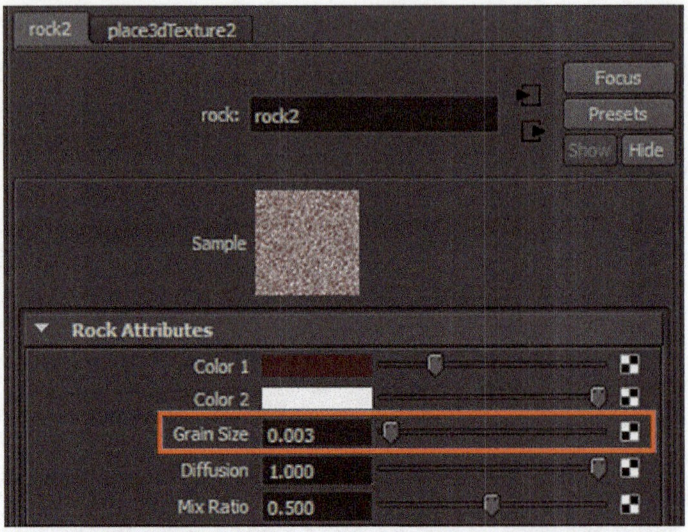

图3-71

桌布材质添加 Rock（岩石）节点后的渲染效果如图 3-72 所示。

图3-72

任务1-5 成品渲染输出

在窗口菜单下打开 Rendering Editors 选项，选择子菜单 Render Settings，如图 3-73 和图 3-74 所示。

首先在 Common（公用）面板中设置 Image Format（图像格式）为 jpeg；在 Presets（预设）中选择图像预设模式，或在 Width（宽度）和 Height（高度）输入自定义图像尺寸；关闭 Enable Default Light（启用默认灯光）（见图 3-75）。

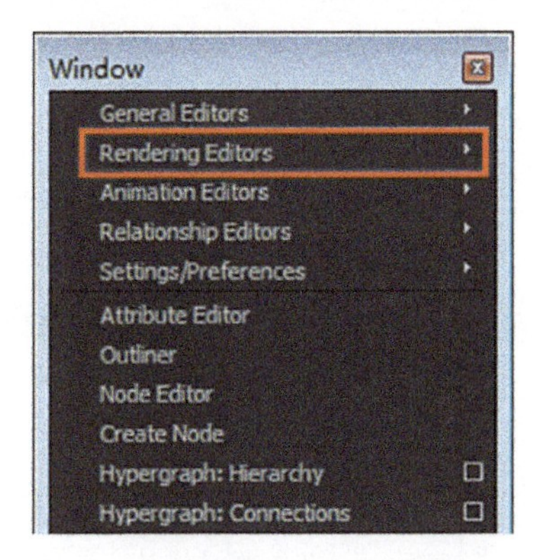

图3-73

图3-74

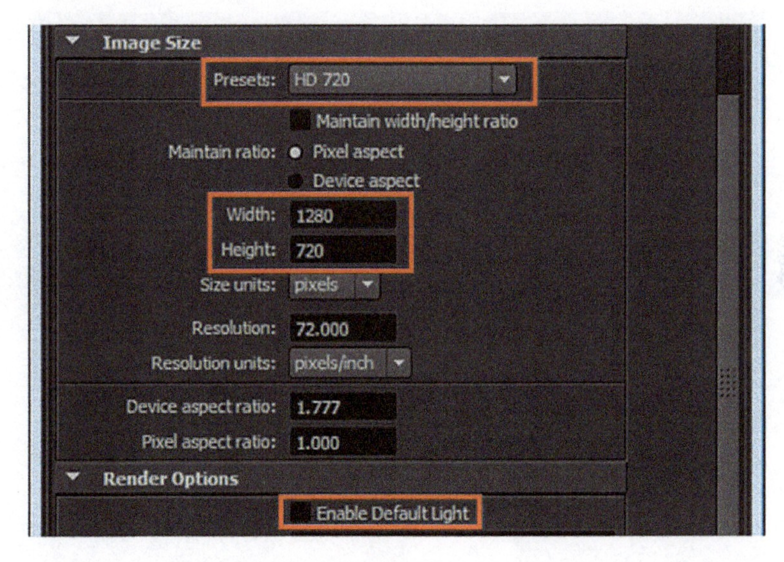

图3-75

然后，在 Maya Software（软件渲染属性）中，将 Quality（质量）调整为 Production Quality，将 Shading 调整为 2（见图 3-76）。最后，渲染出图。

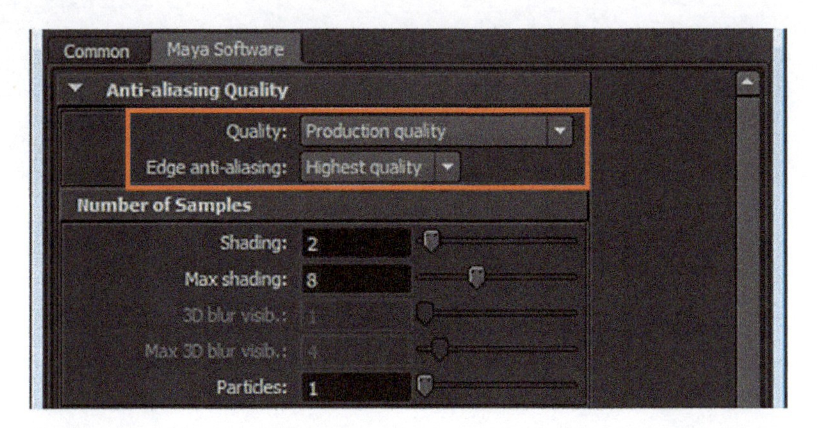

图3-76

项目总结

动画中的道具渲染是重要的渲染类型。道具的形式多样，所以材质和纹理的表现丰富多彩，应有尽有。如实地表现道具的质感、颜色和纹理，是道具渲染的重点。本项目涉及的材质中，陶瓷材质制作的重点在于高光和反光的表现，苹果的材质纹理制作重点在于颜色纹理和斑点纹理的融合（见图 3-77），布料纹理的制作重点是布料高光的控制和细微的凹凸纹理（见图 3-78）。

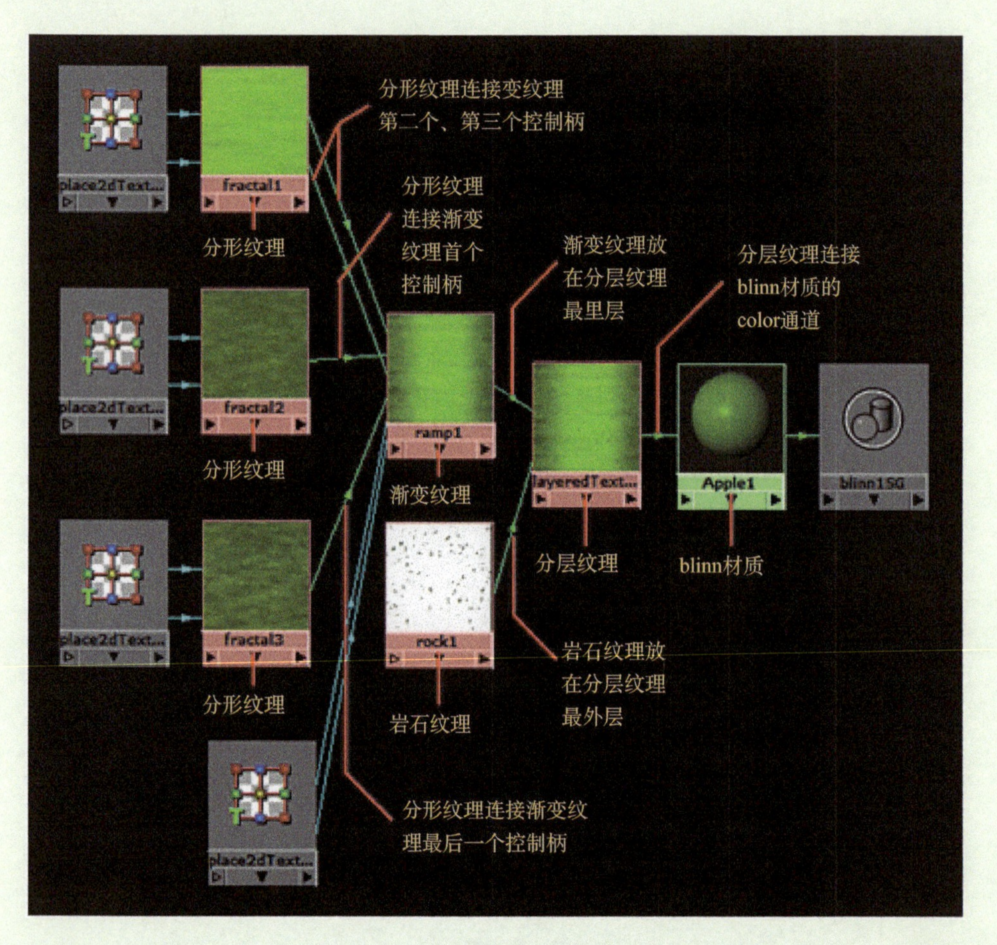

图3-77

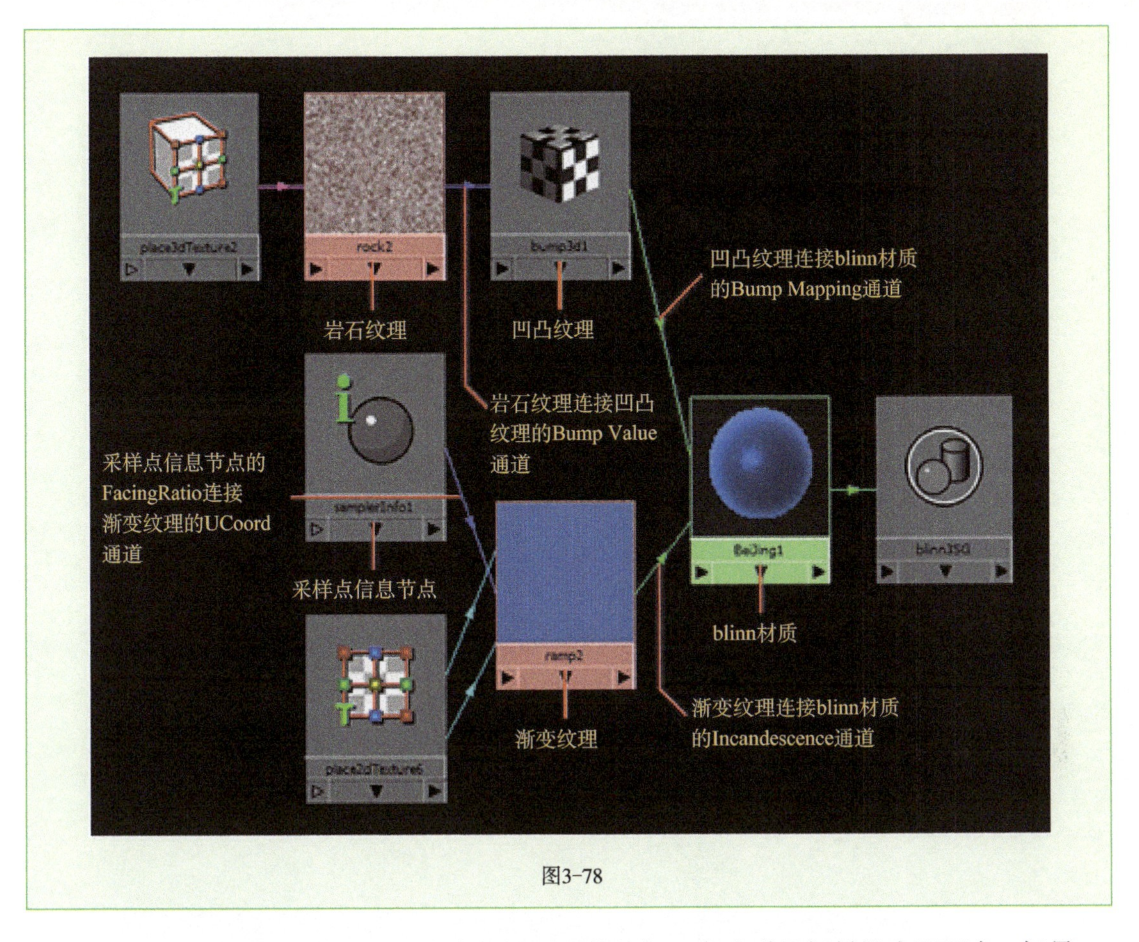

图3-78

布光方面采用了传统的三点布光法则，能很好地完成道具场景的光照要求。场景中没有透明物体，所以，深度贴图阴影足够满足本项目阴影的表现需求。

练习实训

实训 1-1　打开教学资源中实训 1-1 对应的果盘场景文件，根据教材和教师的指导，完成本章项目效果。

实训 1-2　打开教学资源中实训 1-2 对应的茶具场景文件，练习动画道具的渲染。注意使用三点布光、深度贴图阴影。

项目 2

渲染动画道具——“红酒”制作

1. 项目需求分析

本项目是动画短片中的一个酒水吧台场景，模拟真实的洋酒，整体画面效果表现的是精致、浪漫的环境气氛。因为透明物体比较多，要求光线明亮、层次丰富，物体晶莹通透、色泽鲜亮。项目的最终渲染效果如图 4-1 所示。

图4-1

2. 核心技术分析

本项目的技术重点是透明物体材质效果的表现：用 Sampler Info 节点采样透明物体边缘光影效果，用光线跟踪阴影实现透明物体的阴影，利用 Maya Software 渲染器进行产品级真实光影效果渲染。

通过本项目的制作，深入学习动画场景的标准渲染流程、方法和实施步骤。

3. 艺术风格分析

本项目对场景的渲染要求是真实模拟酒水及其器皿，所以渲染风格是写实的。对于场景中所有物体的质感和表面纹理，要充分考虑现实情况，进行真实的模拟。为了表现洋酒典雅、高贵的特性，以及精致、浪漫的环境气氛，光线是明亮的，光影细节是丰富的，并且选用温馨的家居环境作为背景进行衬托。

项目背景知识

1. 透明物体的布光

由于物体本身的结构质地和表面肌理不同，对光的吸收和反射能力也不相同，大致分为吸光体、反光体和透明体。透明物体的渲染表现主要体现在主体的通透程度，所以在布光时，逆光的照明非常重要。光源穿透透明体，增加物体的通透感、纵深感和造型。

另外，运用 Area Light 区域光可以更准确地接近真实的灯光。Area Light 是一个长方形的区域照明光线的发射体。在现实生活中，许多发光体都是以三维体积的形式存在，Area Light 是最具有体积的一种光源，比较符合自然界的照明形式。Area Light 还可以在透明物体表面形成条状的高光，更能突出物体的反光特性。下面以 Spot Light 为例，与 Area Light 做对比（见图 4-2）。

（a）Area Light

（b）Spot Light

图4-2

2. UV 贴图坐标

UV 编辑在三维动画制作中占有重要地位。UV，也称为贴图坐标，主要用来定位纹理。因为纹理图片是 2D 的，在 Maya 中要将它“贴”在一个 3D 物体上。为了使纹理的 2D 坐标定位系统和物体的 3D 空间一一对应，Maya 中使用 UV 来明确定位的位置和方式。可以说，只有 UV 划分正确，才能够得到正确的纹理表现。UV 划分的类型比较多，最重要的原则就是要减少 UV 的拉伸，尽量使 UV 划分好的模型在赋予测试纹理贴图后，测试纹理不发生明显的拉伸变化。图 4-3 所示是 UV 测试纹理、正确的 UV 设置、不正确的 UV 设置。

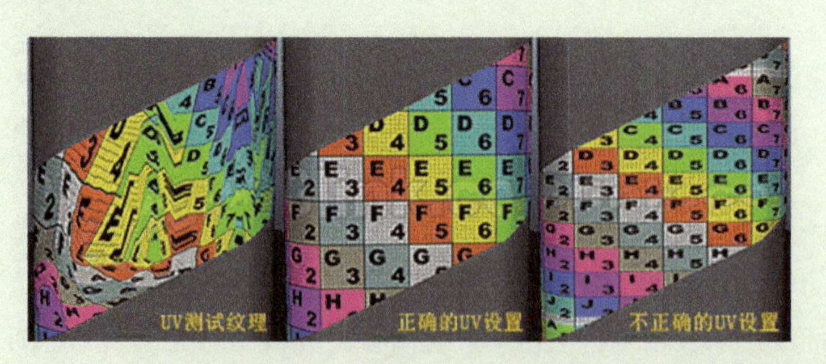

图4-3

项目实施流程图如下所示：

（1）场景灯光阴影及环境设置的流程

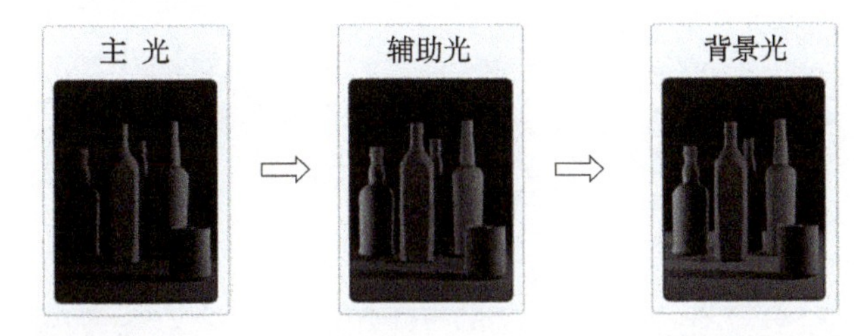

（2）材质纹理设置的流程

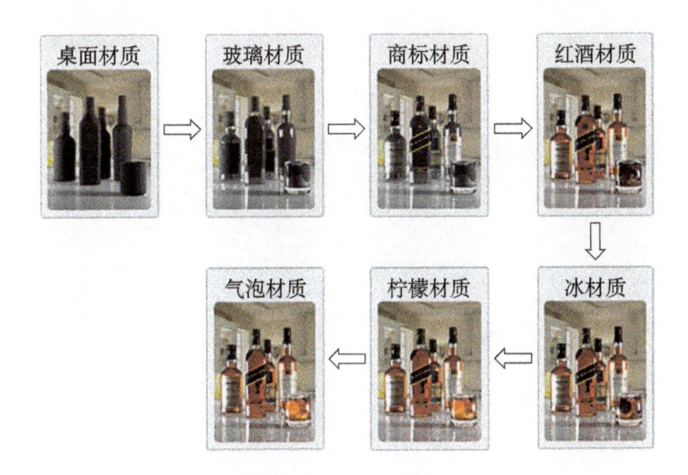

任务2-1 灯光阴影及环境设置

打开动画场景，分析洋酒的画面效果。根据场景主光源的照明特点，设置光线的照明角度、位置、亮度以及色彩表现，具体步骤如下所述。

步骤 1　设置主光源及阴影

将场景切换至四视图的显示方式，创建标准的 Area Light（区域光）。调节灯光位置在场景的右上方，制作场景中的主要光源效果（见图 4-4）。

选中 Area Light，然后在灯光的属性面板改变 Intensity（强度）为 1.3，在 Raytrace Shadow Attributes（光线跟踪阴影属性）下面勾选 Use Ray Trace Shadows 并设置 Shadow Rays 的参数为 10。在渲染设置器里设置 Image Size，并关闭场景默认灯光，如图 4-5 和 4-6 所示。

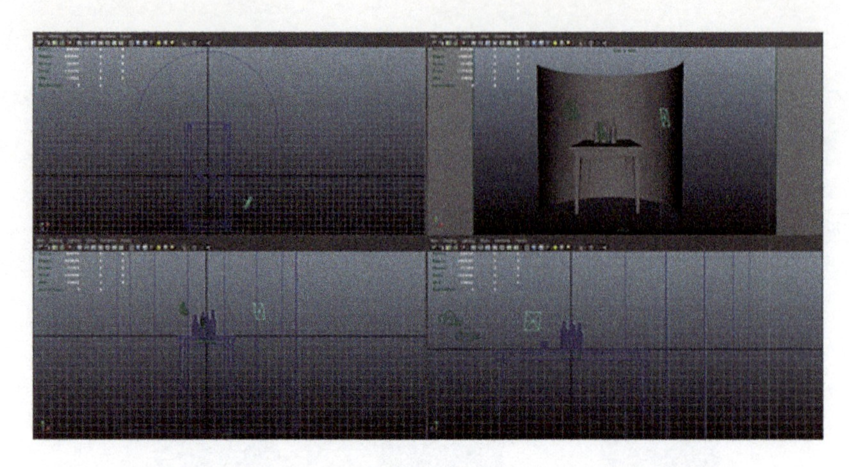

图4-4

图4-5

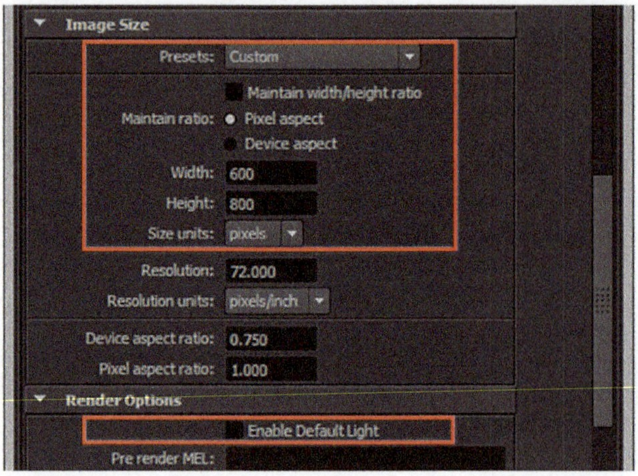

图4-6

单击渲染设置按钮，打开渲染场景对话框；然后在 Rendingusing（渲染使用）卷展栏中将渲染器设置为 Maya Software，并在 Maya Software 模块中将 Quality 设置为 Production quality，将 Edge anti-aliasing 设置为 Highest quality（见图 4-7）；再勾选 Raytracing Quality 下方的 Raytracing，并设置为默认参数，如图 4-7 和图 4-8 所示。

渲染出图，效果如图 4-9 所示。

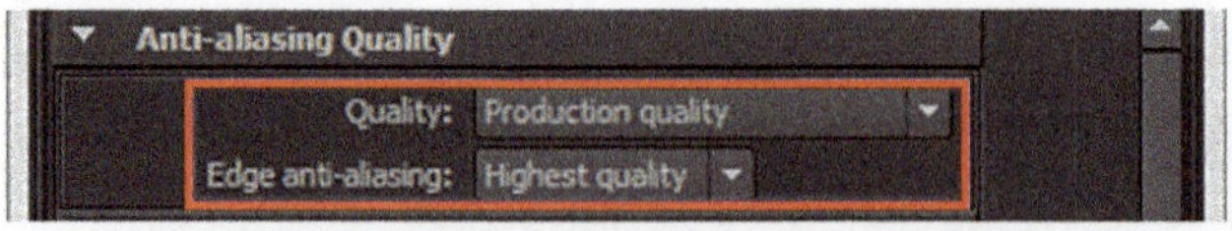

图4-7

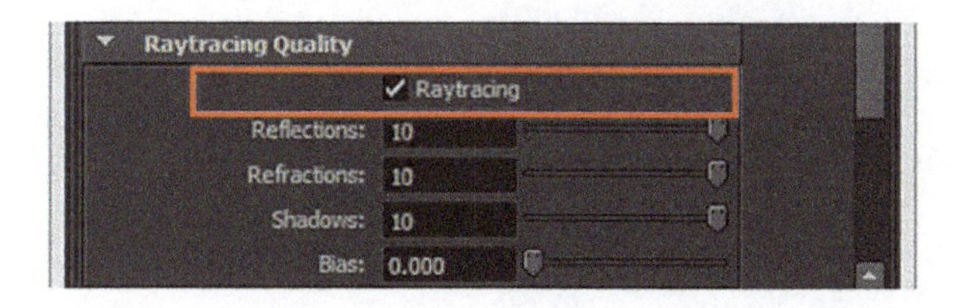

图4-8

图4-9

步骤 2　设置场景辅助光

在创建面板中选择标准的 Area Light（面光）命令，然后在场景中调节此光的位置，如图 4-10 所示。

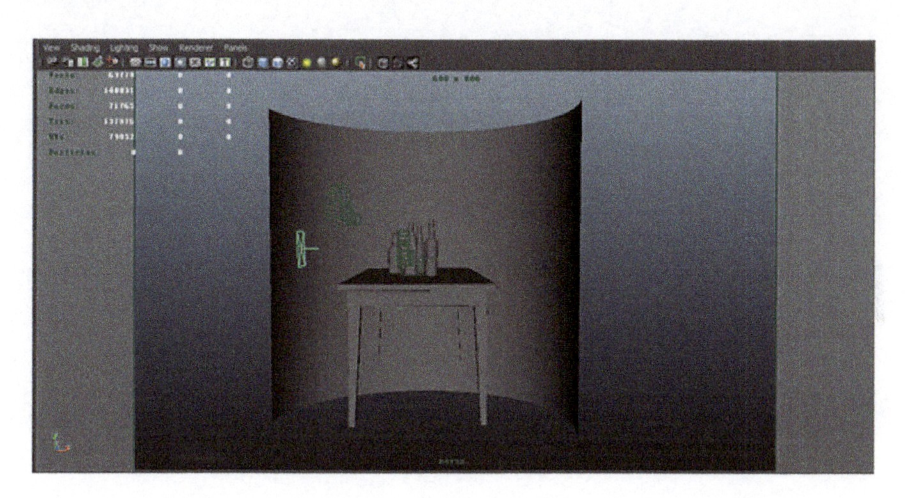

图4-10

选中辅光，在灯光属性面板，保持设置为默认参数。为了更清晰地查看辅光效果，不勾选主光源的 Illuminates by Default（默认照明）选项，即关闭主光源，渲染辅光照明效果（见图 4-11）。

步骤 3　设置场景背光

在创建面板中选择标准的 Area Light（面光）命令，在场景中调节此光的位置（见图 4-12）。

选中 Area Light，然后在灯光的属性面板设置 Intensity（强度）为 1（见图 4-13）。

图4-11

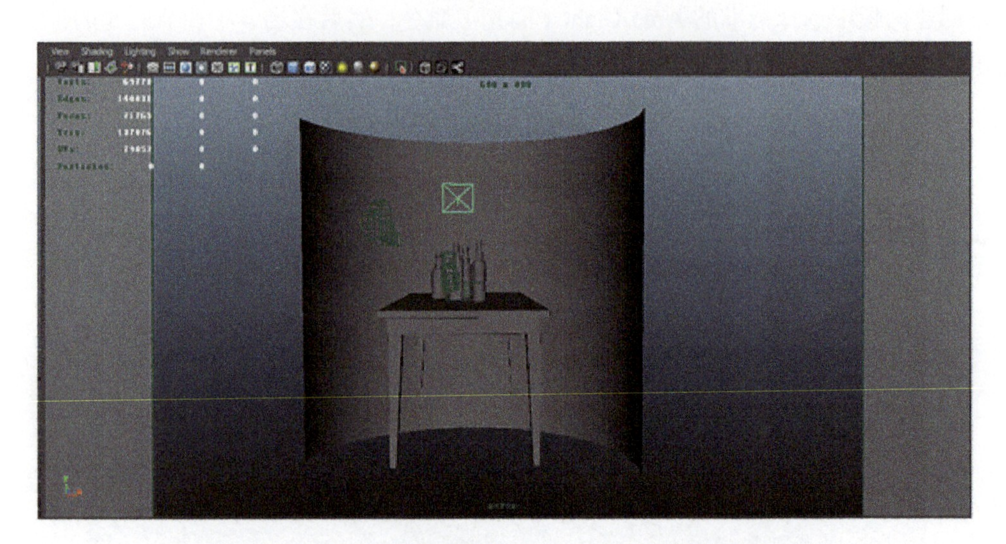

图4-12

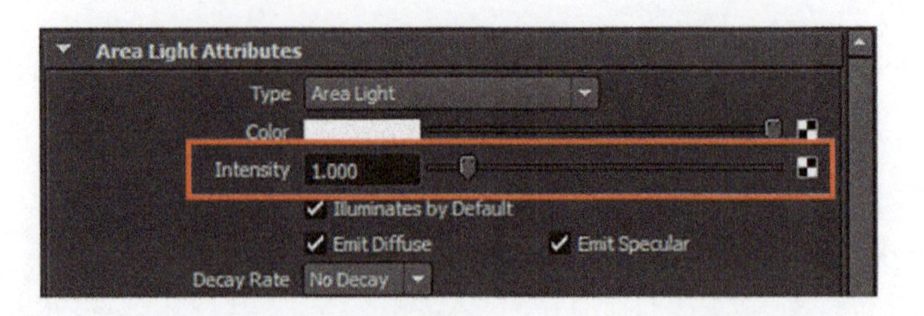

图4-13

关闭主光和辅光渲染，查看效果如图 4-14 所示。

步骤 4 环境背景的应用

由于此场景中物体的材质大致归纳为透明的实体，加上自然光、灯光对玻璃等透明物体的透明度和反光度的影响，环境对这些透明物体反光影响的强度很大，因此选用一张较为符合的图作为环境背景（见图 4-15）。

图4-14

图4-15

把此图作为背景，方法为：在透视图中创建 NURBS Cylinder，删除顶面和底面，把剩余的圆柱删除一半并调节位置（见图 4-16）。

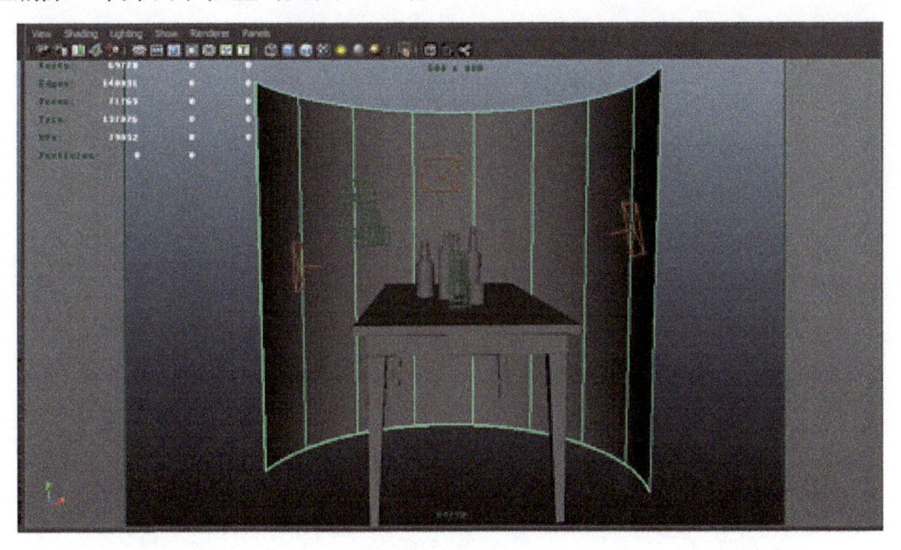

图4-16

给 NURBS Cylinder 添加 Lambert 材质，在材质 Color 通道添加 File 文件贴图纹理。选择该背景贴图，如果遇到如图 4-17 所示的情况，在放置节点中改变 UV 方向，如图 4-18 和图 4-19 所示。

图4-17

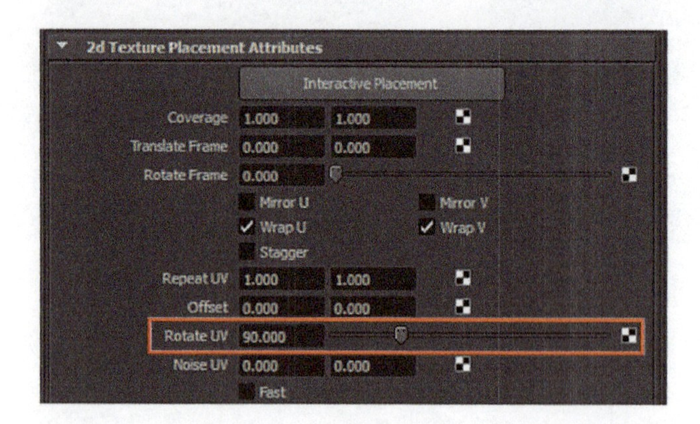

图4-18

图4-19

在此，对此场景模型渲染有无环境背景做一下对比，如图 4-20 和图 4-21 所示。

图4-20

图4-21

很明显，有背景环境的整体效果比没有环境背景的更加有层次、质感和通透感。

任务2-2 桌面材质效果制作

桌面材质要达到的效果是光滑、洁净，可采用 Blinn 材质来制作。通过桌面模型，渲染出陶瓷的光滑质感。

步骤 1 创建桌面材质

如图 4-25 所示，在 Hypershade（材质编辑器）中单击 Bilnn（布林）材质球创建图标，创建一个 Blinn（布林）材质球，并将桌面的 Blinn（布林）材质重命名为 Desktop_Blinn。选中桌面模型，将新建的 Desktop_Blinn 材质赋给选中的桌面模型，具体操作为：在 Hypershade（材质编辑器）中，选中 Desktop_Blinn 材质，然后用鼠标右键将其拖动到 Assign Material To Selection，即将 Desktop_Blinn 材质赋予桌面；也可以在 Hypershade 中，用鼠标中键拖动到桌面模型。

步骤 2 设置材质属性

控制陶瓷质感的主要属性是颜色、高光和反射，所以将 Color（颜色）的亮度设置为 0.897，Incandescence（自发光）的亮度设置为 0.12（见图 4-22 和图 4-23）。将 Eccentricity（偏心率）属性设置为 0.034，Specular Roll Off（镜面反射滚转）设置为 1，Specular Color（镜面反射颜色）设置为纯白色，Reflectivity（反射率）属性设置为 0.197（见图 4-24）。这样，提高了高光的强度，减少了高光的范围，很好地使桌面产生小范围高亮度的高光效果，同时这样的高光很符合真实陶瓷的质感，渲染效果如图 4-25 所示。

图4-22

图4-23

Common Material Attributes
Color
Transparency
Ambient Color
Incandescence
Bump Mapping
Diffuse 0.800
Translucence 0.000
Translucence Depth 0.500
Translucence Focus 0.500
Specular Shading
Eccentricity 0.034
Specular Roll Off 1.000
Specular Color
Reflectivity 0.197
Reflected Color

图4-24

图4-25

任务2-3 玻璃材质效果制作

制作玻璃时，应该注意玻璃酒杯与内部红酒的模型重合，这对渲染十分重要。酒杯的模型内部与红酒结合的位置需要镂空，否则将不能正确计算出玻璃中的液体。

步骤 1 创建玻璃材质节点

制作玻璃时，创建一个 Blinn 材质球，命名为 Glass_Blinn 并赋予酒杯。然后，创建 Ramp（渐变纹理）和 SamplerInfo（信息采样）节点，与 Glass Blinn 材质球相连接（见图 4-26）。

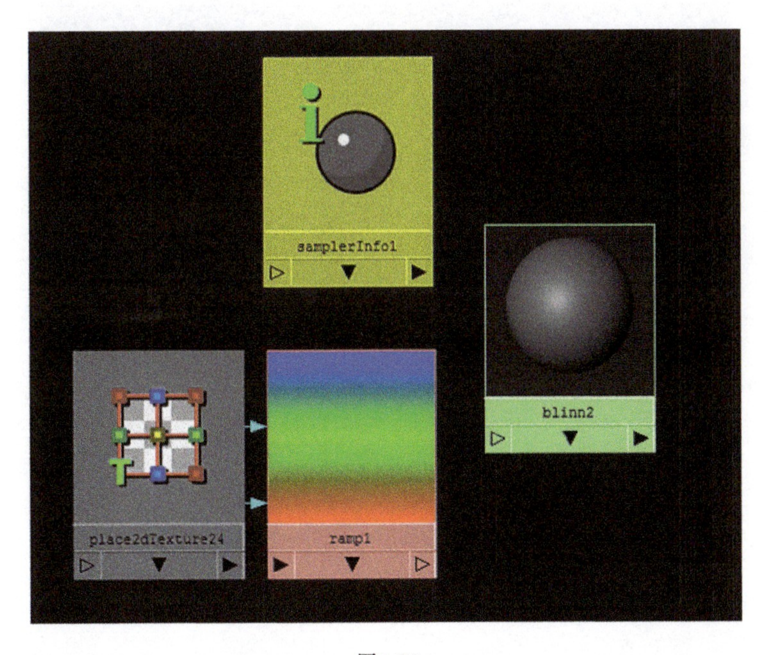

图4-26

在 Hypershade（材质编辑器）窗口中，用鼠标中键拖动 Sampler Info（信息采样）到

Ramp（渐变纹理）上，将 Sampler Info（信息采样）节点的 Facing Ratio（面比率）与 Ramp（渐变纹理）节点的 uCoor（U 坐标）单击选中。这样操作的作用是使用信息采样的方式测量摄影机与模型的距离，计算出玻璃不同位置的透明程度（见图 4-27）。

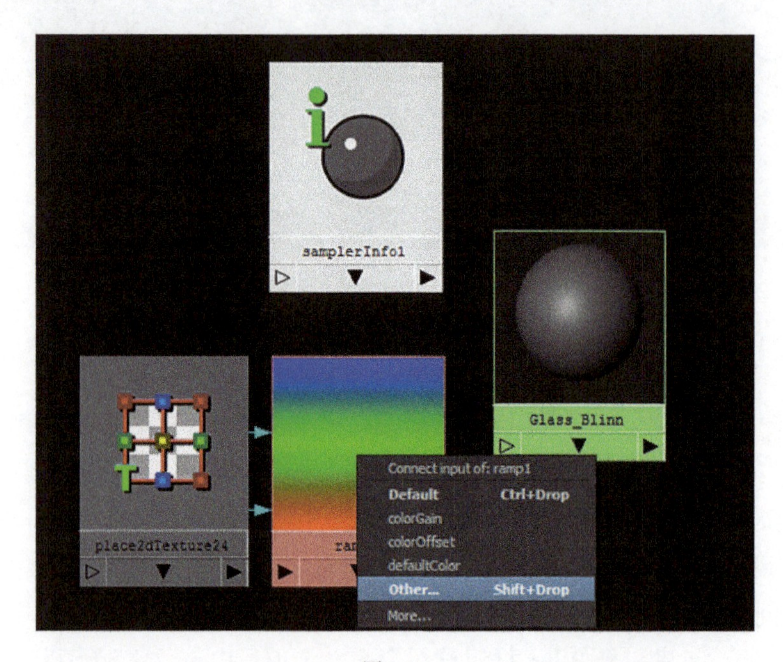

图4-27

单击 Other，弹出 Connection Editor 窗口（见图 4-28）。

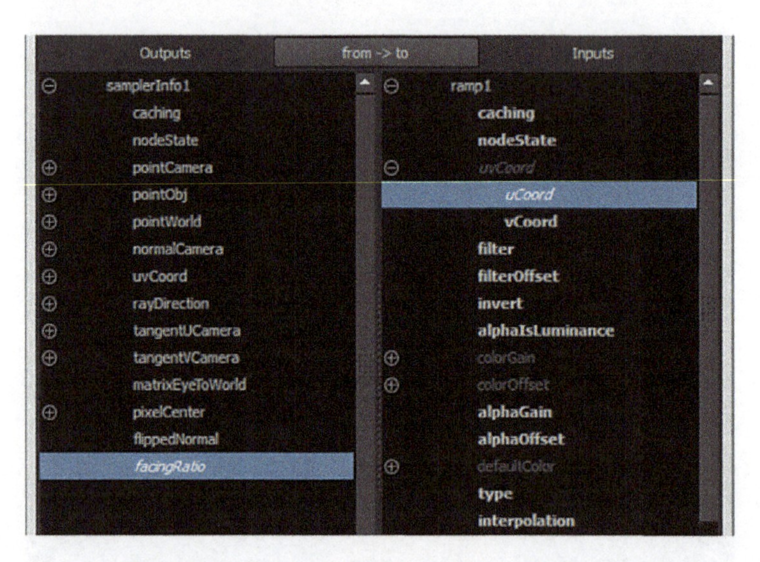

图4-28

步骤 2　修改 Ramp（渐变）纹理属性

利用 Ramp（渐变）节点控制 Glass_Blinn 材质球的透明通道，并调整 Ramp（节点）的坐标方向和颜色（见图 4-29）。

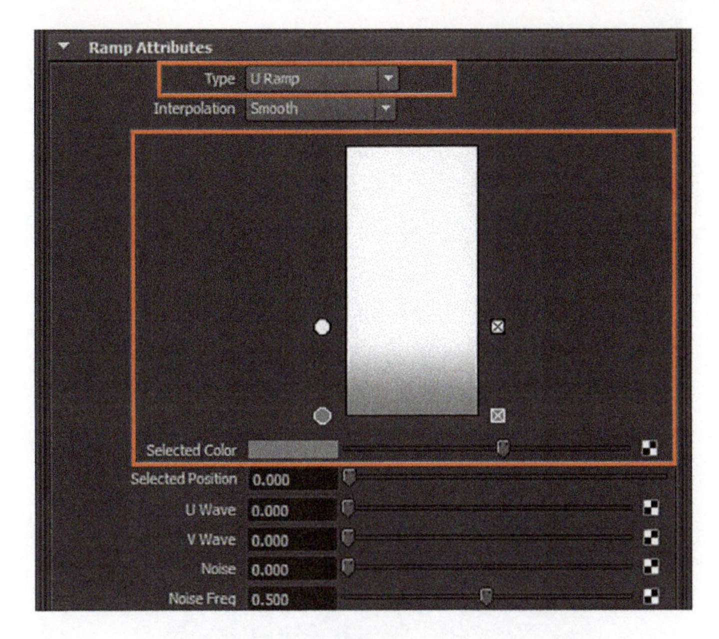

图4-29

步骤 3　调整玻璃材质球

将 Color（颜色）通道调整为纯黑色，再将 Diffuse（漫反射）设置为 1，Eccentricity（偏心率）属性设置为 0.051，Specular Roll Off（镜面反射滚转）设置为 2，Specular Color（镜面反射颜色）设置为纯白色，Relflectivity（反射率）属性设置为 0.179（见图 4-30）。

玻璃材质的真实效果还需要开启折射率计算，设置相关参数（见图 4-31）。

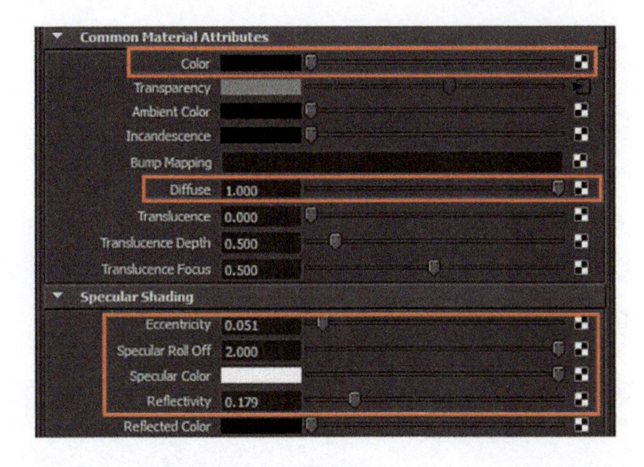

图4-30

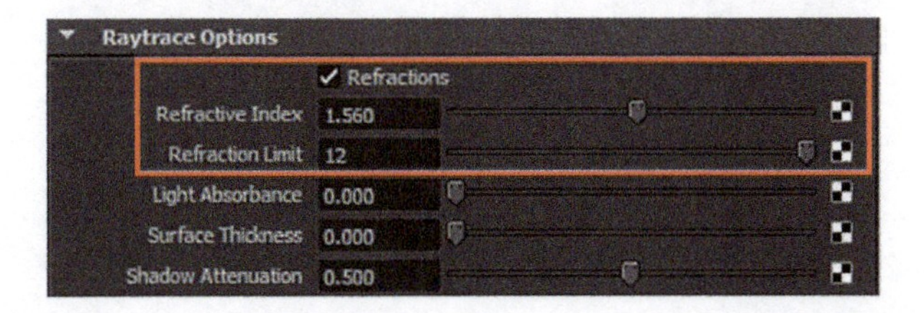

图4-31

最终渲染效果如图 4-32 所示。

图4-32

任务2-4　商标材质效果制作

在生活中很容易看到商标的材质效果，例如烟盒、酒瓶等。可以发现，此类商标的高光不是很强，也不是很集中。所以根据这些特性实现此类物品的真实效果。

步骤 1　模型 UV 的拆分

首先选中商标模型，在 Polygons 模块下，执行 Create UVs（创建 UV 集）的 Planar Mapping（平面 UV 映射）。根据透视图中的坐标方向，在 Planar Mapping Options（平面映射选项）中选择映射的方向为 Z 轴，然后单击 Apply（应用），如图 4-33 ～图 4-36 所示。

图4-33

图4-34

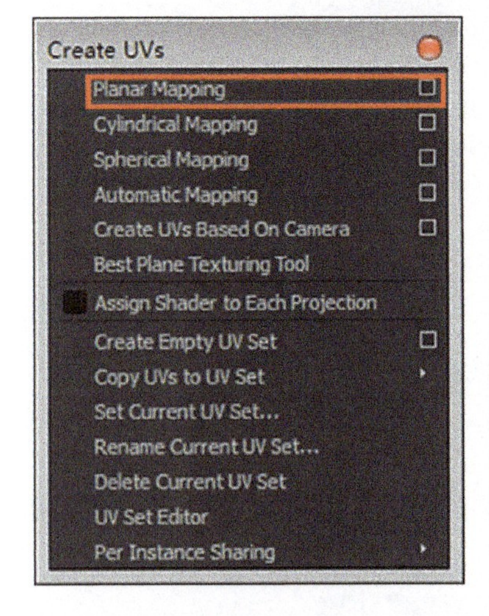

图4-35

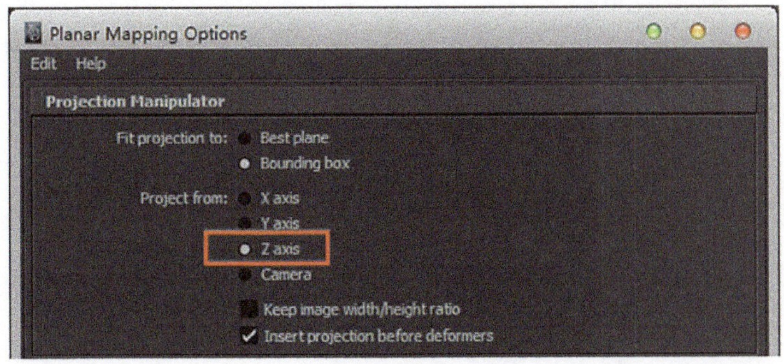

图4-36

在 UV Texture Editor（UV 纹理编辑器）中，在 UV 上按鼠标右键，进入不同的组件选择模式。这里选择 UV，进入编辑 UV 状态，执行 Relax（松弛）和 Unfold（展开）命令（见图 4-37），编辑后，UV 的形态如图 4-38 所示。

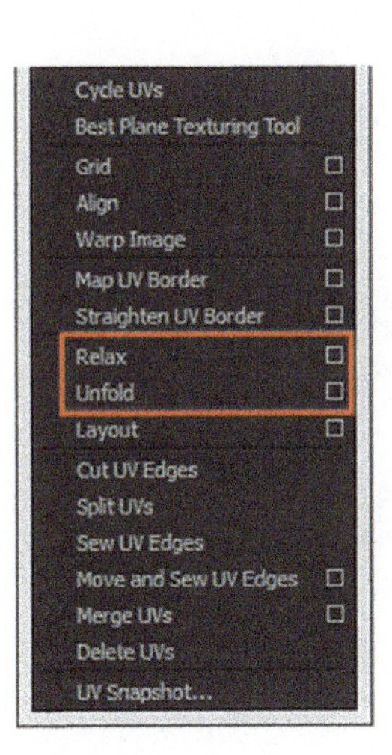

图4-37

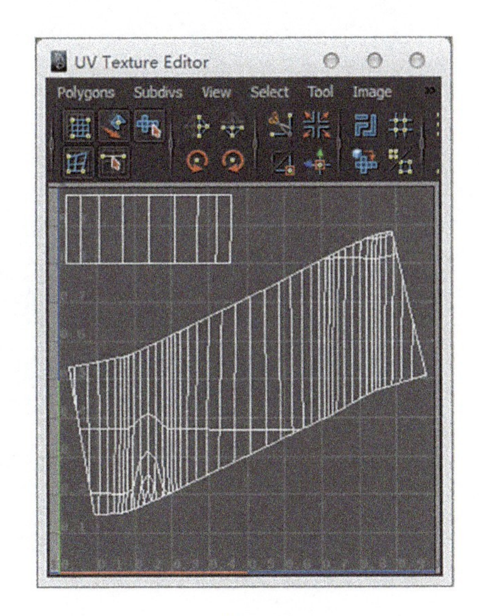

图4-38

执行 UV Snapshot（UV 快照），弹出 UV Snapshot 窗口，选择 UV 输出的位置、图像大小、图像格式，然后单击“OK”按钮（见图 4-39）。

然后在 PS 中，根据输出的 UV 画出贴图，如图 4-40 所示。

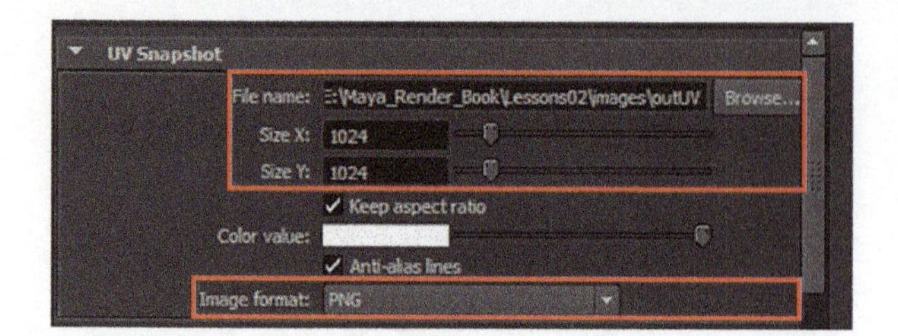

图4-39

图4-40

步骤 2　创建材质节点

商标的节点比较简单，连接的方法也很简单。首先需要创建 Phong 材质，并命名为 The trademark_Phong_001；再创建一个 File（文件）节点，把刚制作的商标贴图添加到此文件节点；然后赋予 The trademark_Phong_001 材质的 Color（颜色）和 Ambient Color（环境色），如图 4-41 和图 4-42 所示。

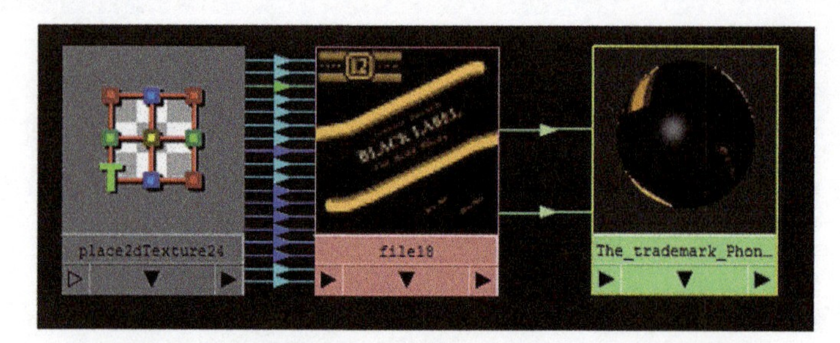

图4-41

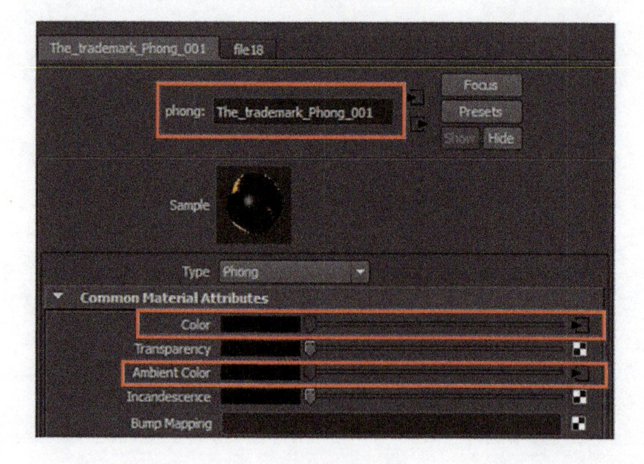

图4-42

步骤 3　设置商标材质属性

将 Diffuse（漫反射）的参数设置为 1，Cosine Power 的参数设置为 9.538，Specular Color（高光色）的亮度设置为0.342，Reflectivity（反射）的参数设置为0.077（见图4-43）。

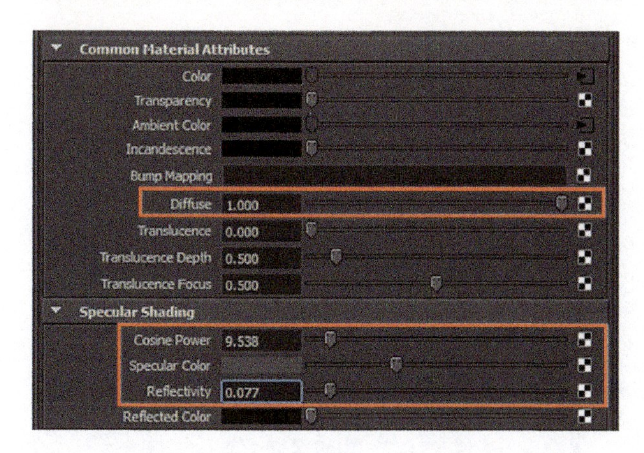

图4-43

为了增加商标锐化，将贴图的锐化值设置为 0.1，如图 4-44 所示。

此时，发现渲染商标的锐化度更好。其他商标的制作方法与此相同，渲染效果如图 4-45 所示。

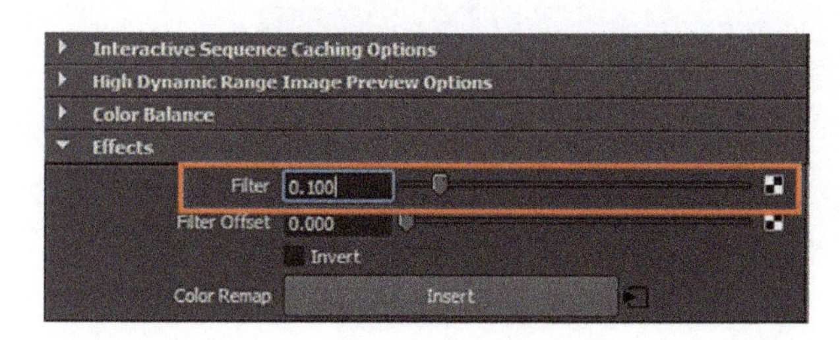

图4-44

图4-45

任务2-5 红酒盖商标材质效果制作

仔细观察发现，此处的材质效果高光比较集中，强度比较强，类似塑料的效果，这种材质效果不难实现。运用的材质节点还是前面所学的 Ramp（渐变纹理）和 Sampler Info（信息采样）节点。

步骤 1　创建红酒盖材质节点

首先制作红酒盖，创建一个 Phong 材质球，命名为 Wine guy_Phong，并赋予红酒盖；然后创建 Ramp（渐变纹理）和 Sampler Info（信息采样）节点，与 Wine guy_Blinn 材质球

相连接，如图 4-46 和图 4-47 所示。

图4-46

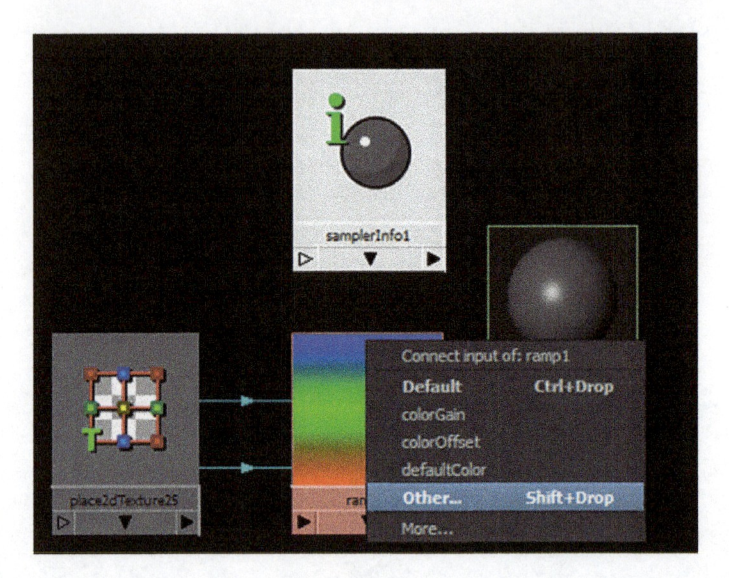

图4-47

在 Hypershade（材质编辑器）窗口中，用鼠标中键拖动 Sampler Info（信息采样）到 Ramp（渐变纹理）上，将 Sampler Info（信息采样）节点的 Facing Ratio（面比率）与 Ramp（渐变纹理）节点的 uCoor（U 坐标）连接。

步骤 2　修改 Ramp（渐变）纹理属性

将 Ramp（渐变）节点拖动到控制 Wine guy_Phong 材质球的 Incandescence（自发光）通道，并调整 Ramp（节点）的坐标方向和颜色，如图 4-48 ～图 4-50 所示。

图4-48

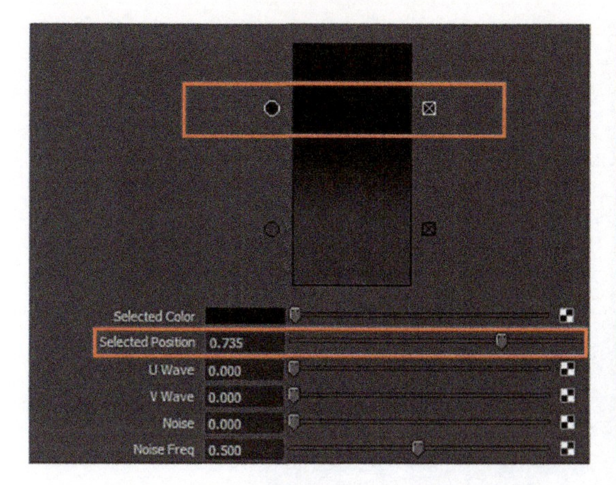

图4-49

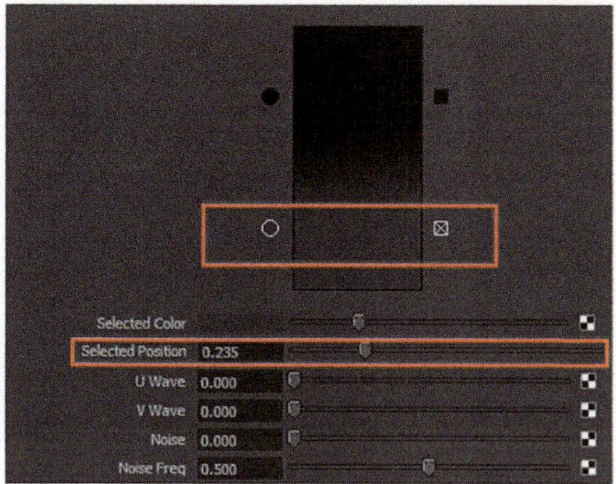

图4-50

步骤 3　调整红酒盖材质球

将 Color（颜色）调整为灰色，亮度参数为 0.5；再将 Diffuse（漫反射）设置为 1，Cosine Power 的参数设置为 78.222，Specular Color（镜面反射颜色）的亮度设置为 1，Reflectivity（反射率）的参数设置为 0.5，如图 4-51 所示。

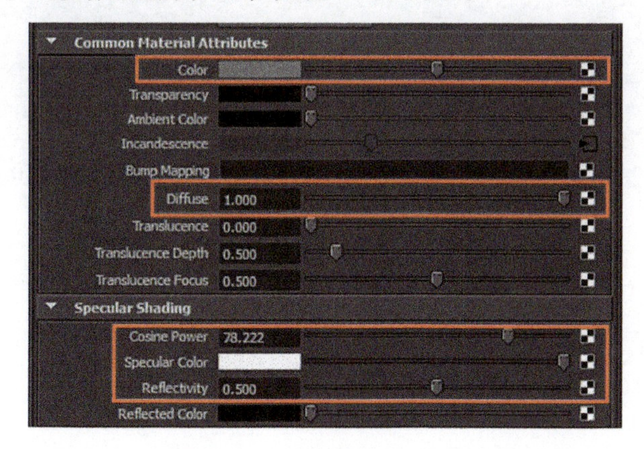

图4-51

在 Color（颜色）通道上连接贴图文件纹理，以增加红酒盖的细节；再调整贴图的锐化值为 0.1。最后的渲染效果如图 4-52 所示。

其他红酒盖材质的制作方法与之相同，不需要在其 Color（颜色）上赋予贴图。调整材质后，渲染出图，如图 4-53 所示。

图4-52

图4-53

任务2-6 红酒材质效果制作

为了模拟真实的液体效果，通过创建 Ramp（渐变纹理）和 Sampler Info（信息采样）节点的连接来真实表现液体的透明和折射效果（见图 4-54）；再创建 Blinn 材质球，重命名为 Red_Wine_blinn。

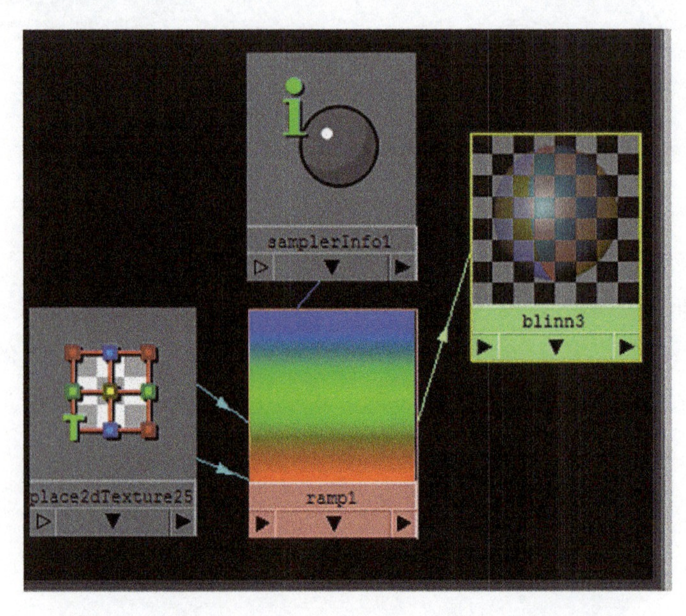

图4-54

如图 4-55 和图 4-56 所示，将葡萄红色渐变纹理连接到材质球的透明属性上，在渲染计算时就会出现边缘不透明而中心透明的真实液体效果。设置红酒材质球的高光与折射参数（见图 4-57），然后渲染，效果如图 4-58 所示。

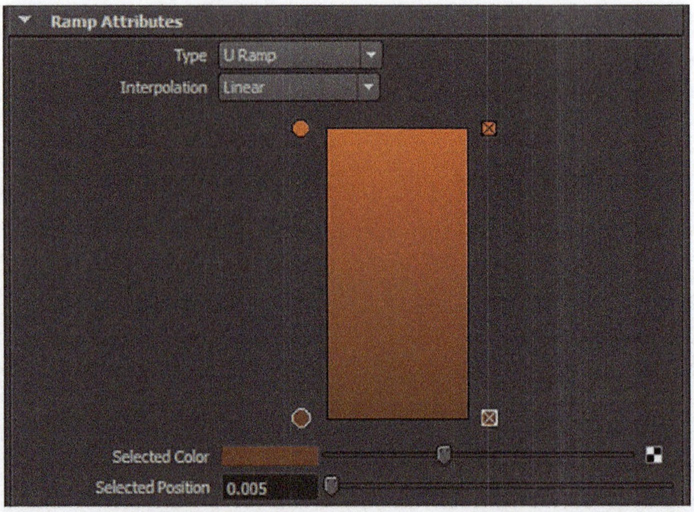

图4-55

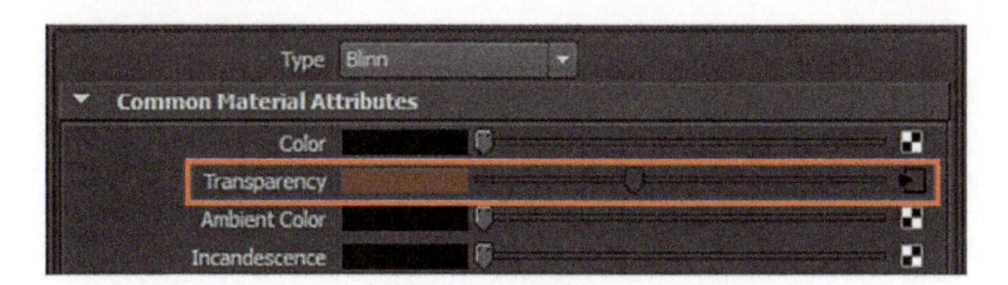

图4-56

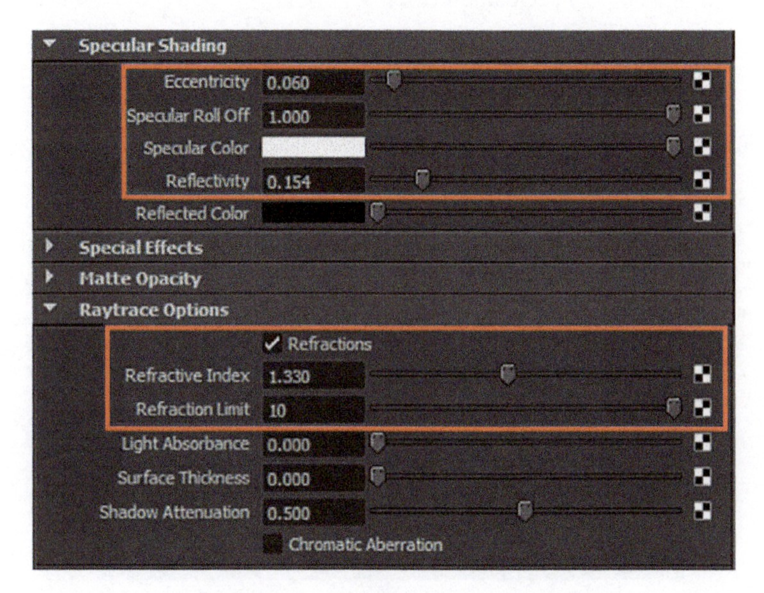

图4-57

图4-58

任务2-7 冰材质效果制作

通过观察冰块的物理特性，冰块的制作也不难，主要通过 Ramp（渐变纹理）和 Sampler Info（信心采样）节点制作。

首先创建 Phong 材质球，命名为 Ice_Phong；然后将其 Color（颜色）设置为纯白色，Diffuse（漫反射）属性设置为 1，Cosine Power 属性设置为 9.538，Specular Color（镜面反射颜色）的亮度设置为 1，Reflectivity（反射率）的参数设置为 0.5（见图 4-59）。另外，需在 Raytrace Options 卷展栏下勾选 Refractions，将 Refractive Index 参数设置为 1.33，Refraction Limit 的参数设置为 10（见图 4-60）。渲染效果如图 4-61 所示。

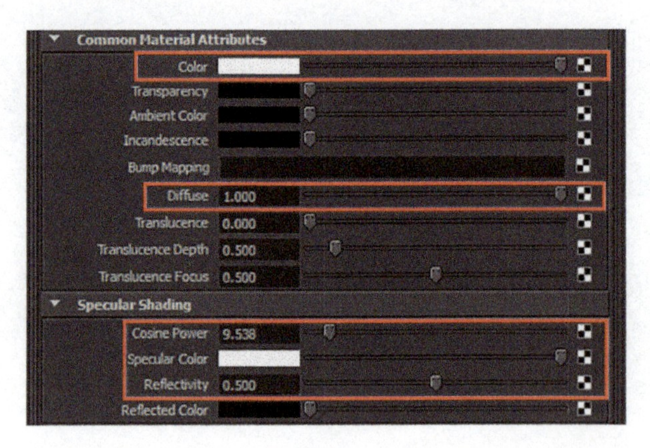

图4-59

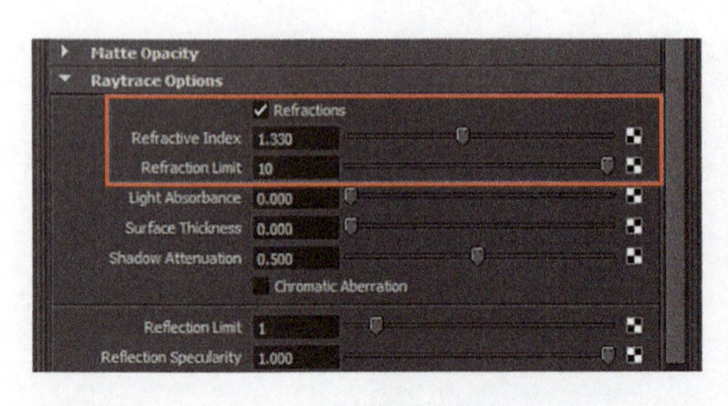

图4-60

图4-61

这时候，冰块是没有透明程度和自发光程度的。考虑到冰块的物理属性和玻璃的物体属性大致相同，同样采用 Ramp（渐变纹理）和 Sampler Info（信息采样）节点来控制冰块的透明通道和自发光通道。所以，创建两组 Ramp（渐变纹理）和 Sampler Info（信息采样）节点，分别控制透明通道和自发光通道，如图 4-62 和图 4-63 所示。

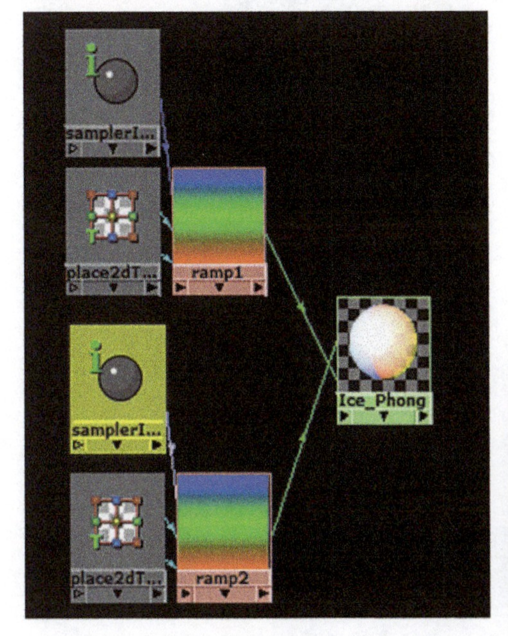

图4-62

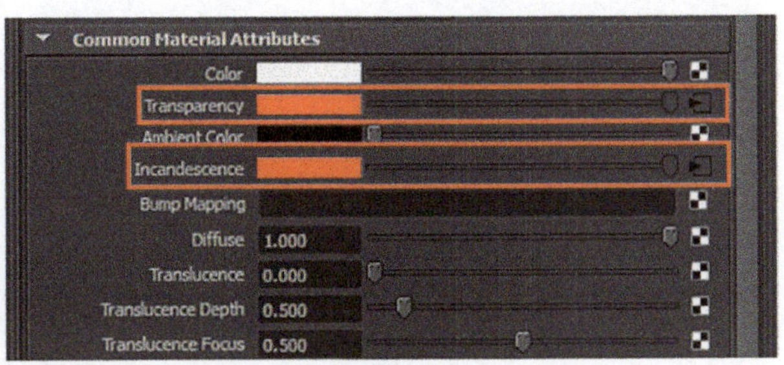

图4-63

分别将控制透明通道和自发光通道的 Ramp（渐变纹理）命名为 Transparency_Ramp 和 Incandescence_Ramp，然后设置属性，如图 4-64 和图 4-65 所示。渲染效果如图 4-66 所示。

此时的冰块没有太多细节，所以在 Ice_Phong 材质的 Bump Mapping 上贴一张 solidFractal 纹理（见图 4-67），并设置 solidFractal 的参数（见图 4-68）。可根据需要添加更多节点，以增加冰块细节。渲染效果如图 4-69 所示。冰块材质的制作到此完成。

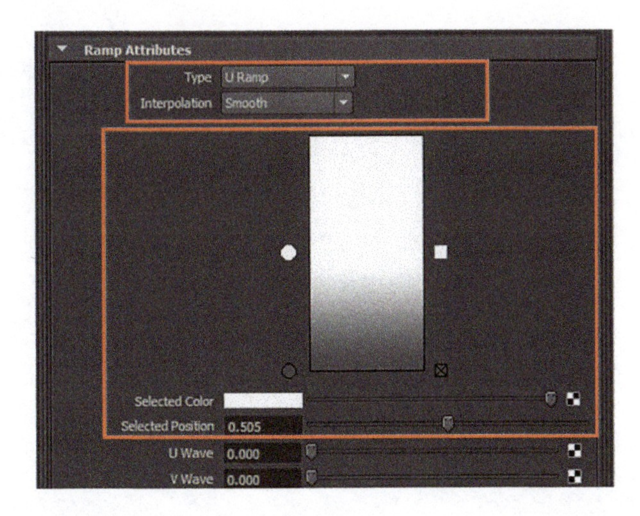

图4-64

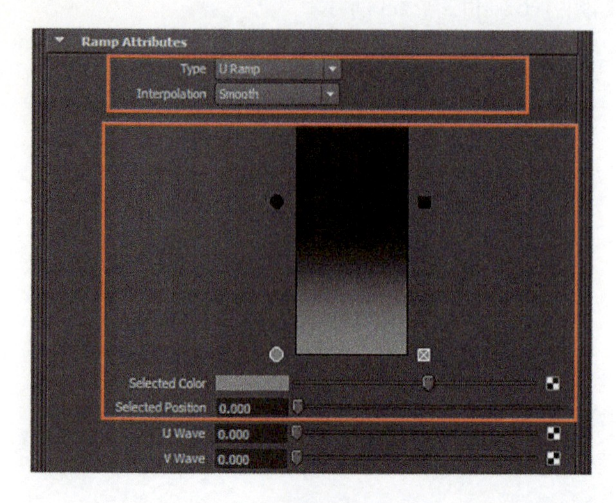

图4-65

图4-66

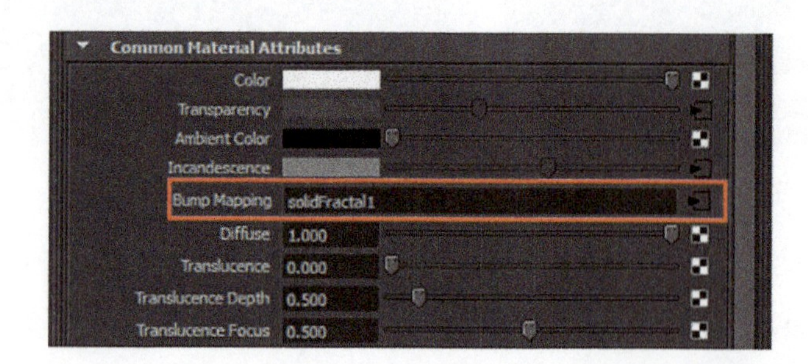

图4-67

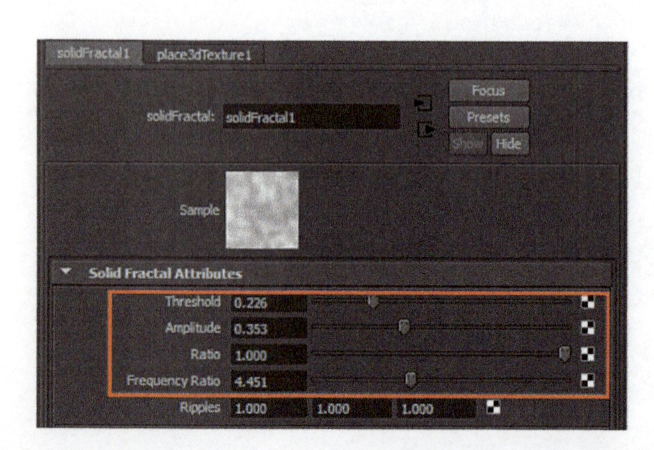

图4-68

图4-69

任务2-8 柠檬材质效果制作

观察柠檬片可以发现它是由两部分结构组成的，分别是果瓤和果梗。果瓤有透明和自发光的效果。这里主要通过贴图的形式模拟真实的柠檬材质效果。

步骤 1 贴图制作

拆分 UV 后，输出 UV 贴图（见图 4-70 和图 4-71），并制作此模型贴图（见图 4-72 和图 4-73）。

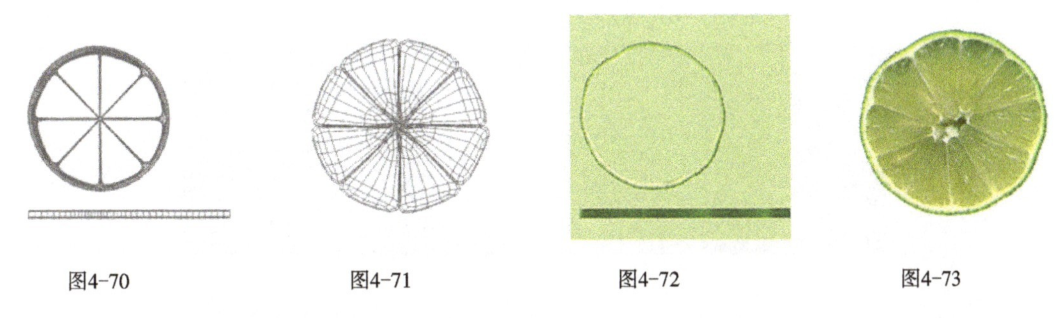

图4-70　图4-71　图4-72　图4-73

步骤 2 创建柠檬梗材质

创建 Phong 材质球，命名为 Lemon_Phong_001，并赋予柠檬梗，然后设置参数，如图 4-74 所示。

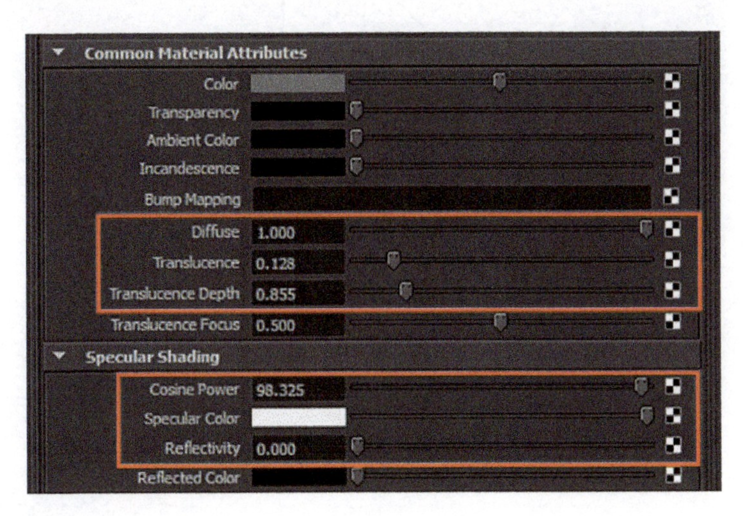

图4-74

步骤 3 赋予柠檬梗材质贴图

首先赋予 Color（颜色）和 Incandescence（自发光）通道贴图，然后给 Bump Mapping 赋予一张 Normal Map 贴图（见图 4-75）。

此时贴图亮度太高，所以在贴图的 Color Balance 下，将 Color Gain 的亮度参数设置为0.516，将Bump Depth的参数设置为0.2，如图4-76～图4-78所示。渲染效果如图4-79所示。

Common Material Attributes

Color

Transparency

Ambient Color

Incandescence

Bump Mapping file20

Diffuse 1.000

Translucence 0.128

Translucence Depth 0.855

Translucence Focus 0.500

图4-75

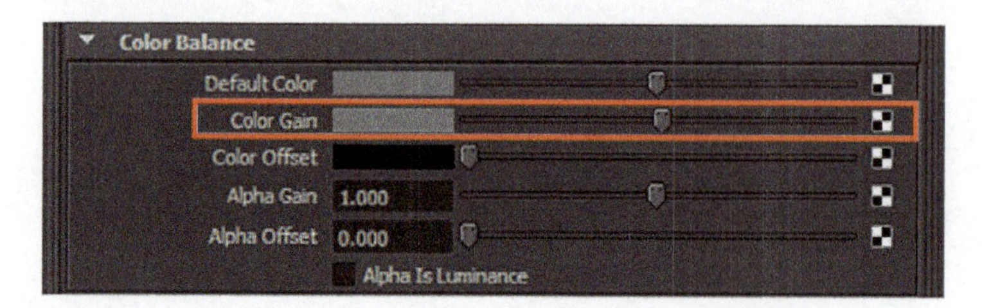

图4-76

图4-77

图4-78

图4-79

步骤 4 创建柠檬瓢材质

创建 Phong 材质球，命名为 Lemon_Phong_002，并赋予柠檬瓢，然后设置参数（见图 4-80）。

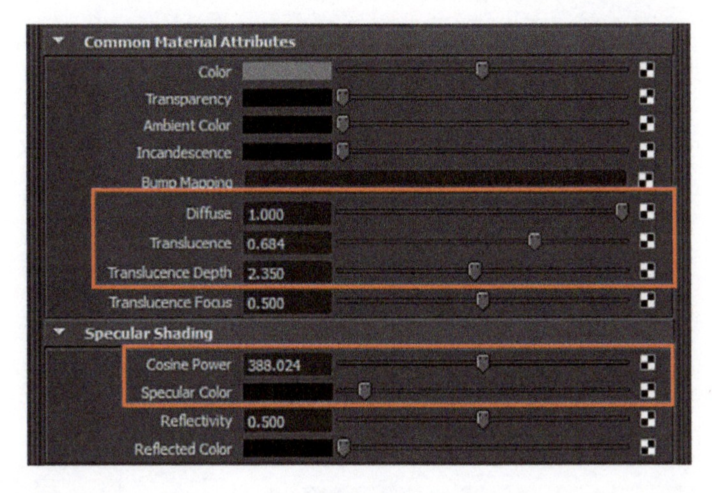

图4-80

步骤 5 赋予柠檬瓢材质贴图

首先赋予 Color（颜色）和 Incandescence（自发光）通道贴图，然后给 Bump Mapping 赋予一张 Normal Map 贴图（见图 4-81）。

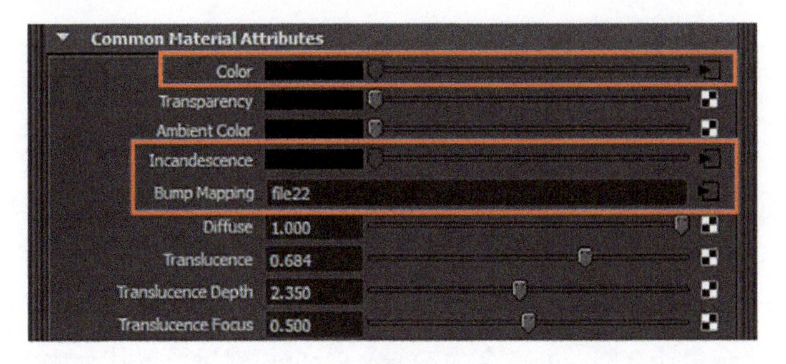

图4-81

此时贴图亮度太高，所以在贴图的 Color Balance 下，将 Color Gain 的亮度参数设置为 0.516，将 Bump Depth 的参数设置为 0.3，如图 4-82 ～图 4-84 所示。渲染效果如图 4-85 所示。

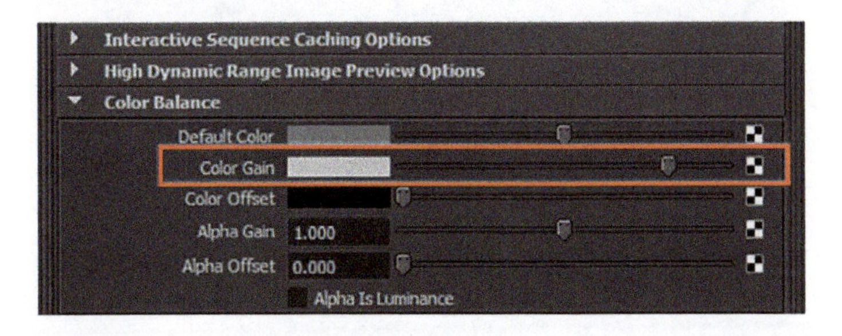

图4-82

图4-83

图4-84

图4-85

任务2-9 气泡材质效果制作

制作气泡材质效果时，注意观察气泡的物理属性。它和玻璃的物理属性大致相同，也用到 Ramp（渐变纹理）和 Sampler Info（信息采样）节点。

步骤 1 创建气泡材质球

创建材质球 Phong 赋予气泡，并命名为 Drum_Phong，然后设置其参数，如图 4-86 所示。

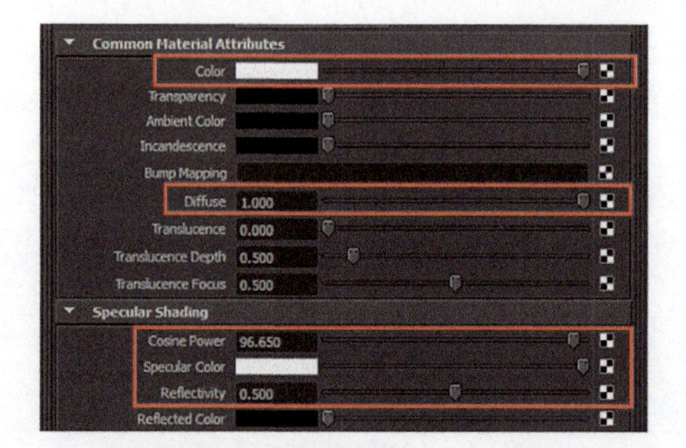

图4-86

步骤 2 创建气泡材质的 Ramp（渐变纹理）节点

创建 Ramp（渐变纹理）节点，命名为 Transparency_Ramp，用于控制气泡材质的 Transparency（透明度）通道（见图 4-87）。然后，调整 Ramp（渐变纹理）节点参数（见图 4-88）。

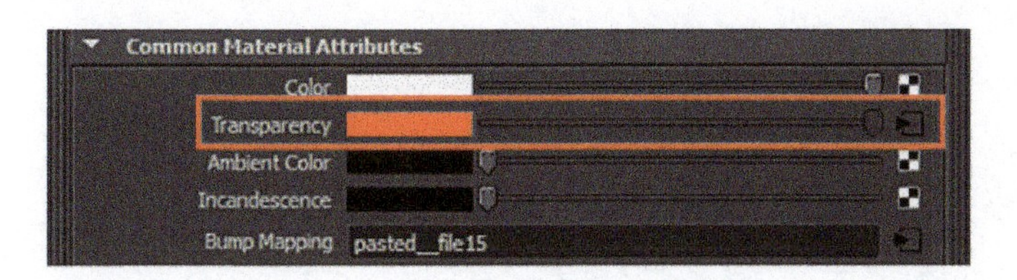

图4-87

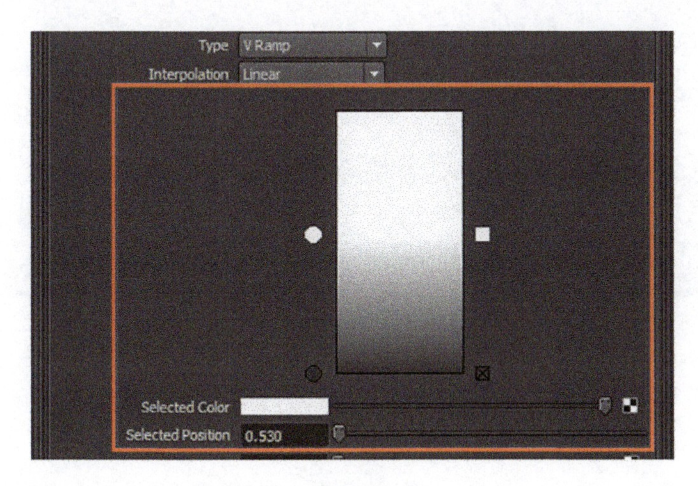

图4-88

再创建一个 Sampler Info（信息采样）节点，用于控制 Ramp（渐变纹理）节点；将 Sampler Info（信息采样）节点的 Facing Ratio（面比率）与 Ramp（渐变纹理）节点的 uCoor（U 坐标）连接，如图 4-89 和图 4-90 所示。

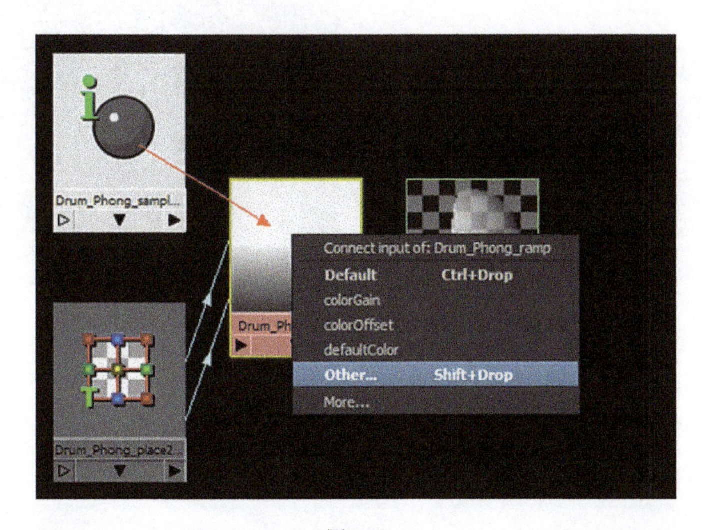

图4-89

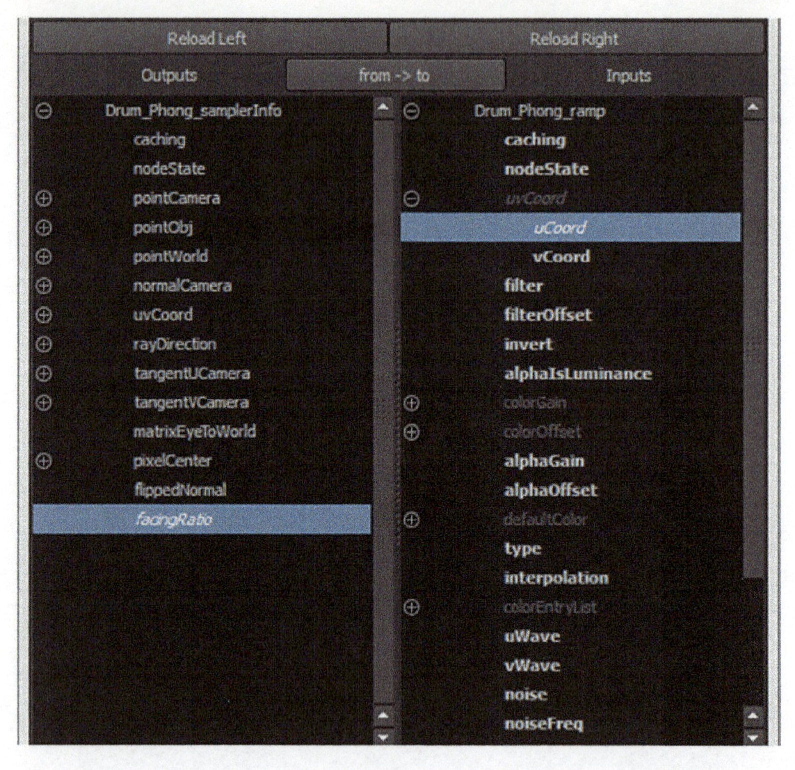

图4-90

步骤 3　创建 Ramp（渐变纹理）节点控制气泡材质球的 Incandescence（自发光）通道

创建 Ramp（渐变纹理）节点，命名为 Incandescence_Ramp，用于控制气泡材质的 Incandescence（自发光）通道（见图 4-91）。然后，调整 Ramp（渐变纹理）节点参数（见图 4-92）。

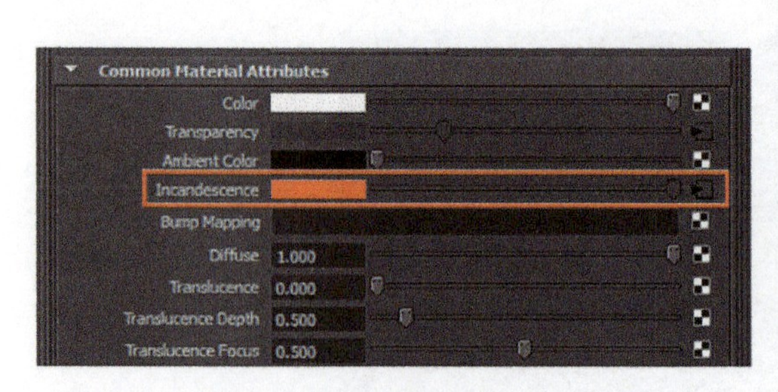

图4-91

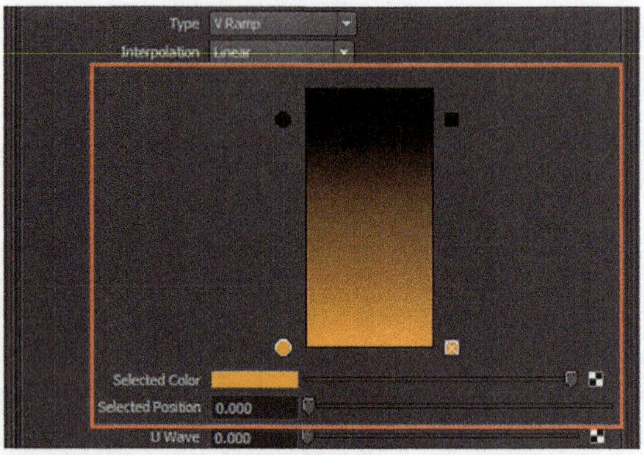

图4-92

再创建一个 Sampler Info（信息采样）节点，用于控制 Ramp（渐变纹理）节点 uCoor（U 坐标），操作步骤如图 4-93 ～图 4-95 所示，效果如图 4-96 所示。

本项目整体渲染效果如图 4-97 所示。

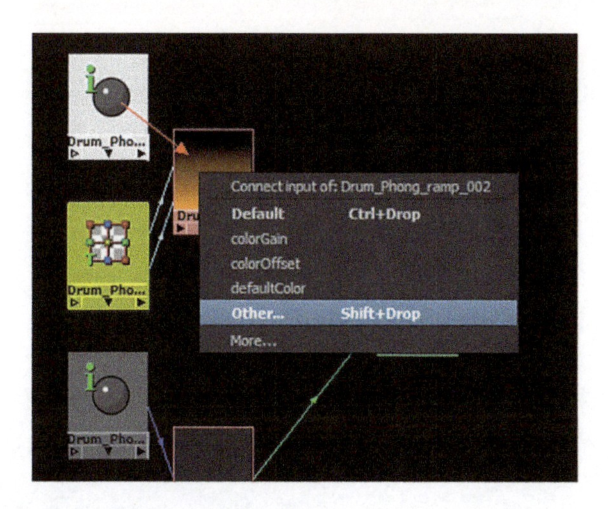

图4-93

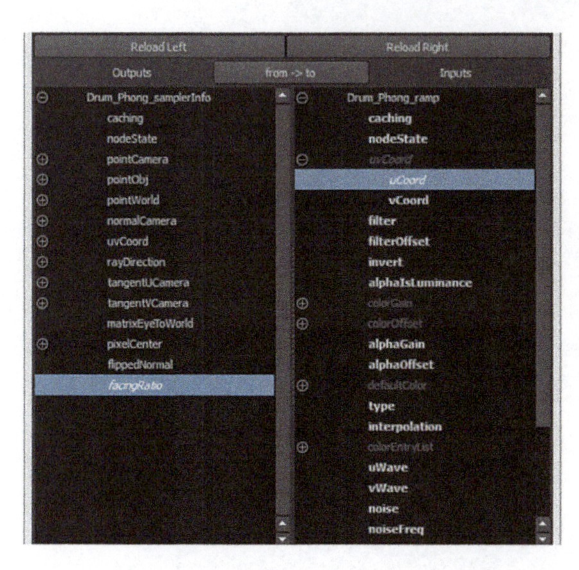

图4-94

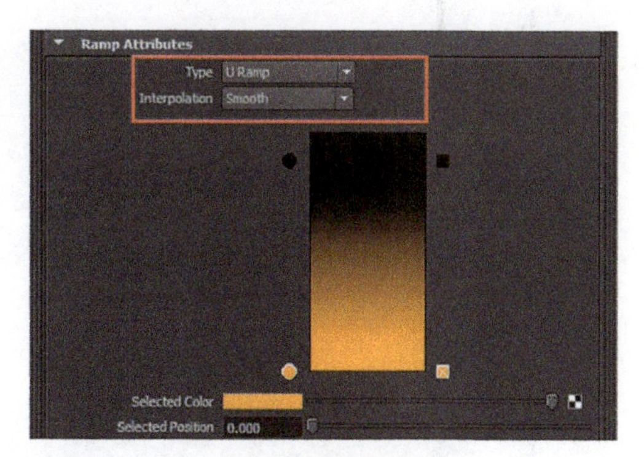

图4-95

图4-96

图4-97

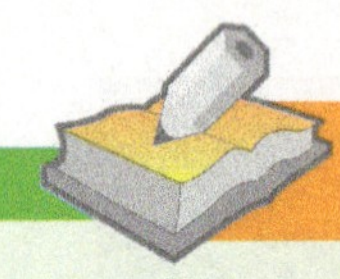

项目总结

本项目进一步学习了动画道具场景的标准渲染流程、方法和实施步骤。在本项目中，渲染透明材质是重点。图 4-98 所示为玻璃的渲染步骤，图 4-99 所示为酒水的渲染步骤，图 4-100 所示为冰块的渲染步骤。利用灯光、环境，通过调节材质属性来表现透明材质的通透和光泽，需要一定的训练和经验积累。

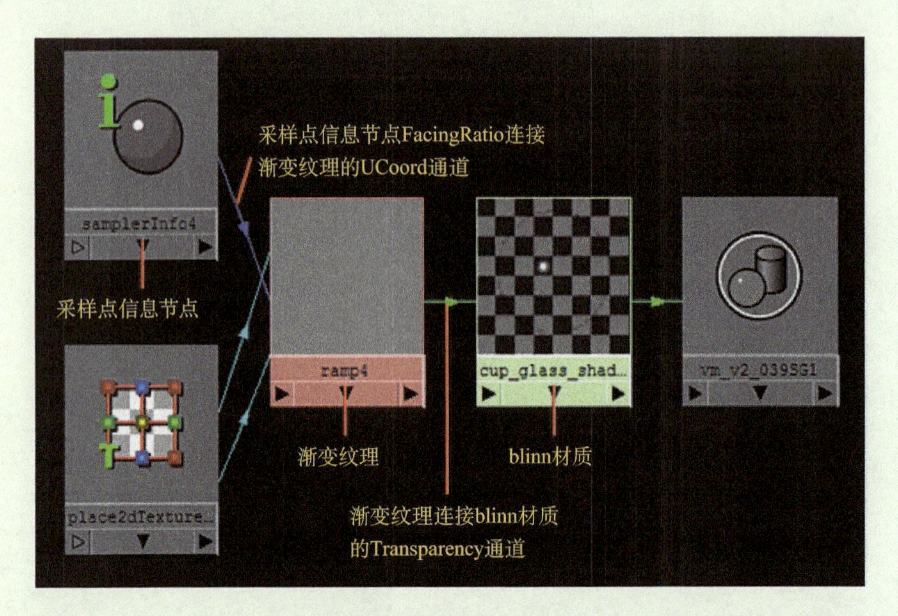

图4-98

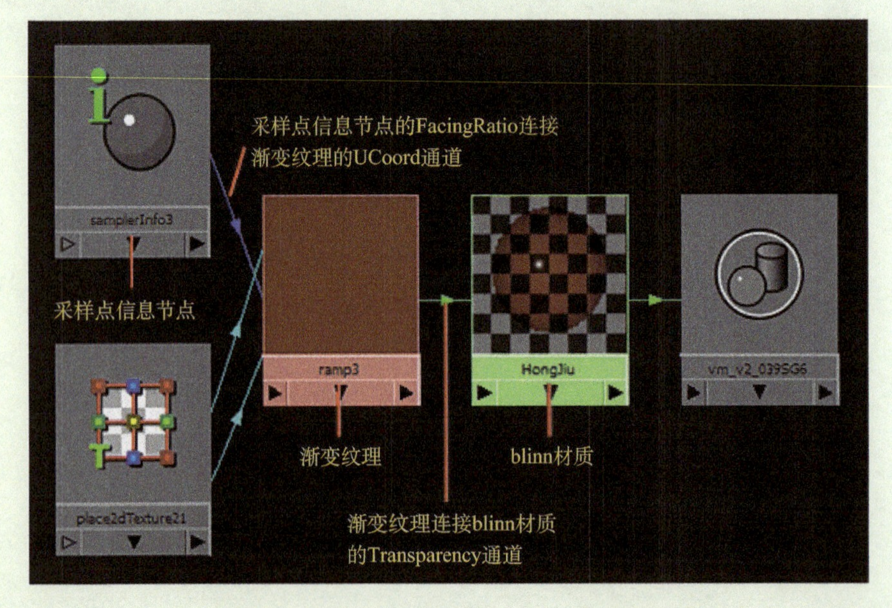

图4-99

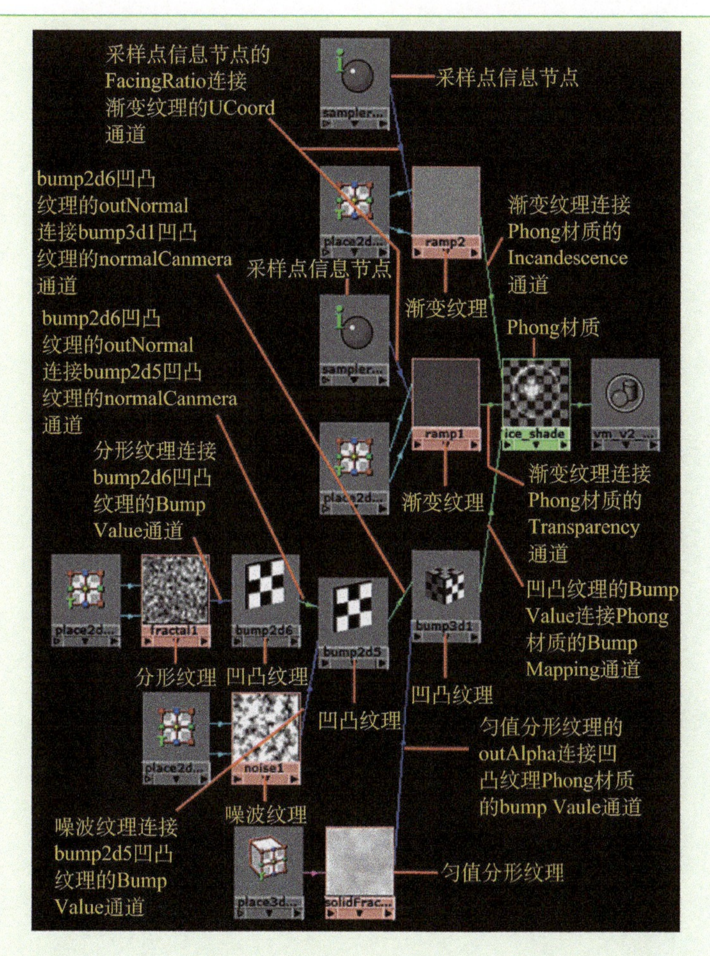

图4-100

本项目首次接触到UV编辑的概念，并且介绍映射UV、导出UV，作为基准来制作纹理图，实现有特殊要求的纹理效果。图4-101所示为商标LOGO纹理效果制作流程，图4-102所示为瓶盖纹理效果制作流程，图4-103所示为柠檬片纹理效果制作流程。

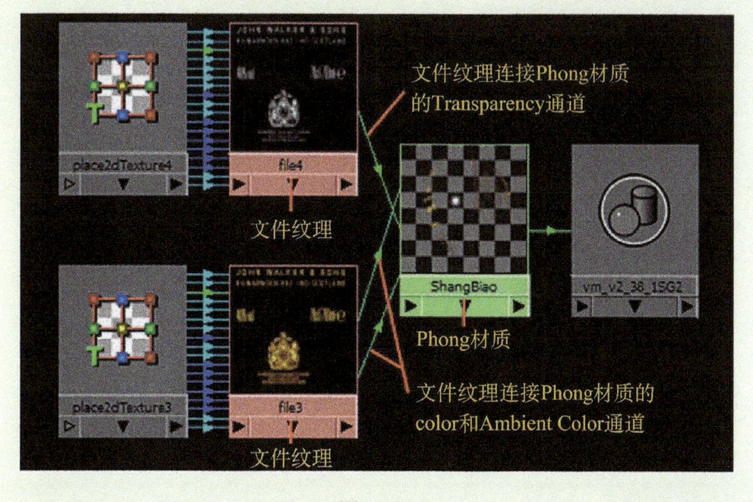

图4-101

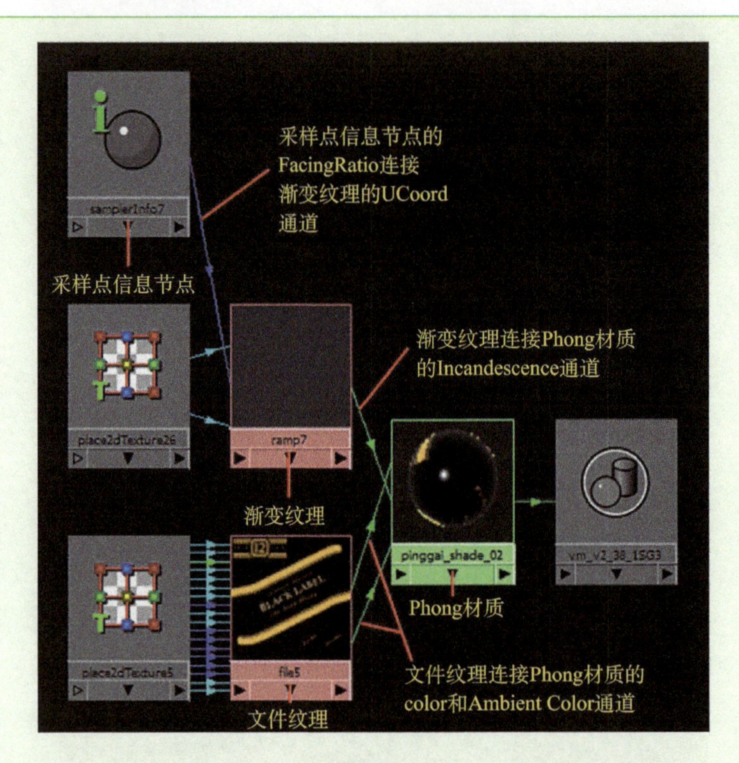

采样点信息节点的
FacingRatio连接
渐变纹理的UCoord
通道
采样点信息节点
渐变纹理连接Phong材质
的Incandescence通道
渐变纹理
Phong材质
文件纹理连接Phong材质的
color和Ambient Color通道
文件纹理

图4-102

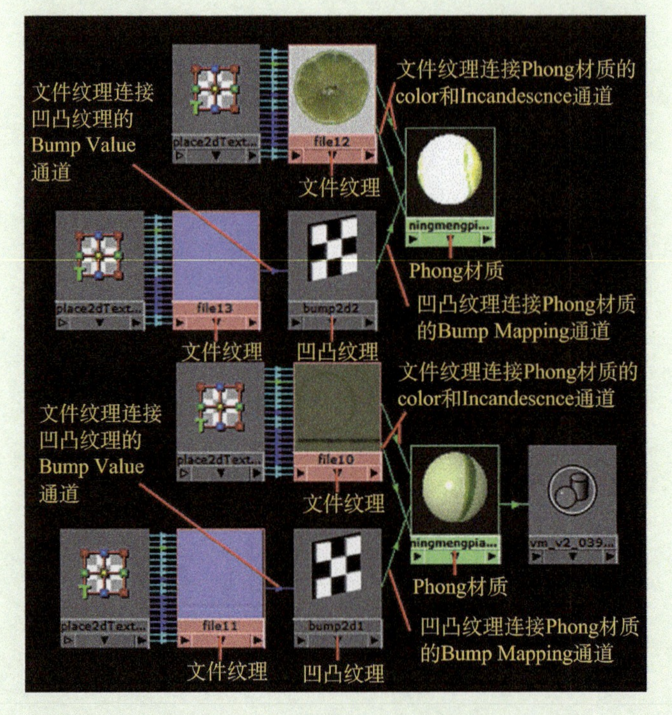

文件纹理连接Phong材质的
color和Incandescnce通道
文件纹理连接
凹凸纹理的
Bump Value
通道
文件纹理
Phong材质
凹凸纹理连接Phong材质
的Bump Mapping通道
文件纹理
凹凸纹理
文件纹理连接Phong材质的
color和Incandescnce通道
文件纹理连接
凹凸纹理的
Bump Value
通道
文件纹理
Phong材质
凹凸纹理连接Phong材质
的Bump Mapping通道
文件纹理
凹凸纹理

图4-103

练习实训

实训 2-1　打开教学资源中实训 2-1 对应的洋酒场景文件，根据教材和教师的指导，完成本章项目效果。

实训 2-2　打开教学资源中实训 2-2 对应的鱼缸场景文件，练习动画道具的渲染。注意透明材质的表现和使用光线追踪阴影。

项目 3

渲染动画角色——“卡通玩偶”制作

1. 项目需求分析

本项目是动画短片中的一个卡通玩偶的场景渲染。用三维软件来制作并渲染二维动画的效果，这种形式的应用越来越多。利用三维软件制作二维效果，不仅动作流畅，立体感强，在控制角色表情等方面很有优势。本项目在制作时应注意灯光的明暗对比不要太强烈，材质和纹理的制作要体现可爱、抽象的二维手绘风格，最终渲染效果如图 5-1 所示。

图5-1

2. 核心技术分析

本项目的技术核心是灯光阵列的运用，Maya 中 Toon 材质的应用，以及通过调节 Maya

默认材质来表现场景中各物体的形态和自身属性。最终的渲染效果利用 Software 渲染器的设置来表现。

3. 艺术风格分析

本项目渲染的对象是动画玩偶角色，风格是二维平面手绘效果。从光影风格来讲，是明亮、柔和的，所以利用灯光阵列来模拟晴朗天气天空的漫反射；从角色的风格来讲，是俏皮可爱的，所以采用简洁明快的纹理风格。利用三维软件制作的二维动画风格的动画，角色和场景立体感十足。

项目背景知识

1. Toon 材质简介

Maya Toon（卡通）材质可以使三维场景和模型模拟出二维动画的效果。Maya 在 Toon（卡通）菜单中预置了一系列默认的 Toon（卡通）材质制作的场景和模型，它们都是基于一盏灯光生成的纹理。在 Rendering 模块中选择 Toon（卡通）菜单中的 Get Toon Example...（获取卡通实例），打开 Maya 默认的 Toon（卡通）材质制作的场景和模型，如图 5-2 和图 5-3 所示。

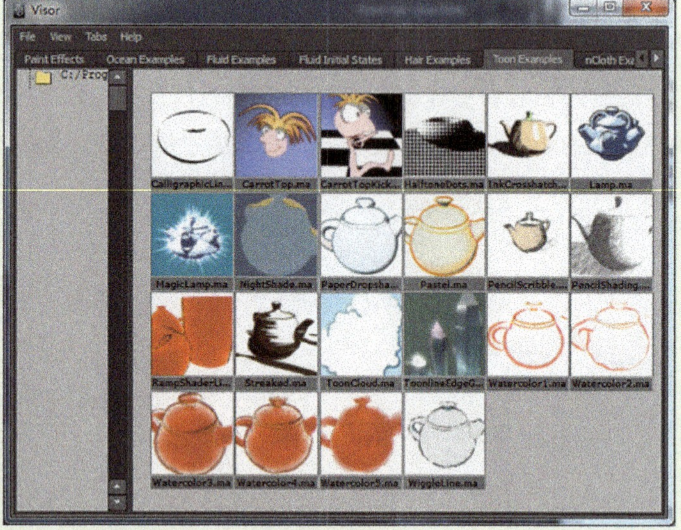

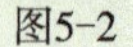

图5-2　　图5-3

传统二维卡通动画首先需要勾勒出物体的边缘线以控制大形，然后为物体上色。在 Maya 中制作二维效果，物体的边缘线可以在任何时间添加。建议在材质制作完成后添加边缘线（添加边缘线后会比较卡，操作不流畅）。

2. Maya 中 Toon 材质的类型

Toon（卡通）材质包括 Solid Color（单色材质）、Light Angle Two Tone（基于灯光角度的双色卡通材质）、Shaded Brightness Tow Tone（双色卡通材质）、Shaded Brightness Three Tone（三色卡通材质）、Dark Profile（带描边的卡通材质）、Rim Light（带灯光边缘线的卡通材质）（见图 5-4 和图 5-5）和 Circle Hight light（带高光的卡通材质）。Toon（卡通）材质中除了 Solid Color（单色材质），都是基于灯光才能实现，都可以用 Ramp（渐变）来编辑，从而产生优秀的色彩变化效果。

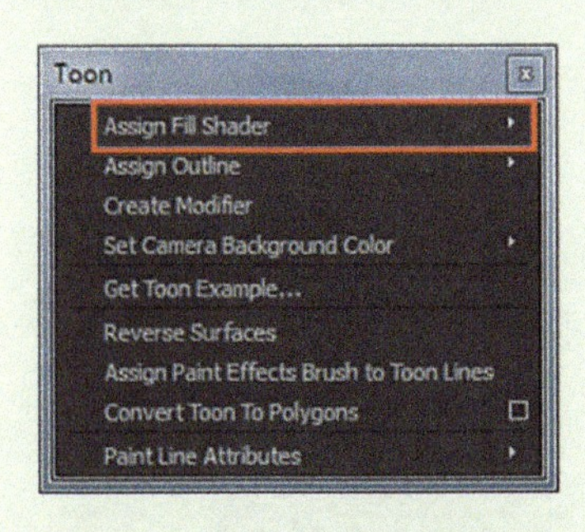

图5-4

图5-5

在同一场景中，同一物体运用不同的 Toon（卡通）填充材质得到的效果（见图 5-6 ～图 5-12）分别是 Solid Color、Light Angle Two Tone、Shaded Brightness Two Tone、Shaded Brightness Three Tone、Darkprofile、Rim Light 和 Circle Hightlight。

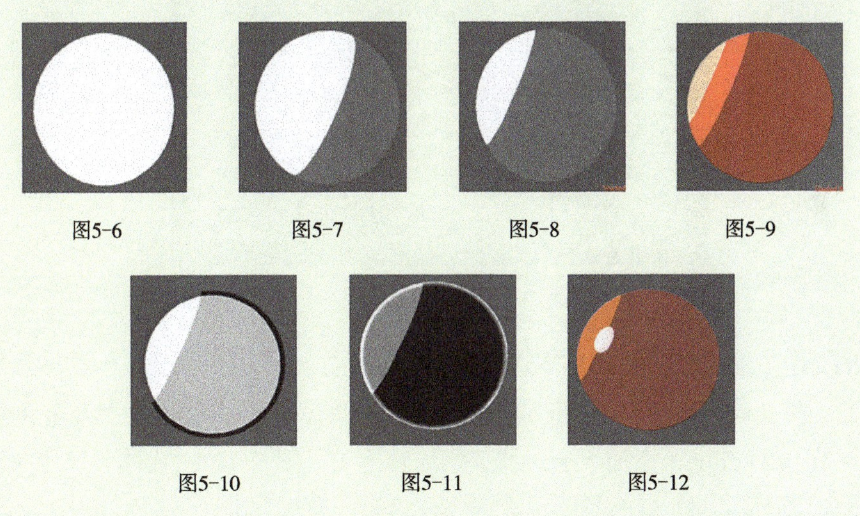

图5-6 图5-7 图5-8 图5-9

图5-10 图5-11 图5-12

Shaded Brightness Three Tone（三色卡通材质）可以快速地制作出二维卡通效果，操作控制简单、方便。本章 Toon（卡通）材质以 Shaded Brightness Three Tone（三色卡通材质）为例介绍。在 Rendering 模块中，将 Toon（卡通）菜单 Assign Fill Shader（填充颜色材质）中的 Shaded Brightness Three Tone（三色卡通材质）赋给物体（见图 5-13 和图 5-14）。

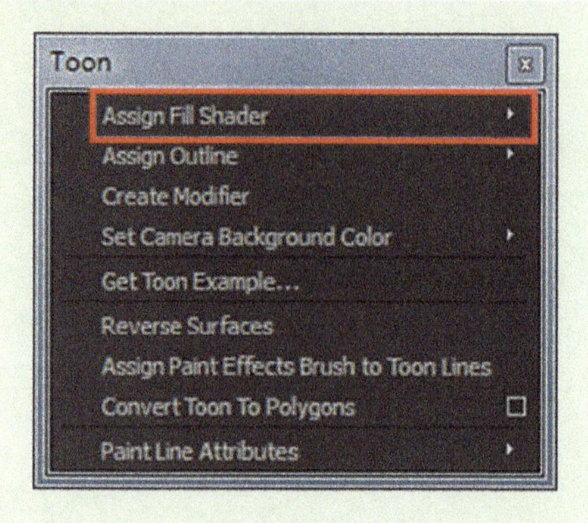

图5-13

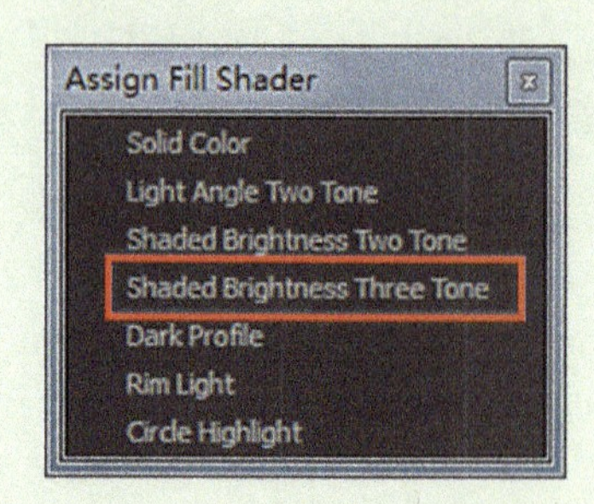

图5-14

在属性面板中可以看到 Shaded Brightness Three Tone（三色卡通材质）的属性。其中，Selected Position（选择位置）用于调整控制柄的位置，Selected Color（选择颜色）用于调整颜色，Interpolation（插值）用于调整颜色的过渡方式，Color Input（输入颜色）用于选择颜色的分布方式（见图 5-15）。

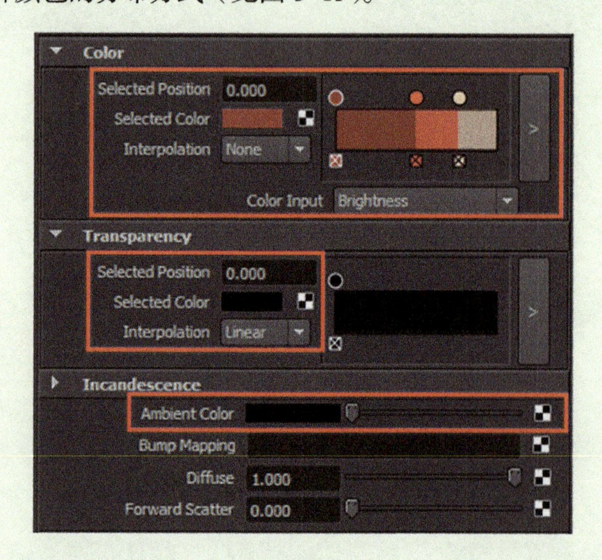

图5-15

边缘线是二维卡通动画的基本造型手段，也是二维卡通的灵魂。为物体添加边缘线的方法是：在 Rendering 模块中将 Toon（卡通）菜单 Assign Outline（赋予轮廓线）中的 Add New Toon Outline（添加卡通边线）赋给物体（见图 5-16）。物体添加边缘线后的效果如图 5-17 所示。

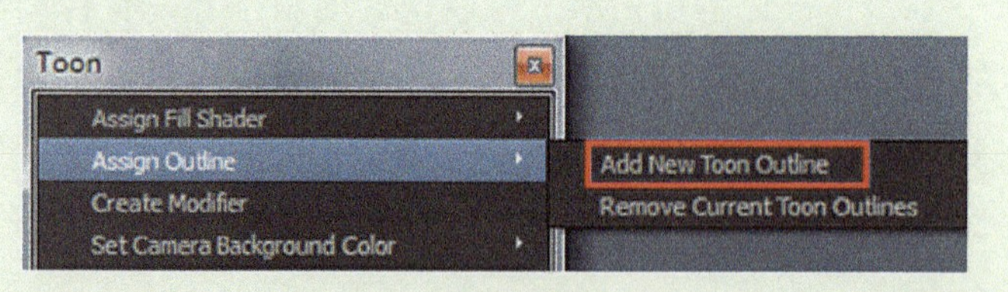

图5-16

图5-17

在边缘线属性面板中，经常需要调整的属性是 Line Width（边线宽度）。通过控制 Line Width（边线宽度），使边线宽度达到理想的效果（见图 5-18）。

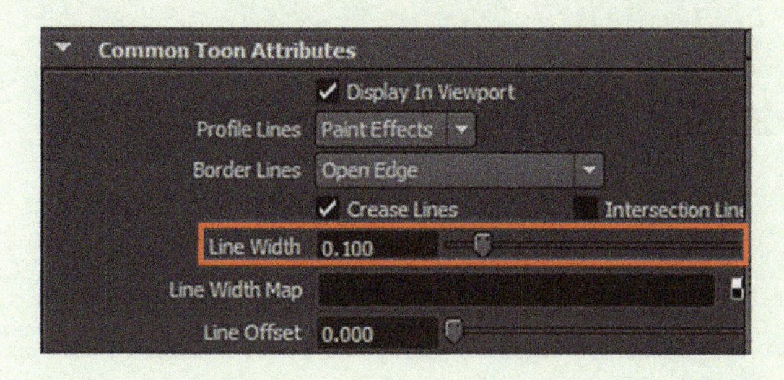

图5-18

移除添加的边缘线的方法是：选中物体，在 Rendering 模块中将 Toon（卡通）菜单 Assign Outline（赋予轮廓线）中的 Remove Current Toon Outlines（移除卡通边线）指定给物体，或者选中边缘线删除。

任务3-1 灯光设置

步骤 1 创建灯光阵列

灯光阵列通过利用 Maya 中的灯光（点光源、平行光、聚光灯等）组成的灯光集合来模拟天空漫反射效果（全局光照效果）。常用的灯光阵列有球形、环形、菱形、方形等。本项目的灯光阵列是由 Directional Light（平行光）组成的球形集合。

首先创建一盏标准的 Directional Light（平行光）；然后沿 Z 轴移动 100，按下键盘上的 Insert 键；按住 X 键，将 Directional Light（平行光）的移动中心定位到网格中心；结束后按下 Insert 键；沿 X 轴旋转 -6（见图 5-19 和图 5-20）。

图5-19

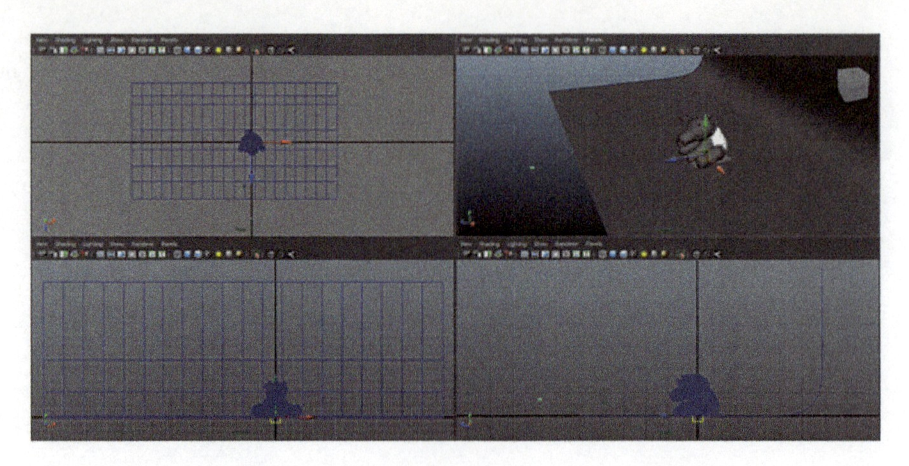

图5-20

灯光阵列是为了照明卡通布偶，背景布会阻挡灯光对卡通布偶的照明。要取消灯光对背景布的照明，选择背景布和新创建的 Directional Light（平行光），然后在 Rendering（渲染）模块中执行 Lighting/Shading（照明 / 着色）的 Break Light Links（断开灯光链接）命令。

本项目中，灯光阵列用于模拟天空漫反射效果（全局光效果），光线强度不能过高，且没有高光效果。在灯光属性面板中，将 Intensity（强度）改为 0.025，将 Emit Specular（发射镜面反射）取消勾选（见图 5-21）。

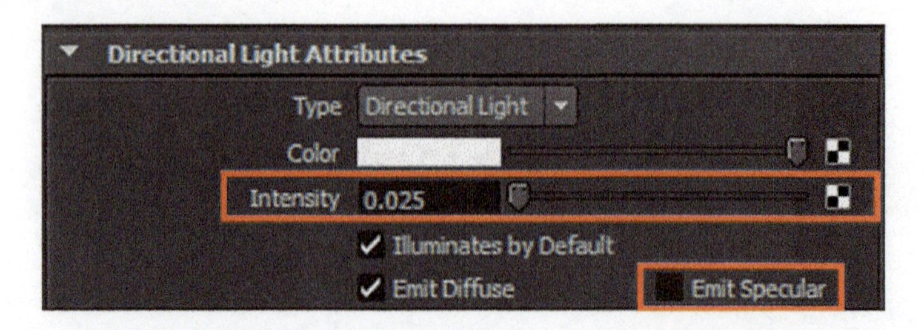

图5-21

在编辑菜单中打开 Duplicate Special（特殊复制）参数窗口（见图 5-22）。将 Rotate（旋转）改为 -14、0、0，将 Number of Copies（副本数）改为 6（见图 5-23），视图效果如图 5-24 所示。

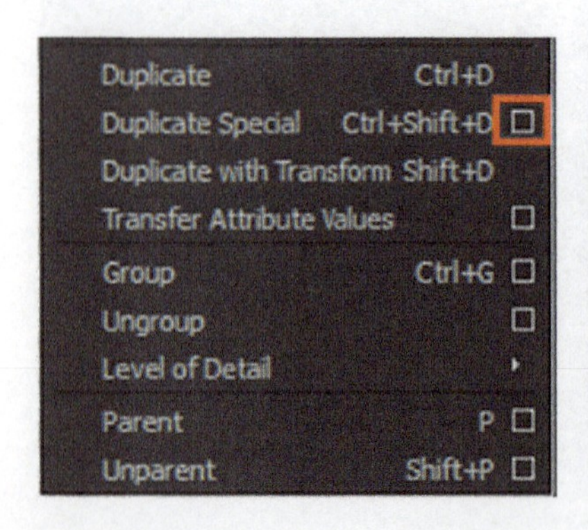

图5-22

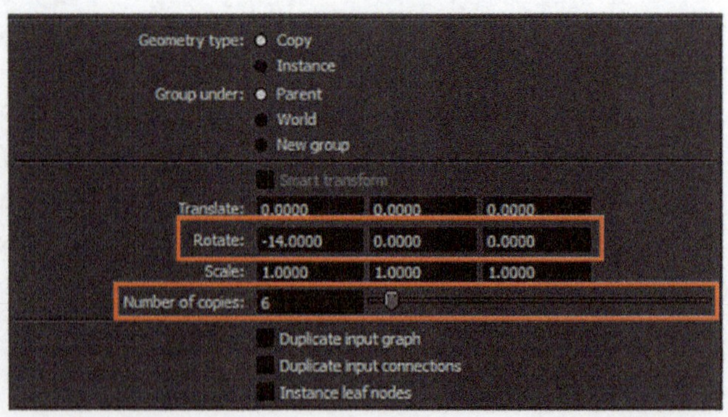

图5-23

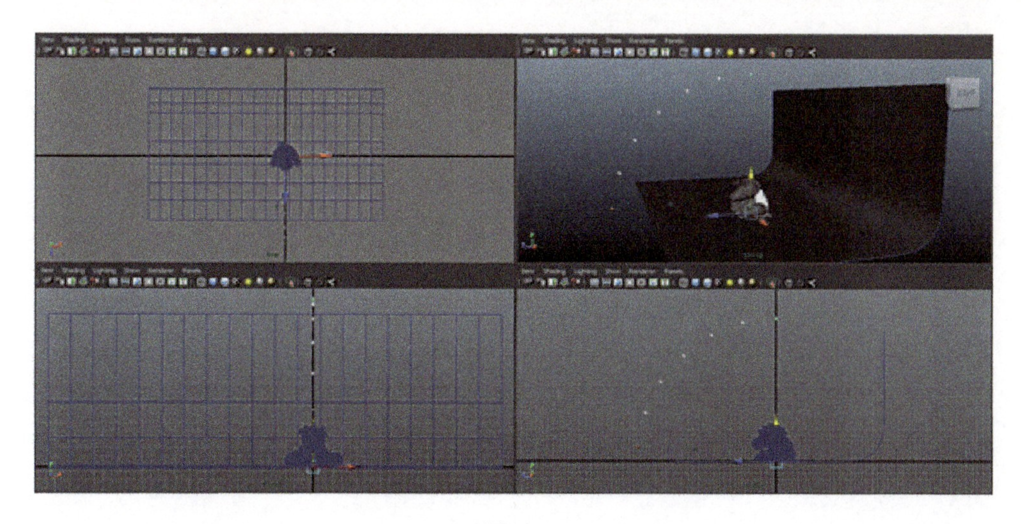

图5-24

选择除 Y 轴最上方的一个 Directional Light（平行光）的所有灯光（见图 5-25）。在编辑菜单中打开 Duplicate Special（特殊复制）参数窗口，将 Rotate（旋转）改为 0、30、0，将 Number of Copies（副本数）改为 11（见图 5-26）。视图效果如图 5-27 所示。

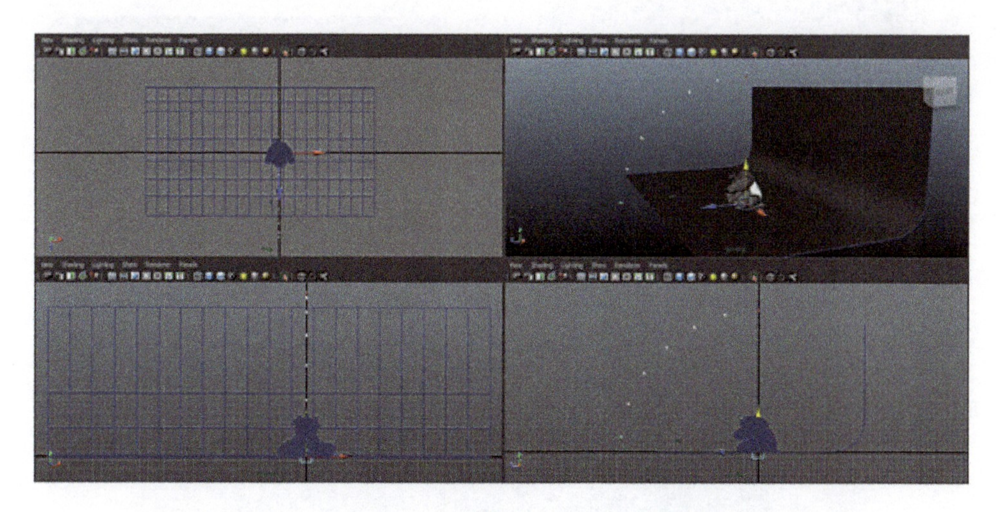

图5-25

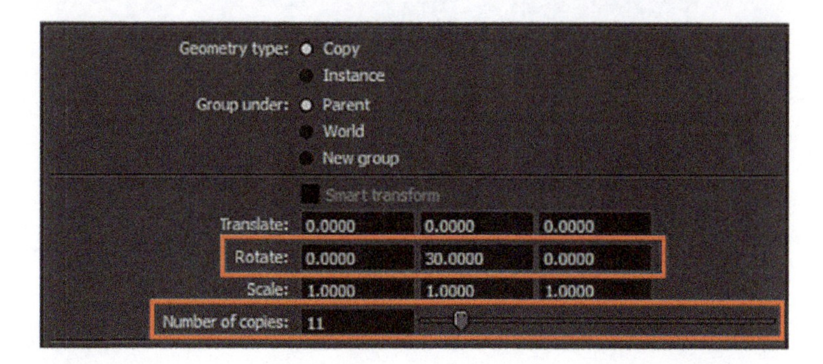

图5-26

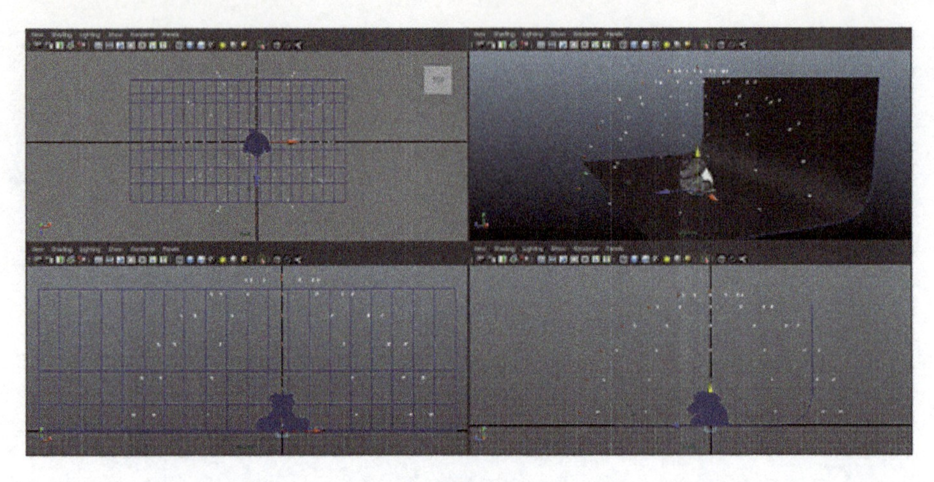

图5-27

为了避免灯光过于均匀，需要改变灯光位置。进入顶视图，隔行选择（Y 轴最上方的一个 Directional Light（平行光）除外），执行编辑菜单中的 Group（分组）命令，然后顺时针旋转 15°，如图 5-28 和图 5-29 所示。

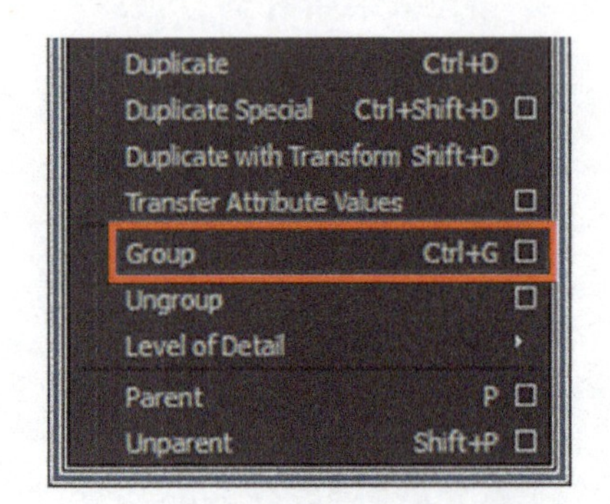

图5-28

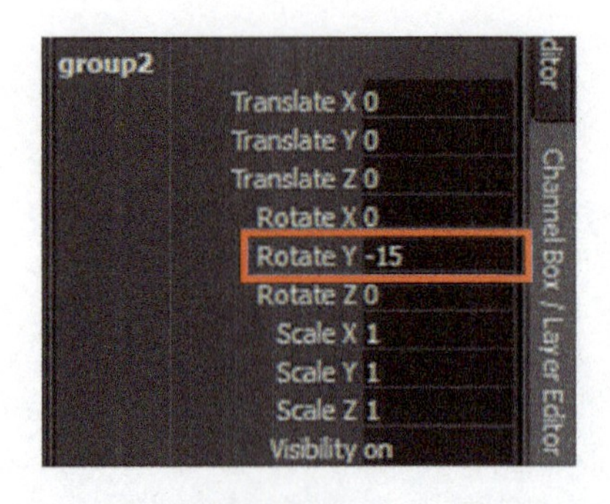

图5-29

TOP 视图中的灯光位置分布如图 5-30 所示。灯光的渲染效果如图 5-31 所示。

图5-30

图5-31

由于背景布没有接收灯光照明，所以是黑色的。卡通布偶的暗部过渡不好，需要在下方添加一排灯光模拟地面漫反射。选择最下排的任一 Directional Light（平行光），然后执行编辑菜单中的 Duplicate（复制）命令，并在通道盒中将 Rotate X（X 轴旋转）改为 8（见图 5-32 ～图 5-34 所示）。

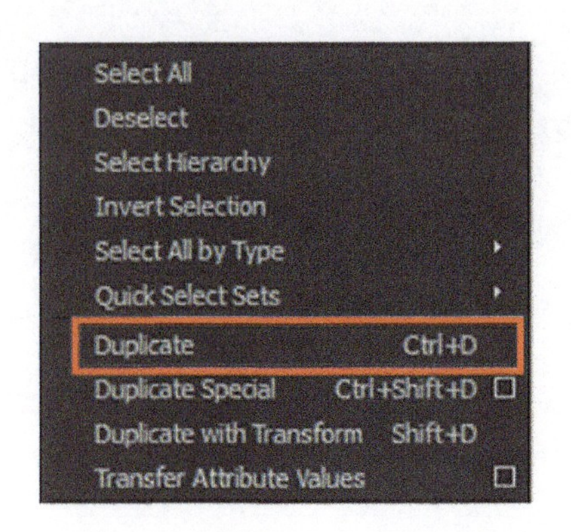

图5-32

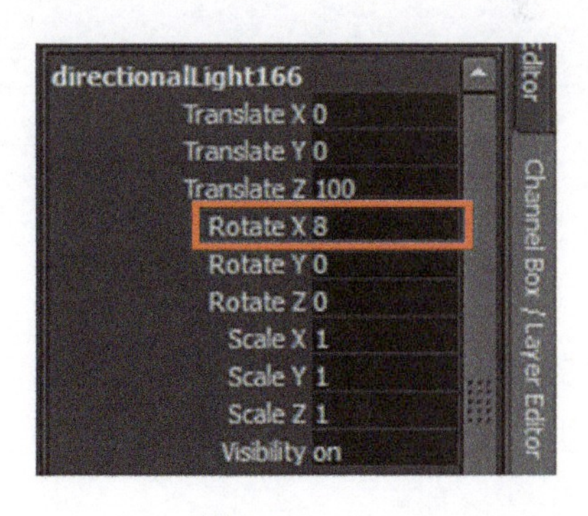

图5-33

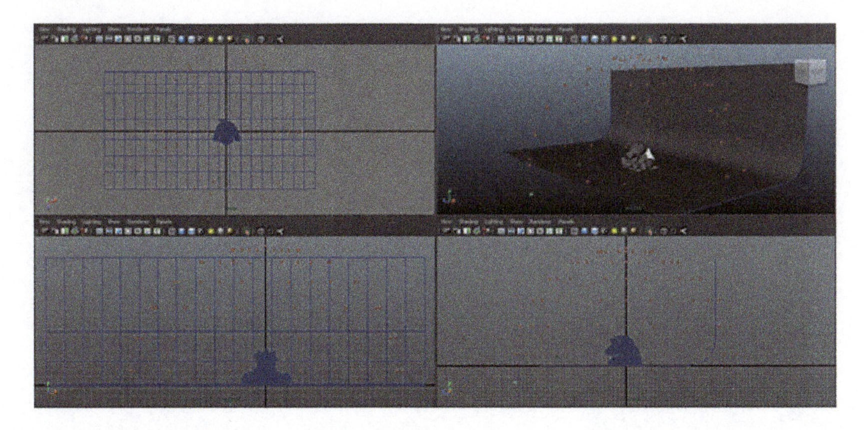

图5-34

在编辑菜单中打开 Duplicate Special（特殊复制）参数窗口，将 Rotate（旋转）改为 0、

30、0，将 Number of Copies（副本数）改为 11（见图 5-35）。视图效果如图 5-36 所示。

Smart transform
Translate: 0.0000 0.0000 0.0000
Rotate: 0.0000 30.0000 0.0000
Scale: 1.0000 1.0000 1.0000
Number of copies: 11
Duplicate input graph
Duplicate input connections
Instance leaf nodes

图5-35

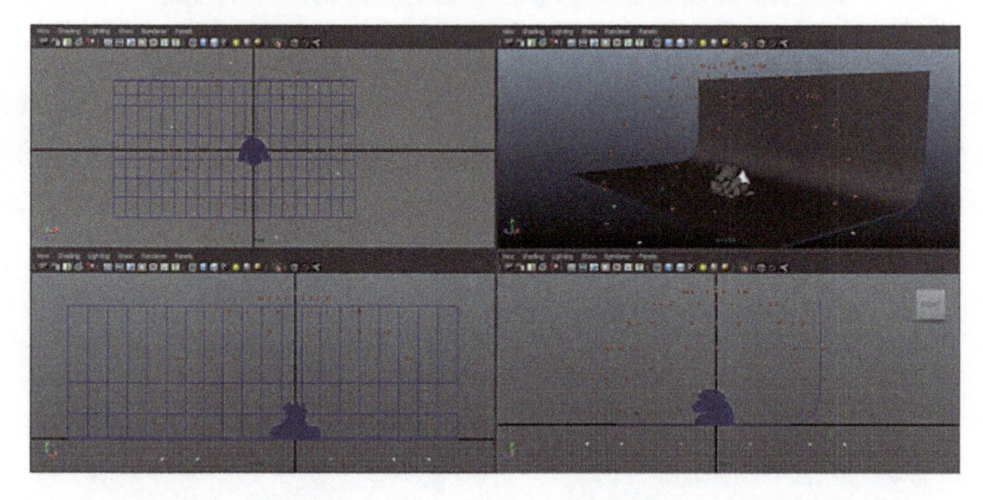

图5-36

由于之前隔行顺时针旋转 15°，所以会有不对位的灯光。在顶视图中选择不对位的灯光，然后执行编辑菜单中的 Group（分组）命令，再逆时针旋转 15°（见图 5-37）。TOP 视图效果如图 5-38 所示。

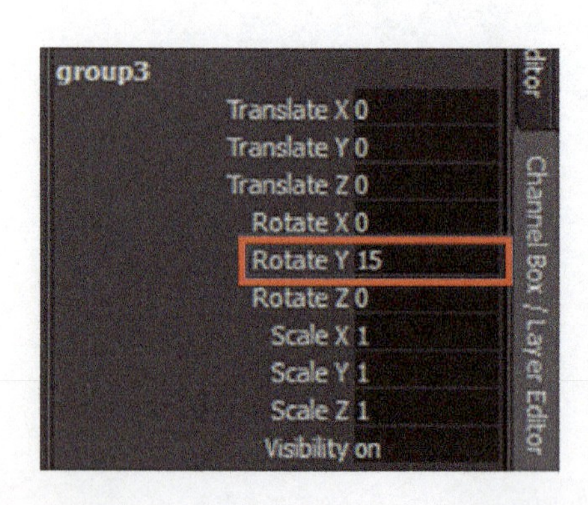

图5-37

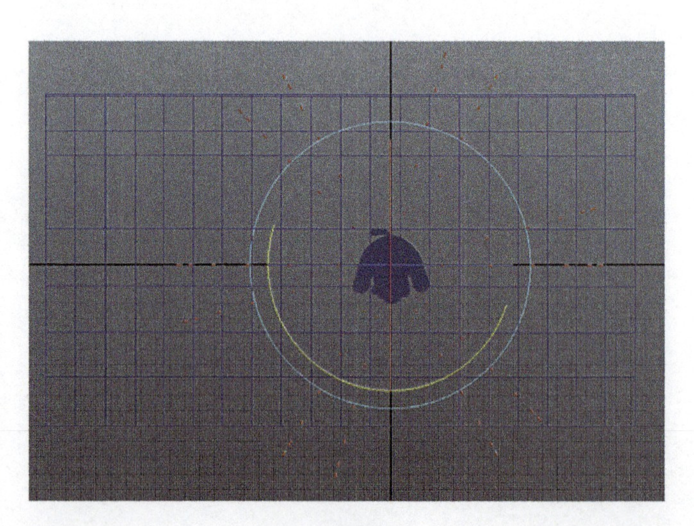

图5-38

灯光阵列制作完成，最终的渲染效果如图 5-39 所示。

图5-39

步骤 2　布置主光

灯光阵列用于辅助照明的效果，使物体各个面都受到灯光的照射。本项目中还需要创建主体光和背光。其中，主体光选择使用聚光灯，创建一盏标准的 Spot Light（聚光灯）。

将场景切换至四视图的显示方式，然后调节主体光位置在玩偶的右上方（见图 5-40）。

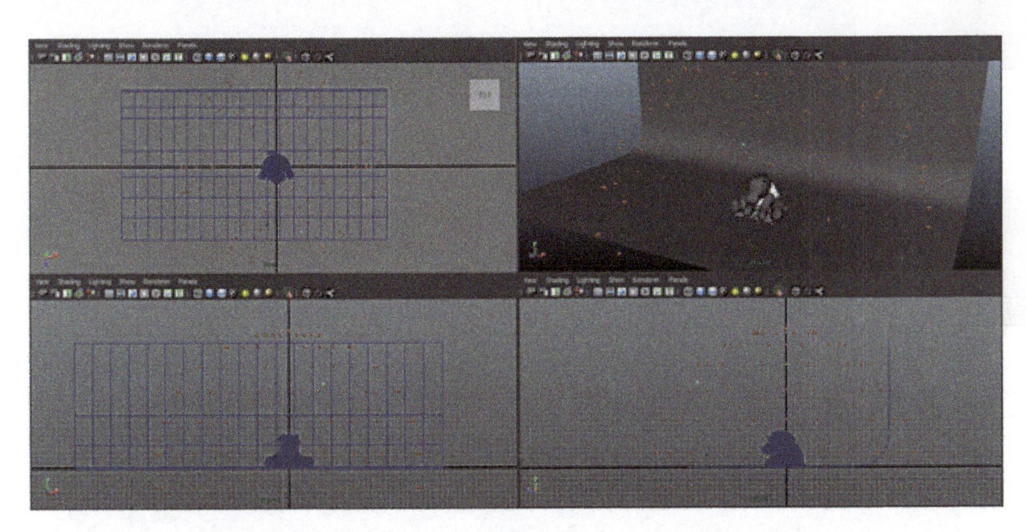

图5-40

在灯光属性面板，调整 Intensity（强度）为 0.5，Cone Angle（圆锥体角度）为 40，Penumbra Angle（半影角度）为 10.0，Dropoff（衰减）为 31（见图 5-41）。

在主体光的灯光属性面板中，选择 Depth Map Shadow Attributes（深度贴图阴影属性）选项，勾选 Use Depth Map Shadows，并设置 Resolution（分辨率）的参数为 512，Filter Size（滤光尺寸）参数为 5（见图 5-42）。

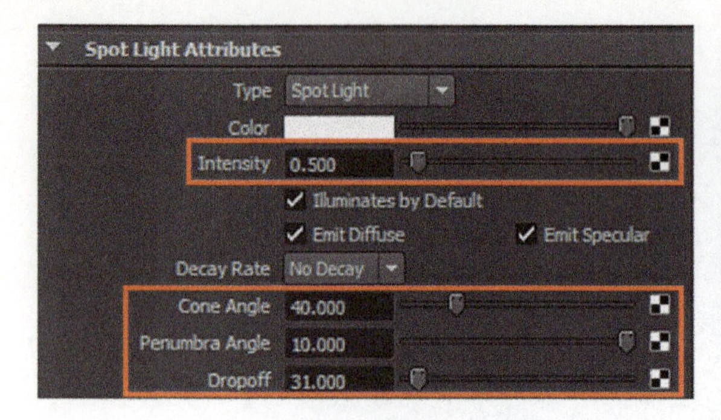

图5-41

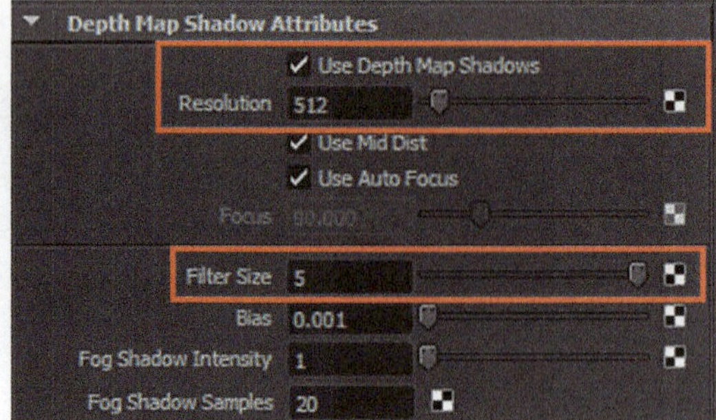

图5-42

主体光渲染效果如图 5-43 所示。

图5-43

步骤 3　布置背光

背光选择用区域光实现，创建一盏标准的 Area Light（区域光）。将场景切换至四视图的显示方式，然后调节背光位置（见图 5-44）。

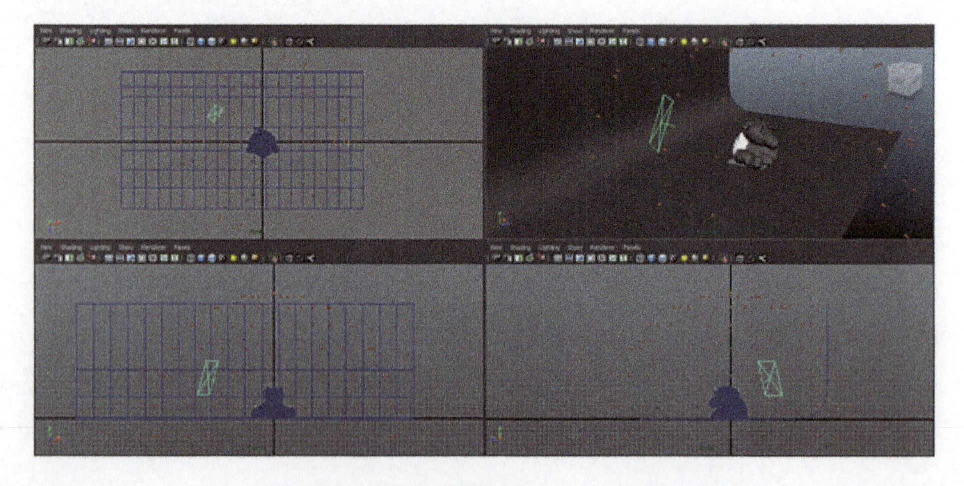

图5-44

背光是为了照明卡通玩偶，应取消背光对背景布的照明。选择 Area Light（区域光）和背景布，然后在 Rendering（渲染）模块中执行 Lighting/Shading（照明 / 着色）的 Break Light Links（断开灯光链接）命令。

在灯光属性面板中，调整 Intensity（强度）为 0.2（见图 5-45）。背光渲染效果如图 5-46 所示。

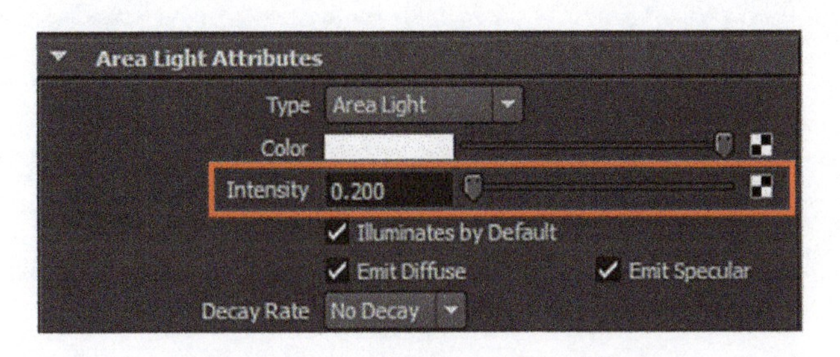

图5-45

图5-46

任务3-2 二维卡通材质纹理制作

本项目中的卡通布偶是根据长颈鹿的特征制作的。把卡通玩偶的模型分为两个部分，一部分包括身体、颈部、四肢和尾巴，统称为身体部分；另一部分包括头部、耳朵、蹄等，统称为头部部分，如图 5-47 和图 5-48 所示。

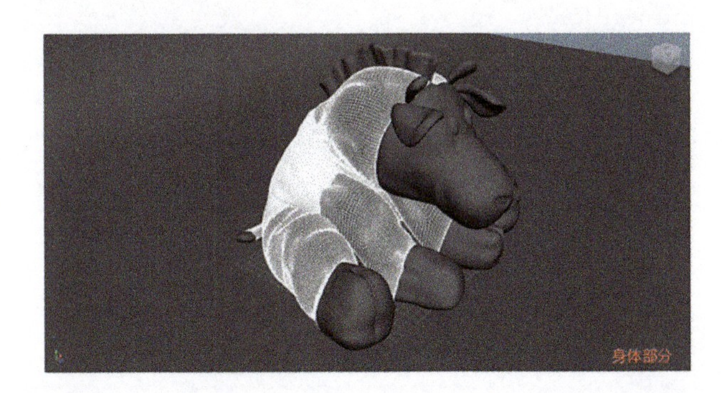

图5-47

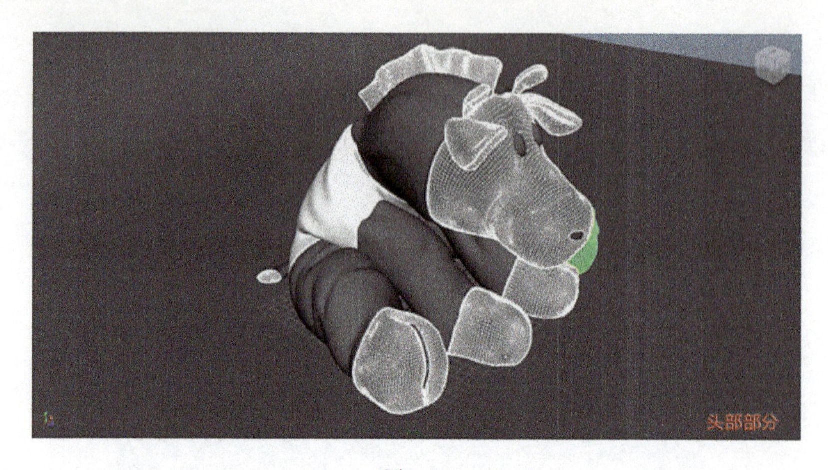

图5-48

步骤 1 身体材质的制作

在 Rendering 模块中，将 Toon（卡通）菜单 Assign Fill Shader（填充颜色材质）中的 Shaded Brightness Three Tone（三色卡通材质）赋给身体部分，并重命名为 ShenTi1。在 Shaded Brightness Three Tone（三色卡通材质）的属性面板中选择一个控制柄，将 Selected Position（选定位置）调整为 0，然后选择 Selected Color（选定颜色）的贴图制作选项。创建 File（文件）节点，在 Image Name（文件名称）属性中添加贴图 ShenTi.jpg，如图 5-49 和图 5-50 所示。

图5-49

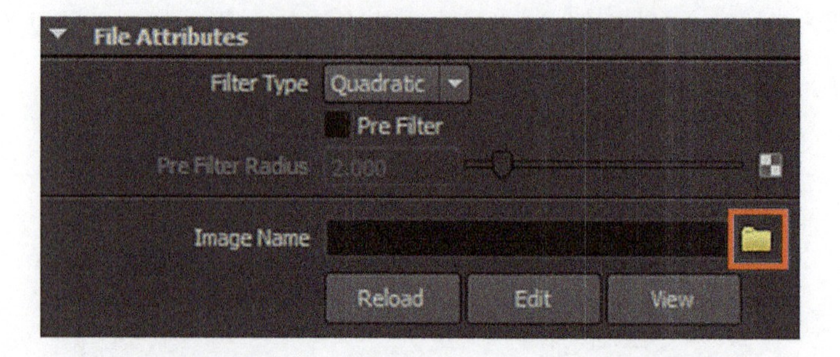

图5-50

选择另一个控制柄，将 Selected Position（选定位置）调整为 1，将 Selected Color（选定颜色）调整为（R：215，G：185，B：165）（见图 5-51）。

图5-51

对身体部分调整参数后的渲染效果如图 5-52 所示。

图5-52

步骤 2　头部部分材质制作

在 Rendering 模块中，将 Toon（卡通）菜单 Assign Fill Shader（填充颜色材质）中的 Shaded Brightness Three Tone（三色卡通材质）赋给头部部分，并重命名为 TouBu1。渲染效果如图 5-53 所示。

图5-53

在 Shaded Brightness Three Tone（三色卡通材质）的属性面板中选择一个控制柄，将

Selected Position（选定位置）调整为 0，将 Selected Color（选定颜色）调整为（R：155，G：100，B：80）（见图 5-54）。

图5-54

选择另一个控制柄，然后将 Selected Position（选定位置）调整为 0.55，将 Selected Color（选定颜色）调整为（R：215，G：185，B：165）（见图 5-55）。

图5-55

对于头部部分，调整参数后的渲染效果如图 5-56 所示。

图5-56

图 5-56 中，四蹄没有高光，所以要单独为四蹄创建材质球进行调节。在 Rendering 模块中，将 Toon（卡通）菜单 Assign Fill Shader（填充颜色材质）中的 Shaded Brightness Three Tone（三色卡通材质）赋给四脚。在 Shaded Brightness Three Tone（三色卡通材质）的属性面板中选择一个控制柄，然后将 Selected Position（选定位置）调整为 0，将 Selected Color（选定颜色）调整为（R：155，G：100，B：80），如图 5-57 所示。

图5-57

选择另一个控制柄，然后将 Selected Position（选定位置）调整为 0.50，将 Selected Color（选定颜色）调整为（R：215，G：185，B：165），如图 5-58 所示。

图5-58

对四脚调整参数后的渲染效果如图 5-59 所示。

图5-59

步骤 3 眼睛的制作

眼睛由瞳孔、虹膜、眼白和高光组成。瞳孔和虹膜成圈分布，其余部分为眼白。打开 Hypershade（材质编辑器），创建一个 Blinn 材质球，将其赋给眼睛，并重命名为 YanJing1。打开 Blinn 材质球的属性面板，选择 Color（颜色）的贴图制作选项，创建 Ramp（渐变）节点。

在 Ramp（渐变）节点的属性面板中，将 Type（类型）调整为 Circular Ramp（圆形），Interpolation（插值）调整为 Smooth。选择一个控制柄，然后将 Selected Position（选定位置）调整为 0.075，将 Selected Color（选定颜色）调整为（R：0，G：0，B：0）；添加一个控制柄，将 Selected Position（选定位置）调整为 0.085，将 Selected Color（选定颜色）调

整为（R：60，G：25，B：0）；添加一个控制柄，将 Selected Position（选定位置）调整为 0.2，将 Selected Color（选定颜色）调整为（R：60，G：25，B：0）；添加一个控制柄，将 Selected Position（选定位置）调整为 0.215，将 Selected Color（选定颜色）调整为（R：30，G：30，B：30）；添加一个控制柄，将 Selected Position（选定位置）调整为 0.25，将 Selected Color（选定颜色）调整为（R：255，G：255，B：255），如图 5-60 所示。

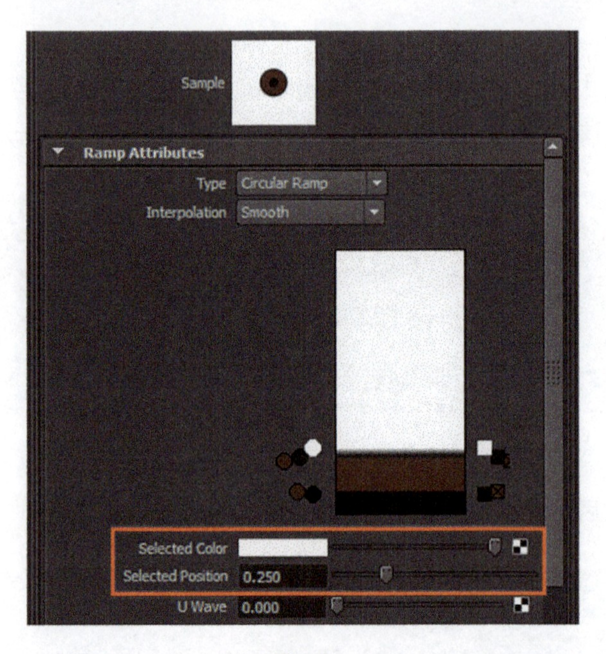

图5-60

眼睛的高光点是聚集的，而图 5-60 中的高光点比较散。打开 Blinn 材质球的属性面板，将 Diffuse（漫反射）调整为 1.0，将 Eccentricity（偏心率）调整为 0.08，将 Specular Roll Off（镜面反射衰减）调整为 0.65，将 Specular Color（镜面反射颜色）调整为（R：255，G：255，B：255）将 Reflectivity（反射率）调整为 0.05，如图 5-61 所示。

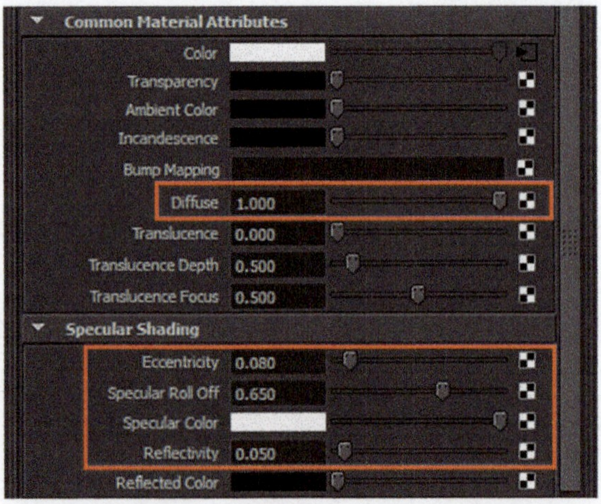

图5-61

眼睛的 Color（颜色）添加 Ramp（渐变）节点后的渲染效果如图 5-62 所示。

图5-62

在图 5-62 中，眼睛整体偏暗，是因为灯光不足，需要手动调节 Ambient Color（环境色）和 Incandescence（白炽度），使眼睛变亮。

打开 Blinn 材质球的属性面板，选择 Ambient Color（环境色）的贴图制作选项，创建 Ramp（渐变）节点，如图 5-63 所示。

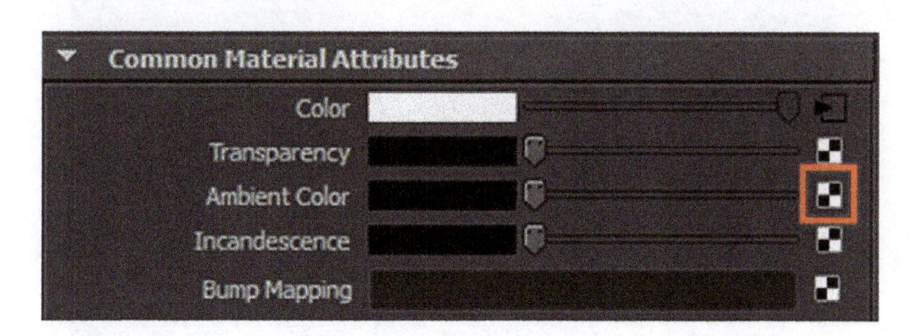

图5-63

在 Ramp（渐变）节点的属性面板中，将 Type（类型）调整为 Circular Ramp（圆形），Interpolation（插值）调整为 Smooth。选择一个控制柄，将 Selected Position（选定位置）调整为0.075，将Selected Color（选定颜色）调整为（R：0，G：0，B：0）；添加一个控制柄，将 Selected Position（选定位置）调整为 0.085，将 Selected Color（选定颜色）调整为（R：60，G：25，B：0）；添加一个控制柄，将 Selected Position（选定位置）调整为 0.2，将 Selected Color（选定颜色）调整为（R：60，G：25，B：0）；添加一个控制柄，将 Selected Position（选定位置）调整为 0.215，将 Selected Color（选定颜色）调整为（R：30，G：30，B：30）；添加一个控制柄，将 Selected Position（选定位置）调整为 0.25，将 Selected Color（选定颜色）调整为（R：255，G：255，B：255），如图 5-64 所示。

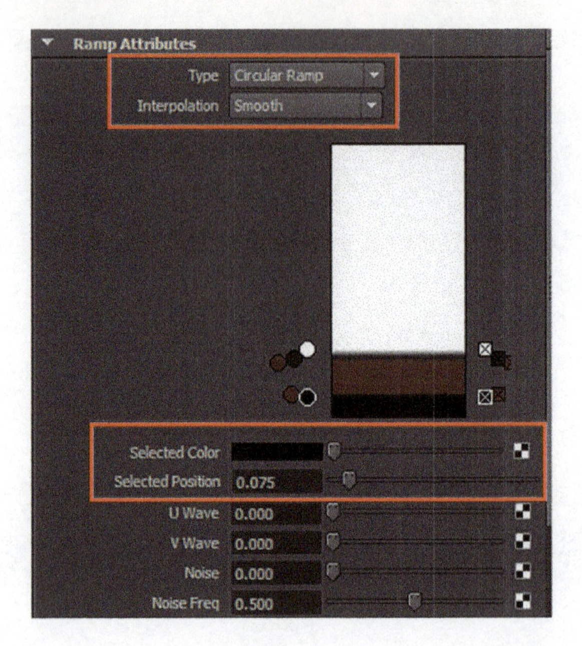

图5-64

眼睛的 Ambient Color（环境色）添加 Ramp（渐变）节点后的渲染效果如图 5-65 所示。

图5-65

步骤 4　鼻子材质的制作

选择鼻子和其余部分，在 Rendering 模块中将 Toon（卡通）菜单 Assign Fill Shader（填充颜色材质）中的 Solid Color（单色材质）赋给鼻子和其余部分。在 Solid Color（单色材质）属性面板中，将 Out Color（输出颜色）改为（R：0，G：0，B：0），如图 5-66 所示。

图5-66

鼻子加 Solid Color（单色材质）后的渲染效果如图 5-67 所示。

图5-67

任务3-3 添加边线

选择所有物体，在 Rendering 模块中，将 Toon（卡通）菜单 Assign Outline（赋予轮廓线）中的 Add New Toon Outline（添加卡通边线）赋给物体，如图 5-68 所示。

图5-68

调整 Line Width（边线宽度），在边缘线的属性面板中，将 Line Width（边线宽度）改为 0.15，如图 5-69 所示。

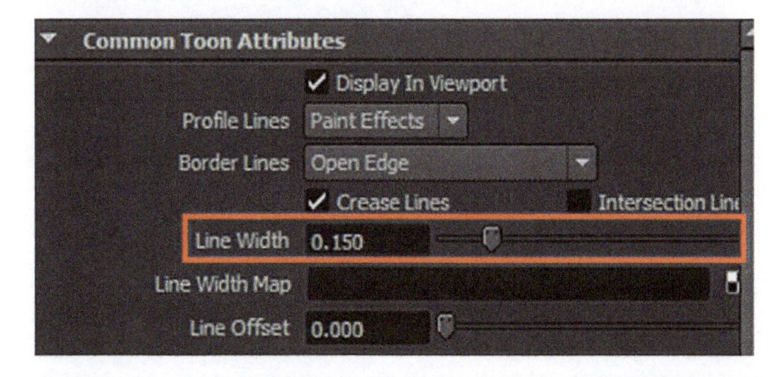

图5-69

调整边缘线参数之后的渲染效果如图 5-70 所示。

图5-70

任务3-4 环境设置

步骤 1 摄像机贴图的使用

由于背景和长颈鹿在视觉效果上不搭配，所以要给摄像机添加一个背景图片。本项目中选择由蓝天、绿草组成的手绘画效果来增加画面的清新感。

在摄像机视图中，执行 View 中的 Select Camera（选择摄像机）命令，或单击面板工具栏中的选择摄像机。

在摄像机属性面板 Environment（环境）的 Image Plane（图像平面）中单击 Create（创建）按钮（见图 5-71）。在新产生的 Image Plane（图像平面）属性面板中，在 Image Name（文件名称）属性中添加贴图 BG.jpg。

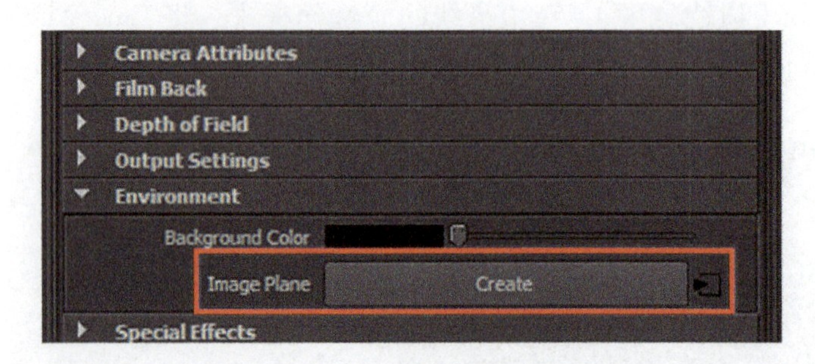

图5-71

添加摄像机贴图后的渲染效果如图 5-72 所示。

步骤 2 阴影材质的制作

使用阴影材质可使背景隐藏，只显示物体的阴影效果，也能显示出摄像机背景色。

图5-72

在窗口菜单下打开 Rendering Editors 选项，然后选择子菜单 Hypershade（材质编辑器），在 Surface（表面）材质类型下创建 Use Background（使用背景）材质并赋给背景布（见图 5-73）。

在 Use Background（使用背景）材质的属性中，将 Specular Color（镜面反射颜色）改为（R：0，G：0，B：0）；将 Reflectivity（反射率）改为 0，如图 5-74 所示。

图5-73

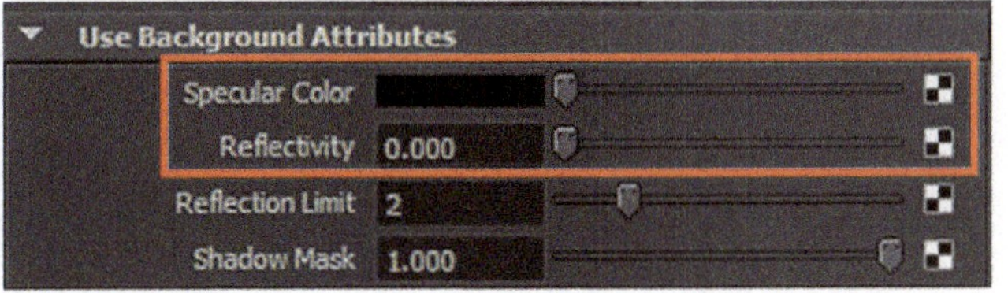

图5-74

背景添加 Use Background（使用背景）材质后的渲染效果如图 5-75 所示。

图5-75

图 5-75 中的阴影比较重，需要调整 Shadow Mask（阴影遮罩）。在 Use Background（使用背景）材质的属性中，将 Shadow Mask（阴影遮罩）改为 0.5，如图 5-76 所示。

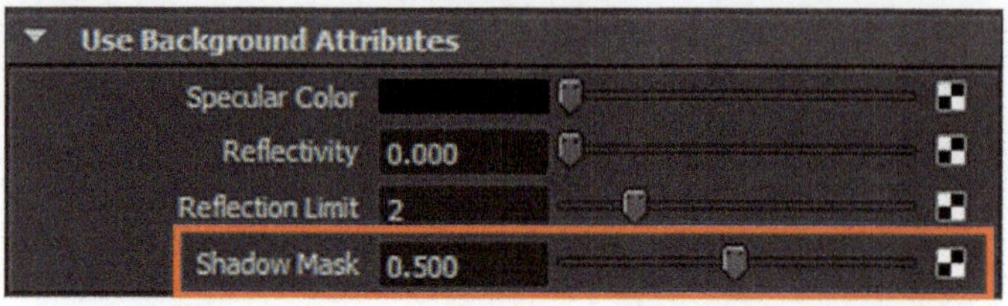

Use Background Attributes
Specular Color
Reflectivity 0.000
Reflection Limit 2
Shadow Mask 0.500

图5-76

背景布调整阴影参数后的渲染效果如图 5-77 所示。

图5-77

任务3-5 渲染输出

在窗口菜单下打开Rendering Editors选项，然后选择子菜单Render Settings（渲染设置）。在 Maya Software（软件渲染属性）中，将 Quality（质量）调整为 Production Quality，将 Edge anti-aliasing（边缘抗锯齿）改为 Highest quality（最高质量）（见图 5-78）。最终的渲染效果如图 5-79 所示。

Common Maya Software
Anti-aliasing Quality
Quality: Production quality
Edge anti-aliasing: Highest quality

图5-78

图5-79

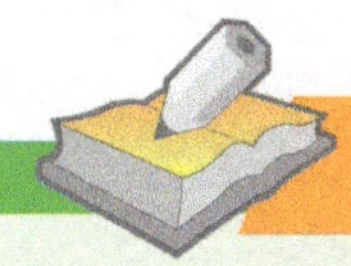

项目总结

本项目将卡通玩偶制作成二维卡通的风格；综合介绍了灯光阵列的应用，Maya 中的 Toon 材质、阴影材质的制作和应用，Maya 摄像机贴图的运用，以及利用 Software 渲染器进行场景渲染；深入学习了动画场景的标准渲染流程、方法和实施步骤。

图 5-80 所示为身体材质的渲染工作流程，图 5-81 所示为头部材质的渲染工作流程，图 5-82 所示为眼睛材质的渲染工作流程。

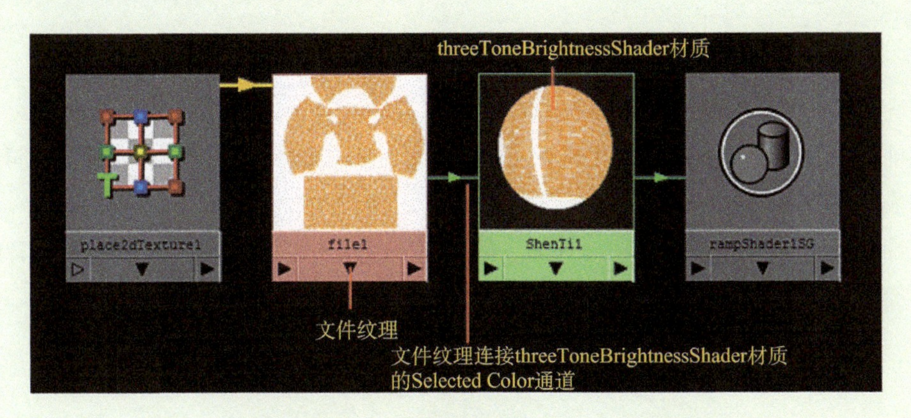

图5-80

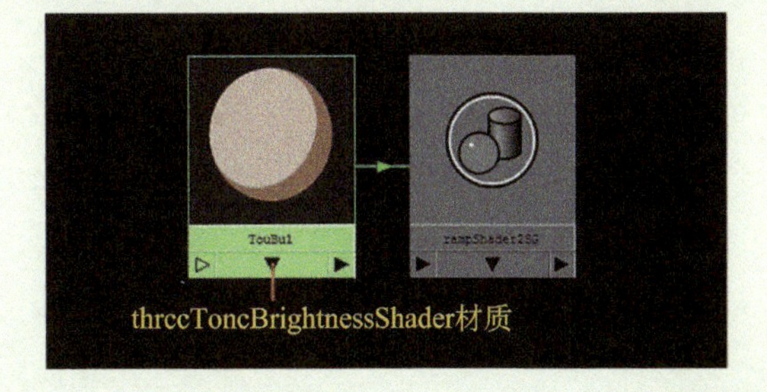

图5-81

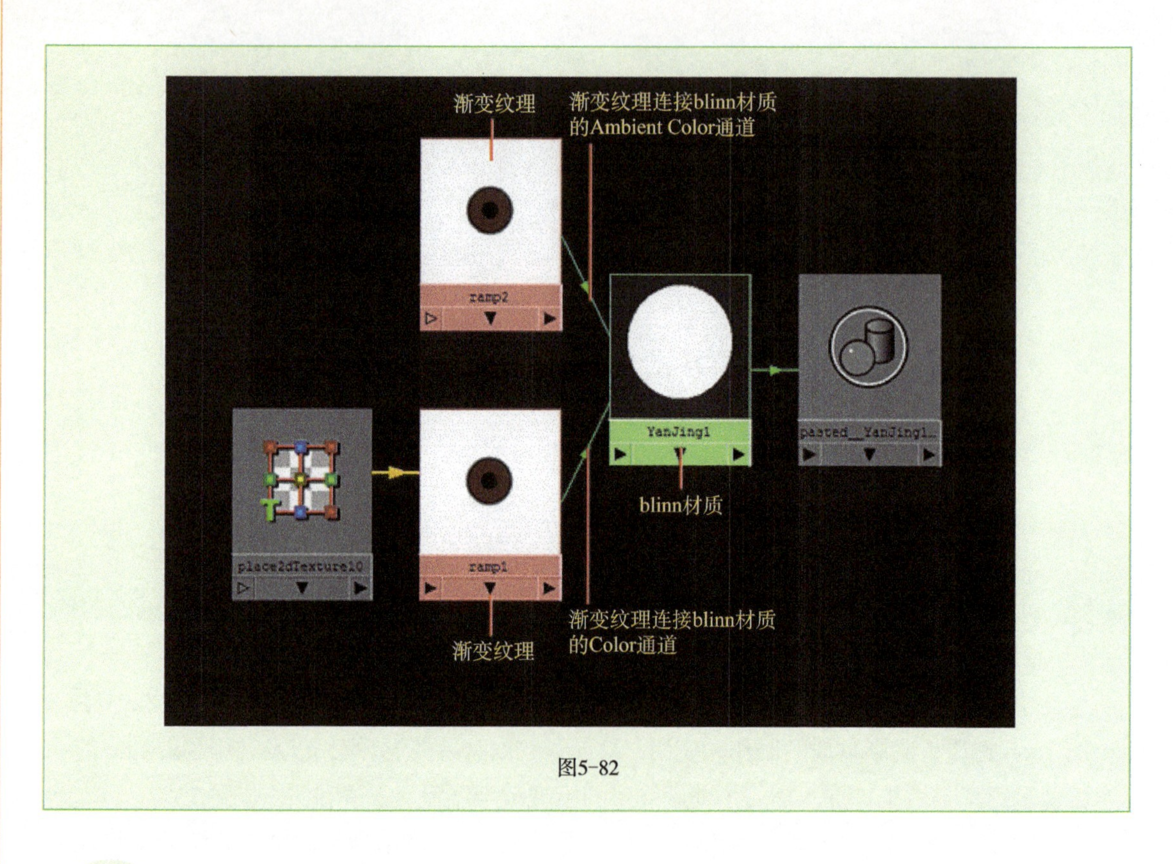

图5-82

练习实训

实训 3-1　打开教学资源中实训 3-1 对应的卡通长颈鹿场景文件，根据教材和教师的指导，完成本章项目效果。

实训 3-2　打开教学资源中实训 3-2 对应的卡通狮子场景文件，练习动画道具的渲染。注意卡通材质和阴影材质的使用。

项目4

渲染动画角色——“小女孩”卡通人物制作

1. 项目需求分析

本项目是斯派索数码影像设计公司动画短片中的一个人物角色渲染，需要制作成卡通人物的效果。小女孩的形象是健康活泼、青春靓丽的，皮肤的质感、衣服的纹理以及毛发效果的风格都是写实的。最终的渲染效果如图 6-1 和图 6-2 所示。

图 6-1

图 6-2

2. 核心技术分析

本项目的核心技术是使用 Mental Ray 渲染器渲染出卡通的皮肤和毛发效果，利用 UV

纹理贴图绘制角色纹理，设置皮肤 3S 材质和眼睛材质，使用全局光渲染出符合项目要求的角色形象。

3. 艺术风格分析

本项目的渲染要求是塑造“阳光女孩”人物角色形象。人物角色的毛发、皮肤、衣物和眼睛都要尽可能体现真实质感。渲染人物角色形象最重要的是还原真实的人物特性，如皮肤的光泽度、柔软度，毛发的飘逸感，衣物的质地与纹理。另外，也要考虑角色的性格特征，表现出可爱俏丽、时尚明快的角色效果。

项目背景知识

1. Mental Ray 渲染器介绍

Mental Ray 渲染器是德国的 Mental Image 公司（Mental Image 现已成为 NVIDIA 公司的全资子公司）最引以为荣的产品。它凭借良好的开放性和操控性，以及与主流三维软件良好的兼容性，拥有大量用户。使用 Mental Ray 渲染器制作的影视大片数不胜数。Mental Ray 最大的优点是可以生成高质量的真实感图像，模拟出真实的反射、折射、焦散、全局光照明等效果；与 Maya 默认渲染器相比，在渲染有大量折射、反射物体的场景时，Mental Ray 的速度要快 30% 左右；其置换贴图和运动模糊的运算速度比默认渲染器快得多。从 Maya 5.0 和 Max 6.0 版本之后，Autodesk 公司将 Mental Ray 渲染器添加到软件中，使用时只需要在插件编辑器中将 Mental Ray 渲染器激活即可。

2. Mental Ray 渲染器关键参数

在 Window(窗口) 菜单中打开 Rendering Editors 选项，然后选择子菜单 Render Settings（渲染设置）；在 Render Settings 属性编辑器中选择 Render Using（使用以下渲染器渲染）的下拉菜单，再选择 Mental Ray 渲染器（见图 6-3）。Mental Ray 渲染器的有 Passes（过程）、Feature（功能）、Quality（质量）、Indirect Lighting（间接照明）和 Options（选项）5 个参数选项卡。

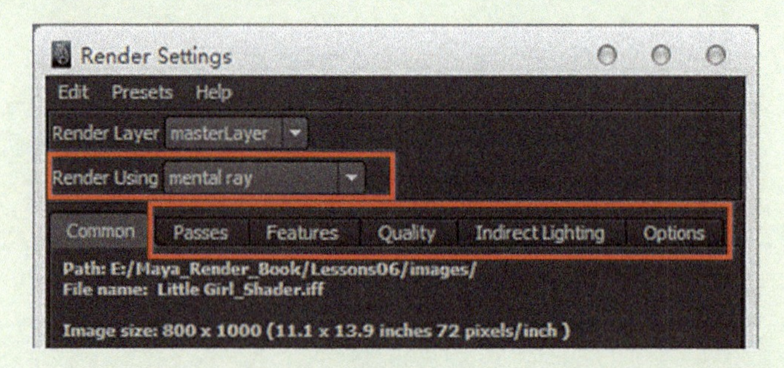

图 6-3

Passes（过程）和 Options（选项）选项卡中的参数一般使用默认值，这里不具体讲解。下面主要学习 Feature（功能）、Quality（质量）和 Indirect Lighting（间接照明）选项卡中的参数。

Feature（功能）选项卡中的 Global Illumination（全局照明）和 Final Gathering（最终聚集）参数用来模拟全局光照明，为场景创建逼真的、精确的光源条件。在 Feature（功能）选项卡中选用 Global Illumination（全局照明）和 Final Gathering（最终聚集）效果后，还需要在 Indirect Lighting（间接照明）选项卡中勾选 Global Illumination（全局照明）和 Final Gathering（最终聚集），才能模拟出逼真的、精确的全局光效果（见图 6-4 和图 6-5）。

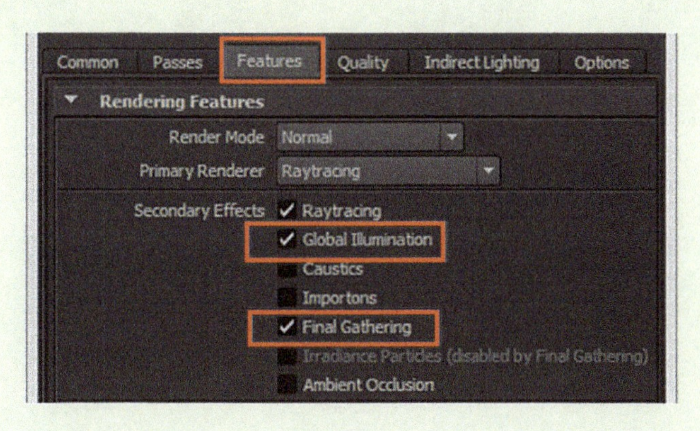

图 6-4

Quality（质量）选项卡中的 Quality Presets（质量预设）参数用来设置输出图像的质量，最高质量为 Production Quality（产品级质量）。

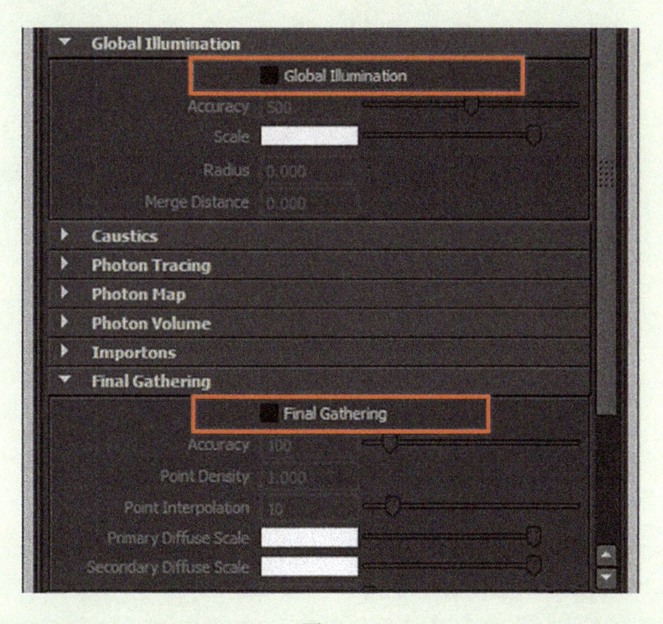

图 6-5

项目实施流程图如下所示：

（1）场景灯光设置的流程

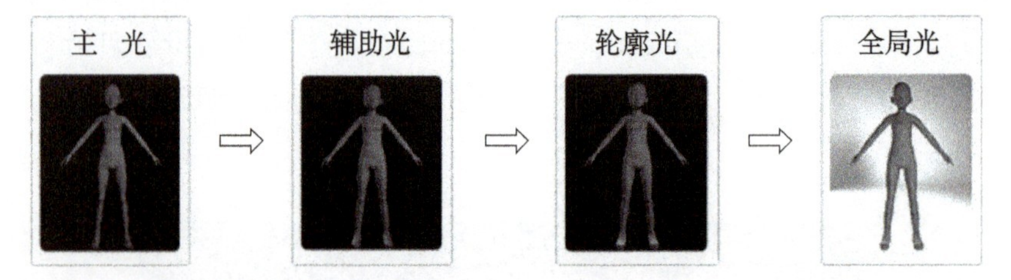

（2）材质纹理设置的流程

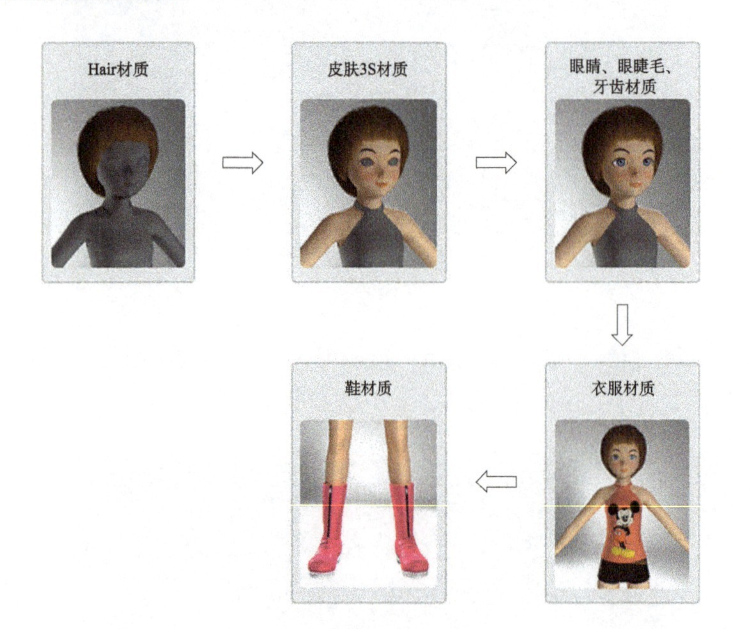

任务4-1 UV纹理编辑

1. 衣服 UV 纹理编辑

首先观察衣服模型没有拆分前 UV 的状态，发现 UV 非常乱，所以必须对其 UV 编辑拆分。拆分前，观察模型的基本形状。衣服模型的基本形状类似于圆柱，所以用 Cylindrical Mapping（圆柱形映射）工具来映射。

步骤 1 创建映射方式

首先选择小女孩上衣模型，如图 6-6 所示；然后执行 Create UVs（创建 UV）→

Cylindrical Mapping（圆柱形映射），如图 6-7 所示。

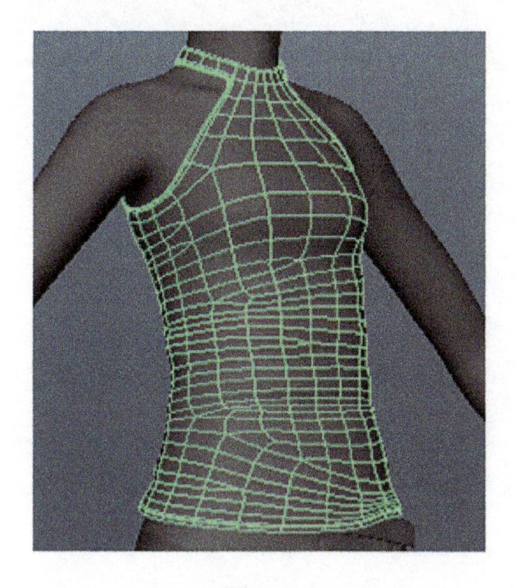

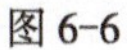
图 6-6

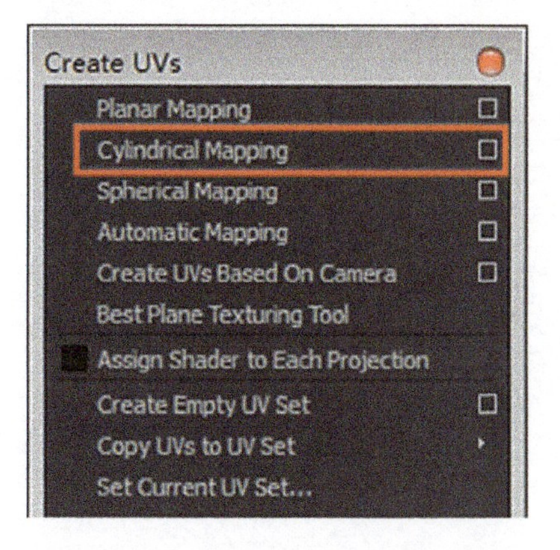

图 6-7

UV Texture Editor（UV 编辑器）中 UV 的状态如图 6-8 所示。

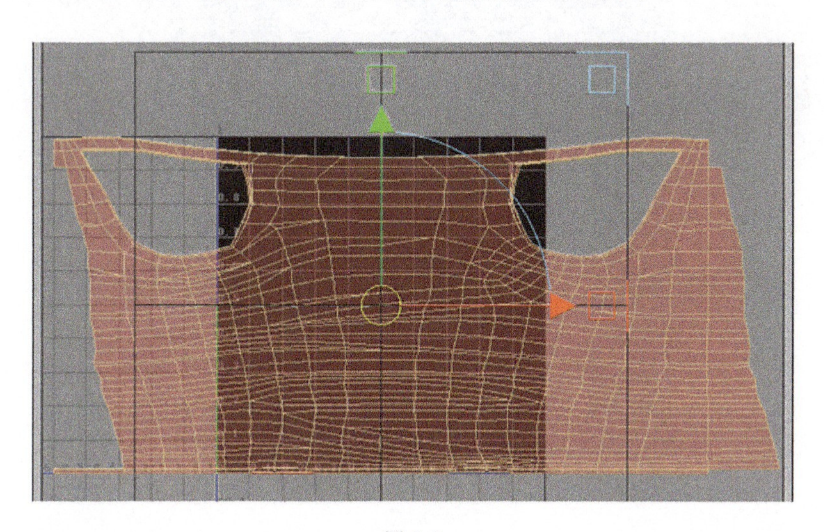

图 6-8

通过以上两张图可知，映射已完成第一步。给模型赋予一个新材质 Lambert，并命名为 Lambert_UV。在 Lambert_UV 的 Color 通道上赋予一张特殊的贴图，在透视图中观察 UV 是否拉伸，如图 6-9 所示。

观察发现，UV 有拉伸，所以要在 UV Texture Editor（UV 纹理编辑）中对 UV 进行编辑。

步骤 2　编辑 UV

首先缩放整体 UV，使其集中到 UV 编辑器的第一象限，如图 6-10 所示。

然后，按住鼠标右键选择 UV，再用左键拖动选中一部分 UV；接着，接着，按住 Ctrl 键的同时单击鼠标右键，选择 To Shell 命令，就可以选择到所有 UV，如图 6-11 所示。

对 UV 进行展开操作：先选择一半 UV，执行 Polygons 选项中的 Unfold 命令，展开 UV，如图 6-12 所示；然后选择另一半展开，效果如图 6-13 所示。

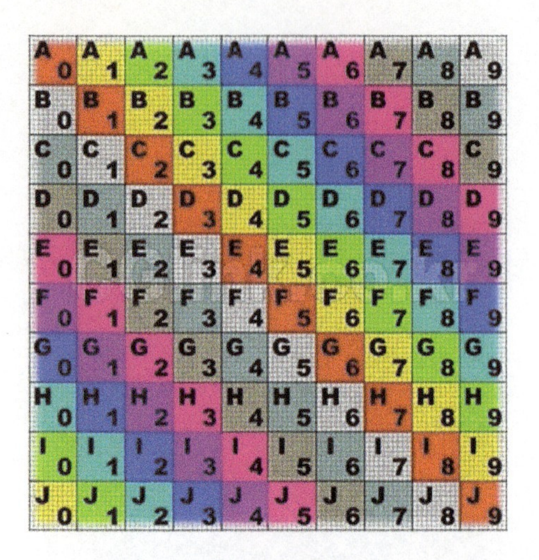

图 6-9

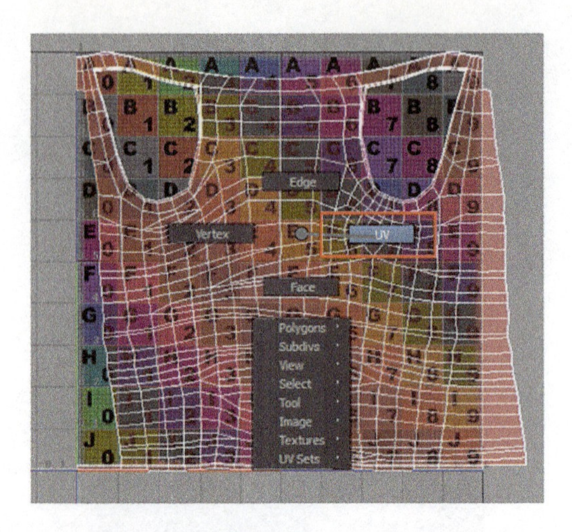

图 6-10

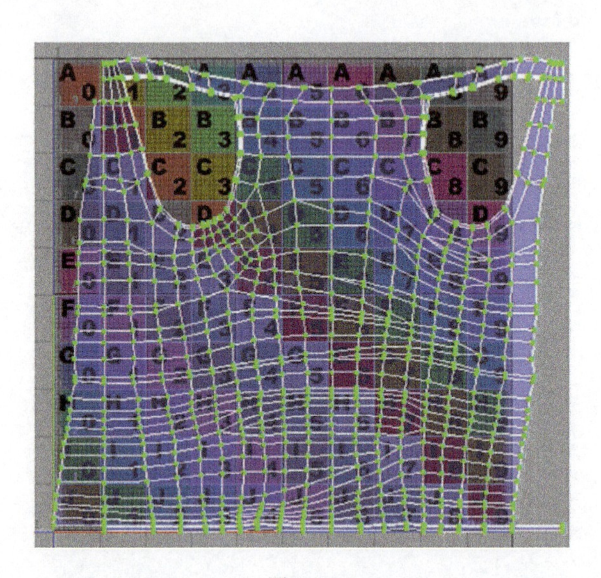

图 6-11

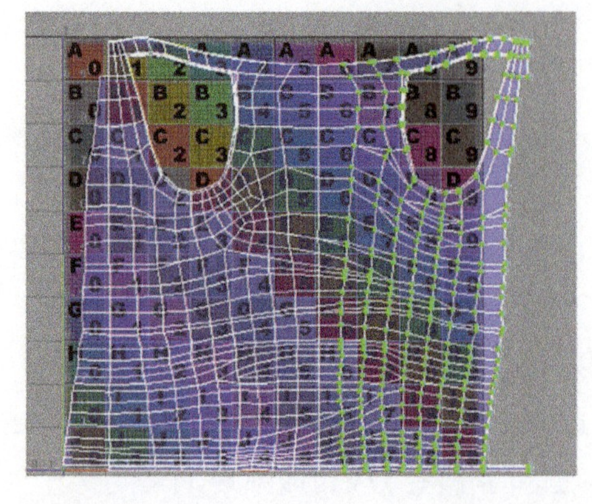

图 6-12

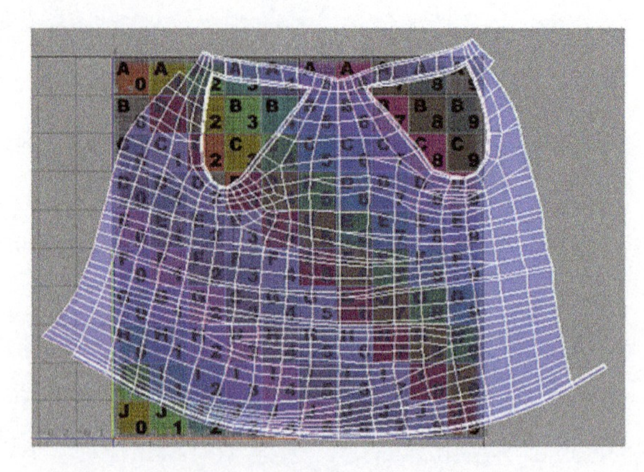

图 6-13

重复地选择一部分 UV，并再次展开。最后的效果如图 6-14 所示。

此时发现 UV 有问题，有些地方多一块 UV，有些地方少一块 UV，如图 6-15 所示。下面处理这部分 UV。

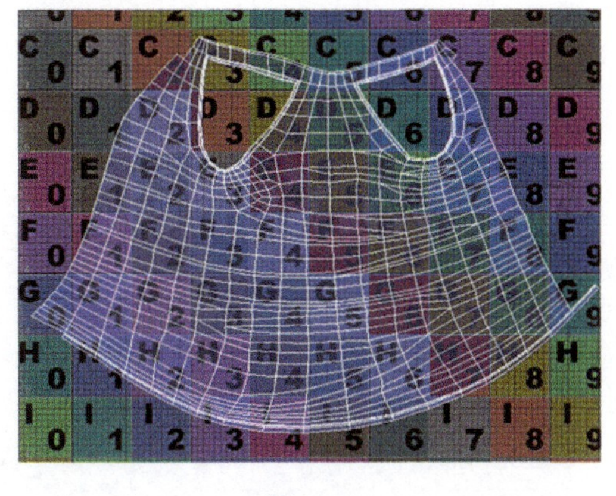

图 6-14

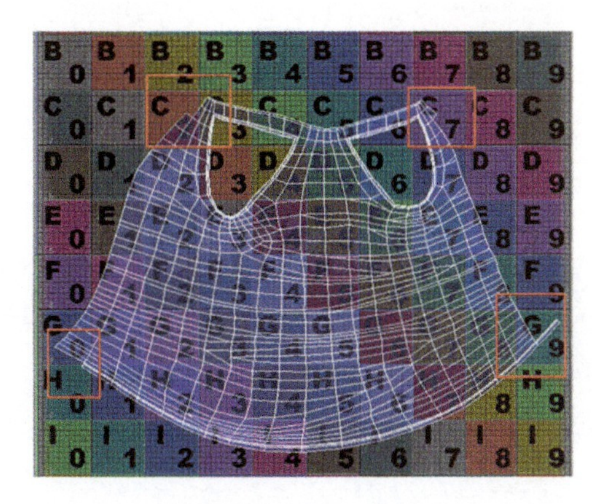

图 6-15

首先在 UV Texture Editor（UV 纹理编辑）中，按住鼠标右键选择 Edge 命令，如图 6-16 所示。

然后选择边，如图 6-17 和图 6-18 所示。接着，执行 Subdivs 中的 Cut UV Edges 选项，将 UV 切割、分开。

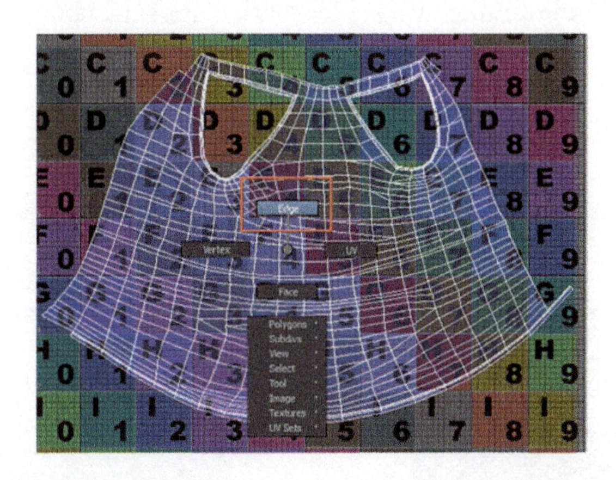

图 6-16

图 6-17

图 6-18

选择切割下来的一条边，执行 Polygons 选项中的 Move and Sew UV Edges 命令，这块 UV 将自动查找位置，效果如图 6-19 所示。

此时发现这部分 UV 还有没有缝合的边。于是，选择没有缝合的边，执行 Polygons 选项中的 Move and Sew UV Edges 命令。其他部分的操作和这一部分相同。执行完后再调整 UV，效果如图 6-20 所示。

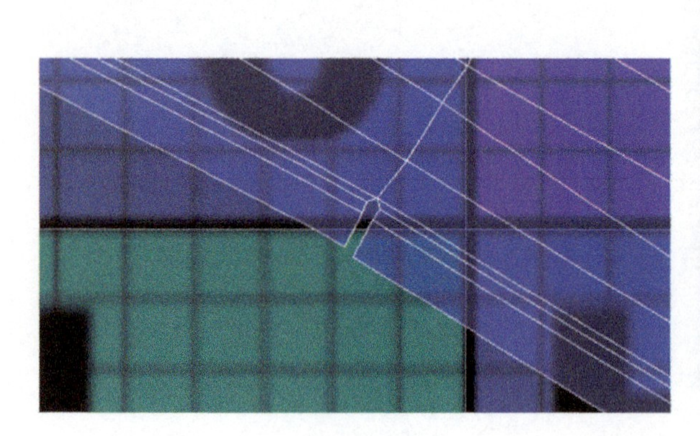

图 6-19

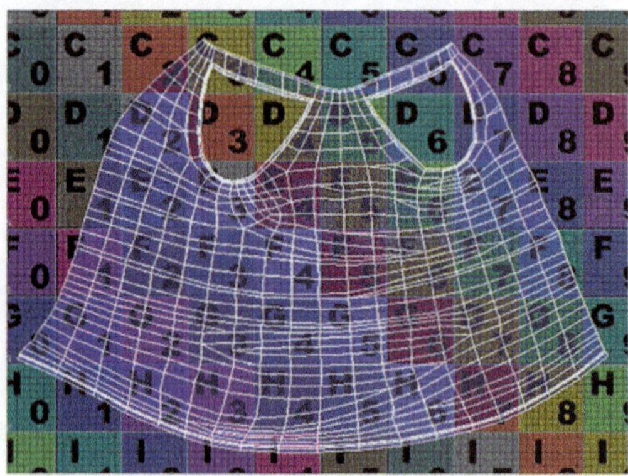

图 6-20

在透视图中观察发现，UV 的切割线没有在模型的中间。在透视图中选中中间线，如图 6-21 所示，然后在 UV Texture Editor（UV 纹理编辑）中执行 Subdivs 中的 Cut UV Edges 选项，将 UV 切割、分开。再在透视图中选择如图 6-22 所示的边，接着执行 Polygons 选项中的 Move and Sew UV Edges 命令，将这部分 UV 缝合到一起。

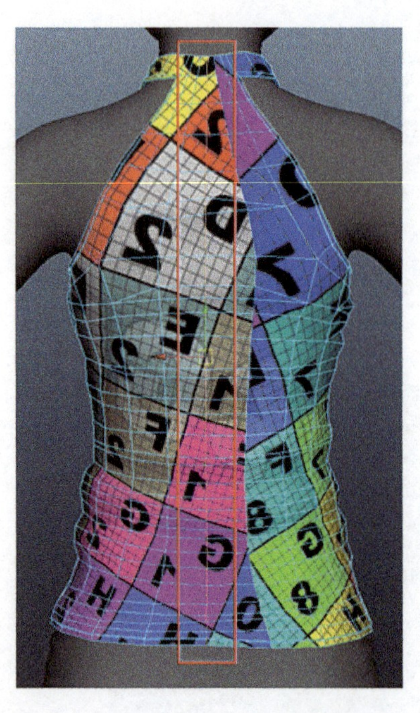

图 6-21

图 6-22

再次执行 Polygons 选项中的 Unfold 命令，将 UV 均匀展开，效果如图 6-23 所示。

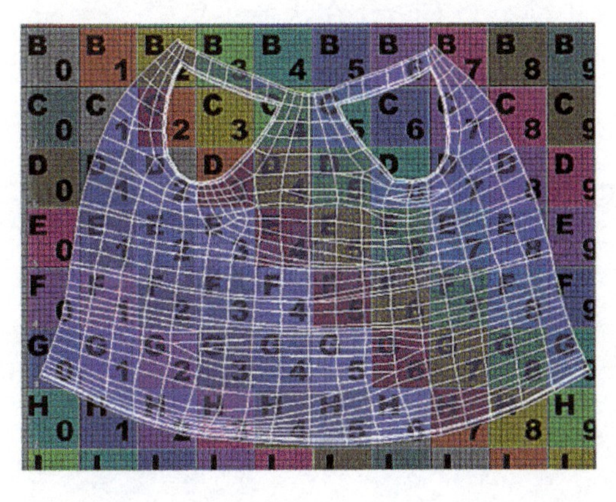

图 6-23

在 UV Texture Editor（UV 纹理编辑）中选择所有 UV，执行 Tool → Smooth UV Tool 命令，并在 Smooth UV Tool Options 中勾选 Pin Borders，固定中间部分的 UV 点，如图 6-24 和图 6-25 所示。

图 6-24

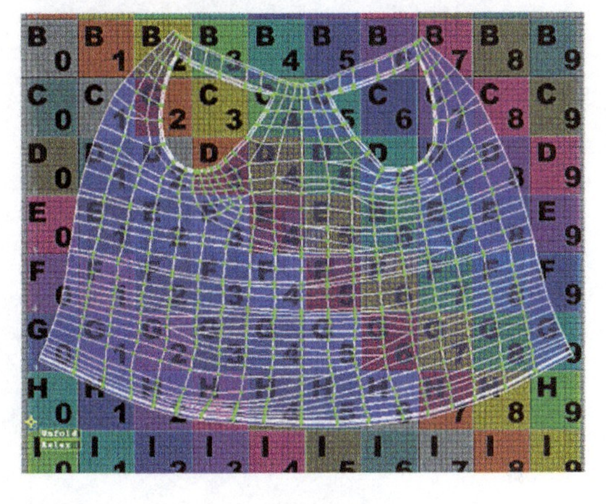

图 6-25

然后，通过 Unfold 和 Relax 两个手柄进行 UV 编辑，最后的效果如图 6-26 所示。

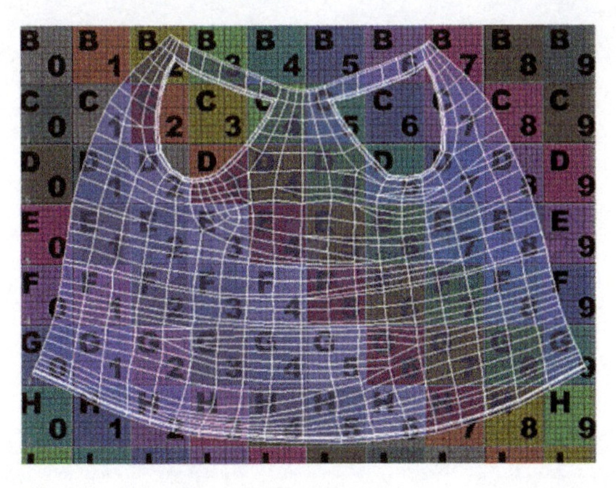

图 6-26

注意观察透视图中贴图的数字，都是反的，也就是说，模型法线是反方向的，如图6-27所示。修改的方法为：选中模型，右击，在快捷菜单中执行 Normals → Reverse 命令，可以看到数字都是正的，如图 6-28 所示。再次在透视图中观察 UV，发现 UV 几乎没有拉伸，所以此模型 UV 拆分就结束了。

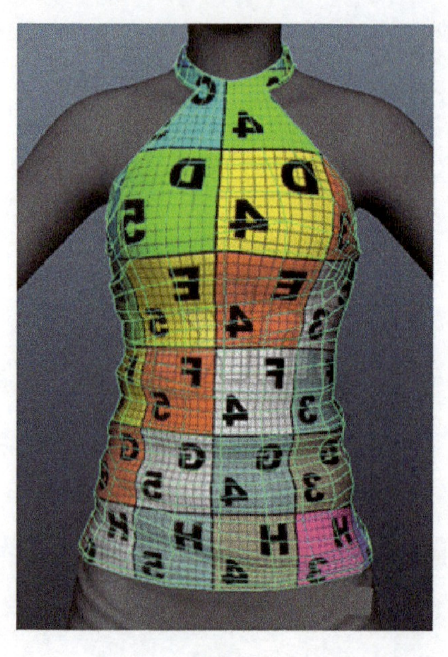
图 6-27

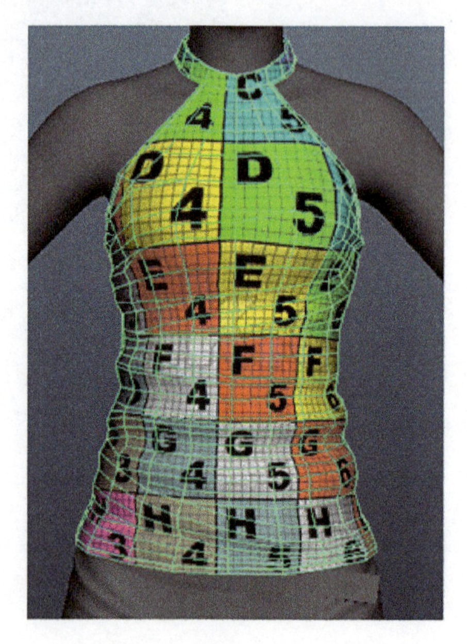
图 6-28

下面拆分短裤模型的 UV，方法和上述一样。这里直接给出拆分好的 UV，如图 6-29 所示。

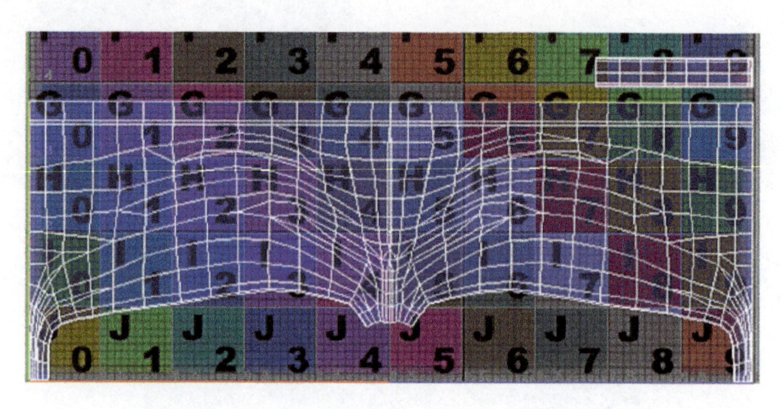
图 6-29

2. 头部 UV 纹理编辑

头部 UV 映射方法和前面的一样，也可以给模型一个平面映射，这里不做讲解，直接进入编辑 UV。

步骤 1 编辑 UV

首先选择要切割的边线。注意，一般都是沿看不到的地方选择边线，以避免画贴图时的接缝，如图 6-30 所示。

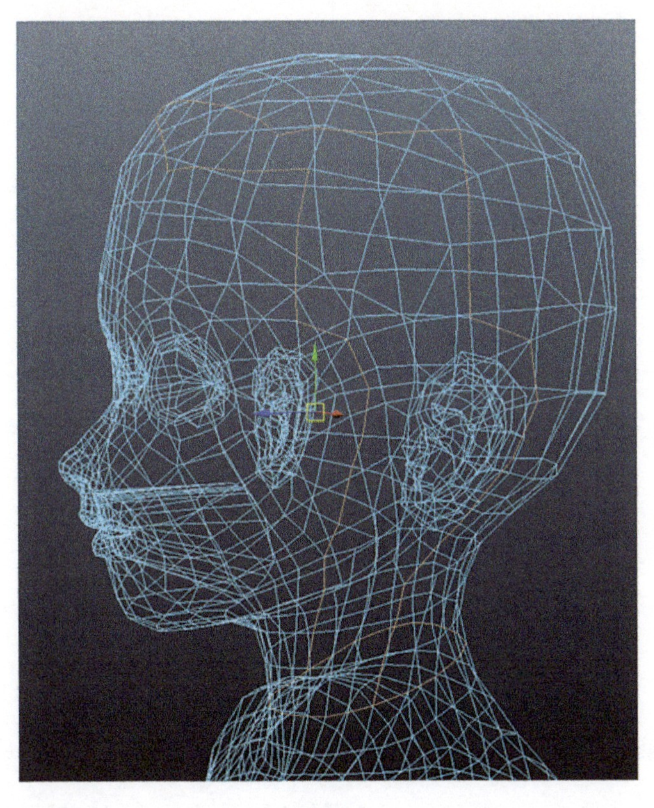

图 6-30

然后在 UV Texture Editor（UV 纹理编辑）中执行 Subdivs 中的 Cut UV Edges 选项，将 UV 切割、分开，再整理 UV，如图 6-31 所示。

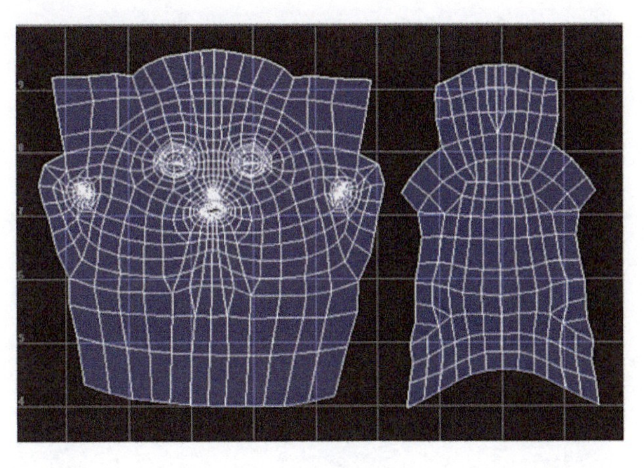

图 6-31

对于头部以下模型 UV 的拆分，同样先选择要切割的边，然后在 UV Texture Editor（UV 纹理编辑）执行 Subdivs 中的 Cut UV Edges 选项，将 UV 切割、分开。具体操作过程不再说明，直接给出整理好的 UV，如图 6-32 所示。

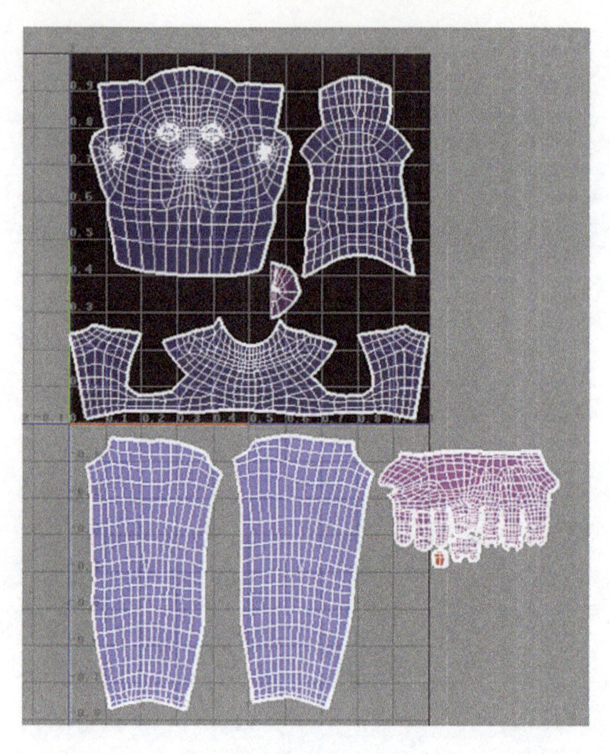

图 6-32

如果想看看 UV 是从哪里切割开的，在透视图中按住 Shift 键的同时单击鼠标右键，然后执行 Polygon Display → Toggle Texture Border Edges 命令，就可以在透视图中观察到切割的线。对于被切割开的线，显示粗一些，如图 6-33 所示。

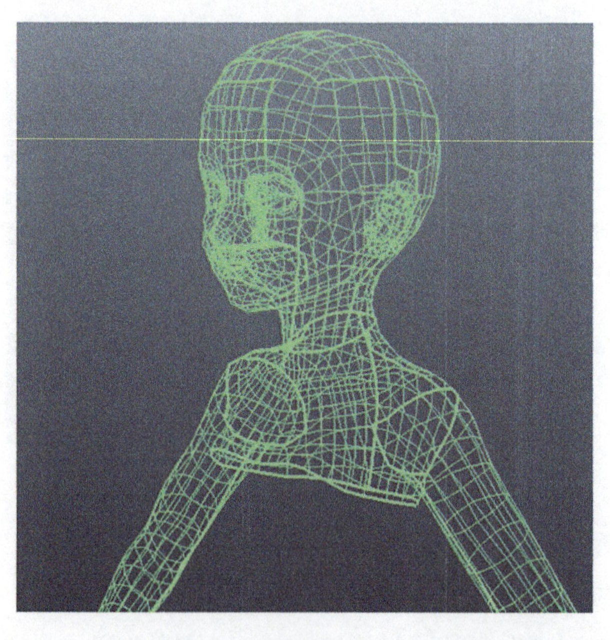

图 6-33

步骤 2　调整 UV 大小

首先将材质 Lambert_UV 赋予此模型，观察 UV 是否统一大小，如图 6-34 所示。

图 6-34

数字有大有小，需要将其调整到尽可能统一，最终效果如图 6-35 和图 6-36 所示。

图 6-35

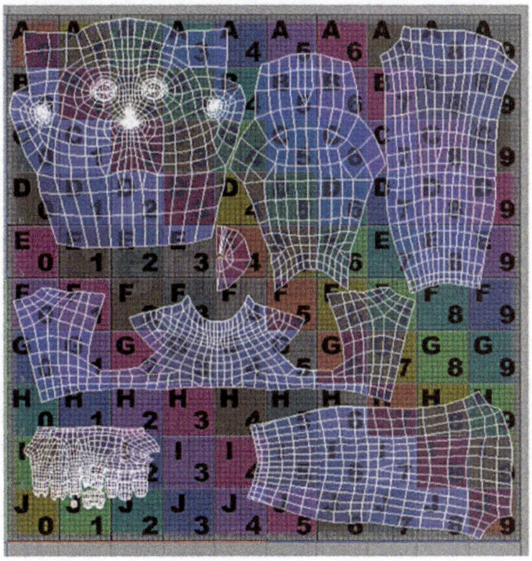

图 6-36

3. 腿 UV 纹理编辑

腿模型 UV 的拆分和前述方法一样，最终效果如图 6-37 所示。

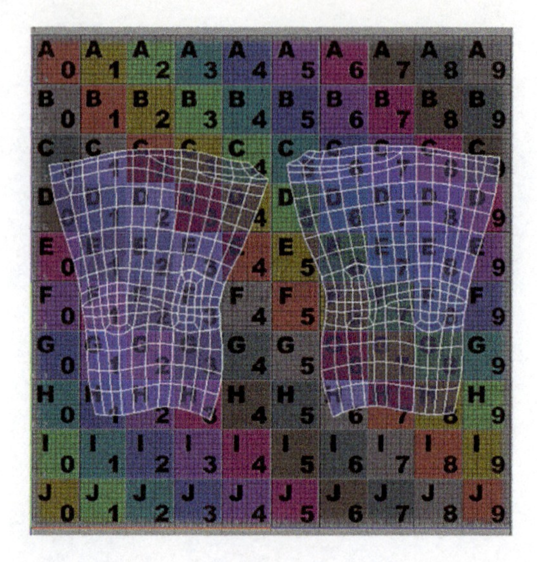

图 6-37

4. 鞋 UV 纹理编辑

鞋模型 UV 的拆分和前述方法一样，最终效果如图 6-38 和图 6-39 所示。

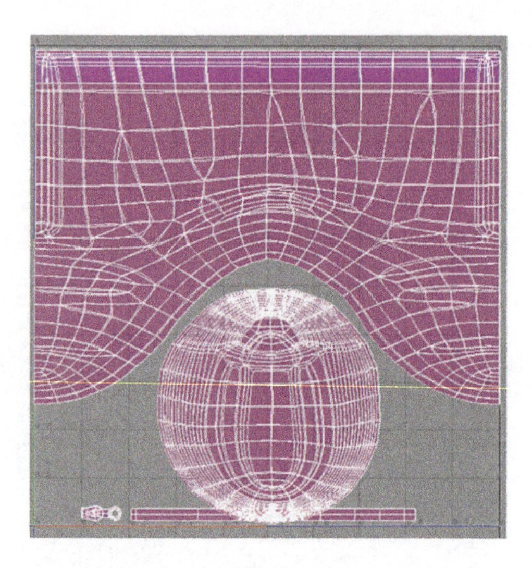

图 6-38

图 6-39

5. UV 归类

首先考虑同一种材质的模型，这样的模型 UV 可以在一个 UV 集中，但要考虑贴图的质量。若同种模型很多，要考虑每一个模型在 UV 集中所占的比例。如果相对比例较少，想重点表现这部分模型的细节，要考虑单独给此模型一个 UV 集。所以操作前要考虑周到，使制作的贴图更加细致。注意，在一个 UV 集中，UV 分布要平均。

步骤 1 皮肤 UV 归类

在此场景中，皮肤模型有头部、腿模型。选中这部分模型，然后调整大小和位置，最后的效果如图 6-40 所示。

步骤 2 衣服 UV 归类

在此场景中，衣服材质有上衣和短裤之分。选中这部分模型，然后调整其大小和位置，最后的效果如图 6-41 所示。

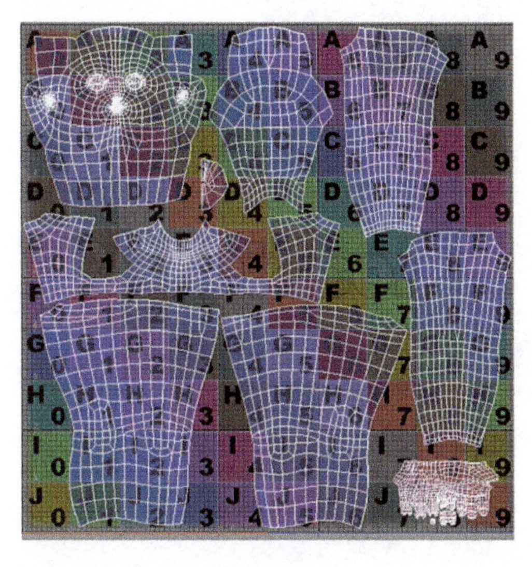

图 6-40

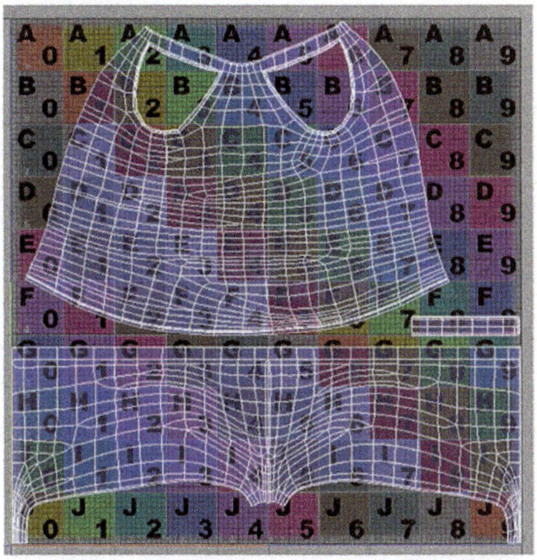

图 6-41

步骤 3 鞋 UV 归类

在此场景中，鞋材质只有一种。选中模型，然后调整其大小和位置，最后的效果如图 6-42 所示。

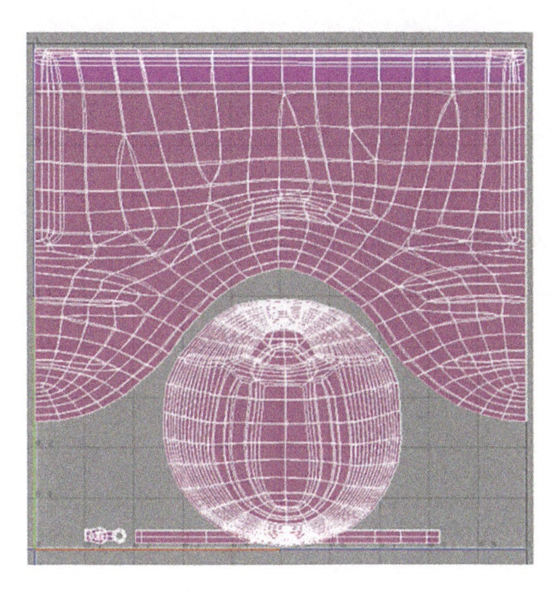

图 6-42

步骤 4 眼睛 UV 归类

在场景中选中眼睛模型，然后调整其大小和位置，最终的效果如图 6-43 所示。

图 6-43

步骤 5　输出 UV 快照

选中要输出的 UV 集，然后在 UV Texture Editor（UV 纹理编辑）中执行 Polygons → UV Snapshot 命令，并在 UV Snapshot 中调整参数。首先输出衣服的 UV，调整参数如图 6-44 所示。其他部分的 UV 快照输出操作与之相同。

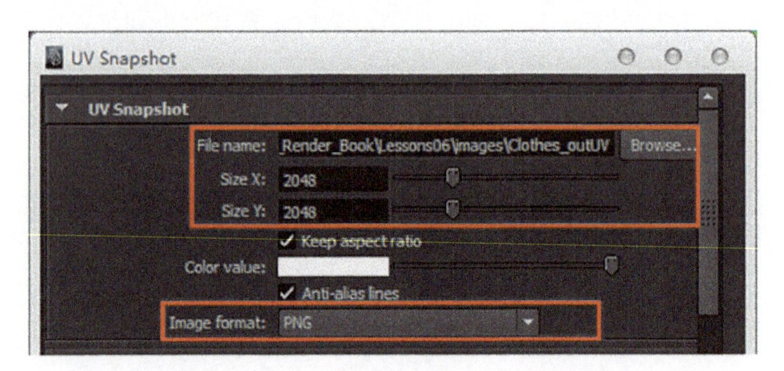

图 6-44

任务4-2　纹理绘制

1. 衣服纹理制作

将 Clothes_out UV 导入 PS，作为绘制衣服纹理的参考。经过绘制，服装的纹理效果如图 6-45 所示。

在 Maya 中观察纹理的位置如图 6-46 所示。

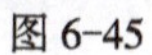

图 6-45

图 6-46

2. 皮肤纹理制作

在 PS 中绘制皮肤纹理的方法与衣服的纹理制作类似，这里不详细讲解，直接进入画纹理环节。注意：画眉毛时，根据需要调整笔触的方向和大小。

其他部位的画法与之相同，根据不同的部位调整不同的颜色进行涂抹，最终效果如图 6-47 所示。

图 6-47

眼睛贴图的绘制方法类似，最后的效果如图 6-48 所示。

将以上两张贴图赋予 Color 通道，渲染测试效果如图 6-49 所示。

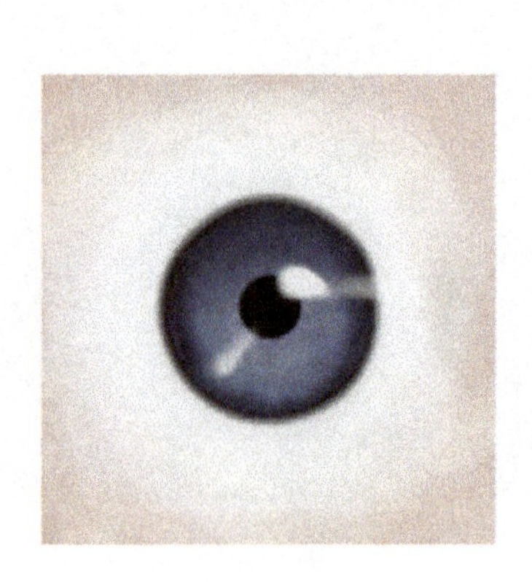

图 6-48

图 6-49

3. 鞋纹理制作

步骤 1 创建基础色

创建两个图层，并分别命名为 Color01 和 Color02。Color01 为鞋面颜色，Color02 为鞋底颜色，分别填充为红色和白色。

步骤 2 制作细节

创建新图层并命名为 Shoes_Occulsion，然后将在 Maya 中烘焙的 AO 贴图导入 PS，将叠加模式改为正片叠底，并通过橡皮擦工具和画笔工具修饰贴图细节。修饰效果如图 6-50 所示。

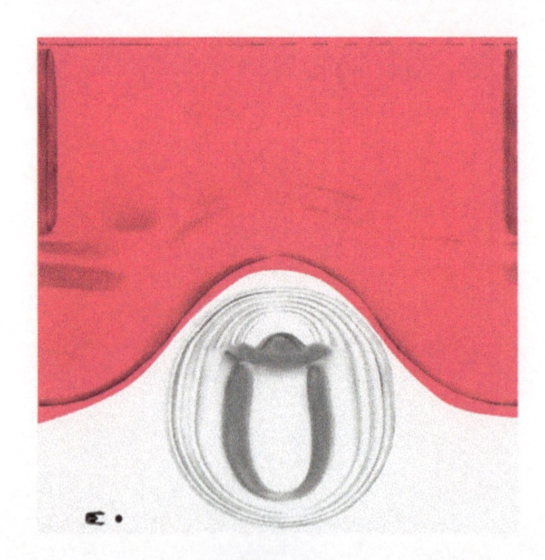

图 6-50

在 Maya 中的测试效果如图 6-51 所示。

图 6-51

任务4-3 头发制作

本项目利用 Maya 中的 Hair 创建毛发，通过调节和修改参数获得需要的头发效果。具体操作如下所述。

步骤 1 创建 Hair

首先选中头部生长毛发的区域，如图 6-52 所示。

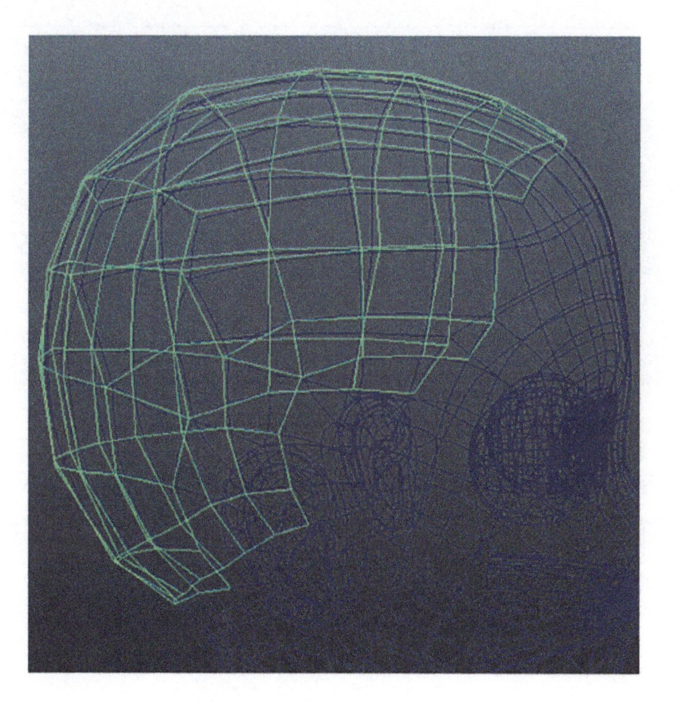

图 6-52

然后将此模型重新展开 UV，如图 6-53 所示。

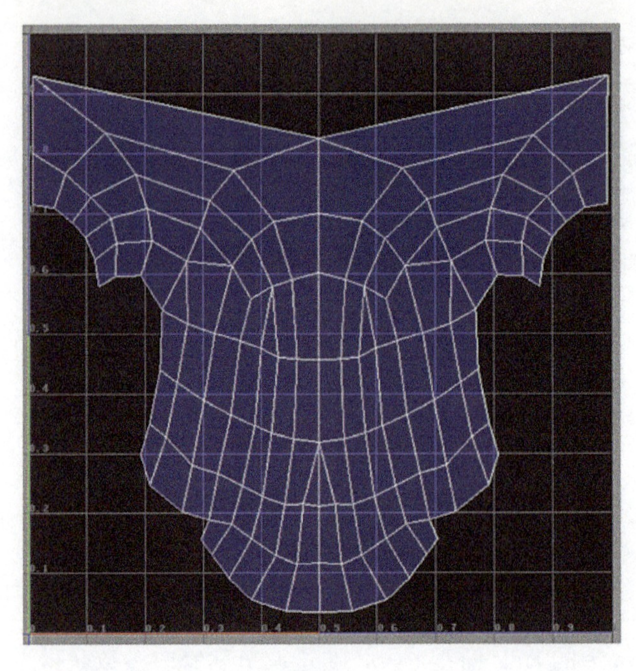

图 6-53

选中此模型，并执行 nHair → Create Hair 命令。在 Create Hair Options 中设置参数，如图 6-54 所示。在透视中生成毛发效果。

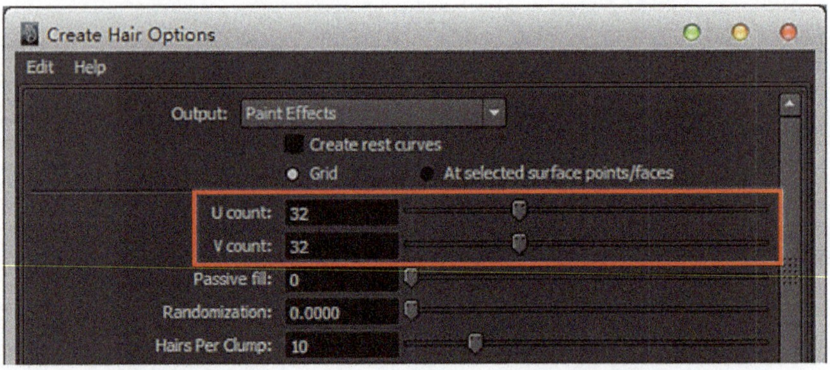

Create Hair Options

Edit Help

Output: Paint Effects

Create rest curves

Grid　At selected surface points/faces

U count: 32

V count: 32

Passive fill: 0

Randomization: 0.0000

Hairs Per Clump: 10

图 6-54

根据需要，缩短毛发长度，执行 nHair → Scale Hair Tool 命令，在 Maya 透视中用鼠标右键拖动，结果如图 6-55 所示。注意：生成毛发时，一定要在时间线上的第一个关键帧生成，否则此步骤无法进行。

单击播放按钮，在时间线上找到合适的位置后停止，再调整毛发形状，可以省去很多调整步骤，如图 6-56 所示。

此时选中毛发，执行 nHair → Set Start Position → From Current 命令，这样将关键帧移动到第一帧时会发现毛发保持当前状态。下面我们进入调整毛发形态环节。

图 6-55

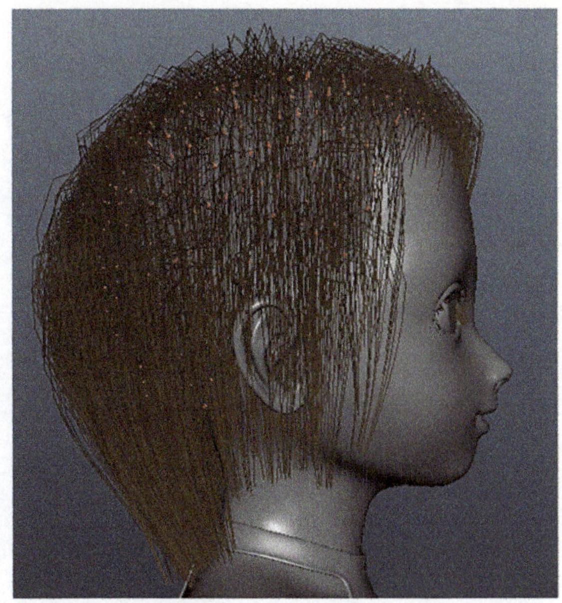

图 6-56

步骤 2 调整 Hair

首先将影响选择毛发和曲线的模型放到层里面，并将层模式改变为 R，层里面的物体就不被选择。然后，选中毛发，在 hairSystemShape1 选项卡下面将 Display Quality 参数设置为 50，以便更容易地操作，不至于卡机，如图 6-57 所示。

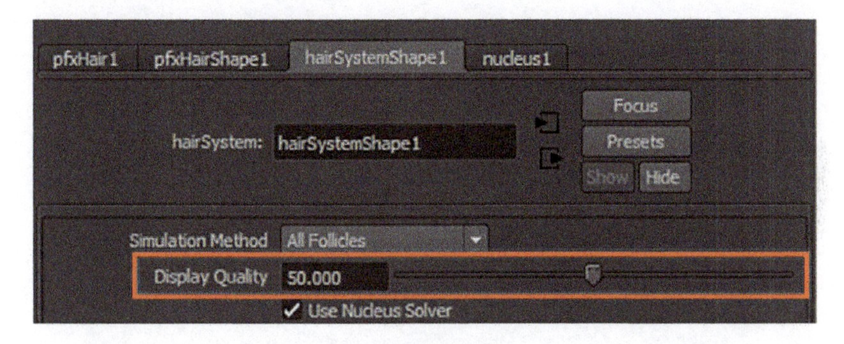

图 6-57

另外，可以执行 nHair → Display → Current Position 命令，只显示毛发；也可以执行 nHair → Display → Start Position，只显示曲线；也可以执行 nHair → Display → All Curves，既显示毛发，又显示曲线。在选择多条曲线时，执行 Edit Curves → Selection → Select First CV on Curve 命令，选择曲线的起始点；也可以执行 Edit Curves → Selection → Select Last CV on Curve 命令，选择曲线的最后一个点。通过方向键可以移动选择点，如图 6-58 和图 6-59 所示。

图 6-58

图 6-59

下面介绍一个技巧：Lock Length 和 Unlock Length 命令的使用。简单地说，Lock Length 用于锁定一定的区域，是平滑过渡。Unlock Length 用于锁定一个点。根据需要，可以选用不同的锁定方式。图 6-60 和图 6-61 所示为两种不同锁定方式的移动效果。

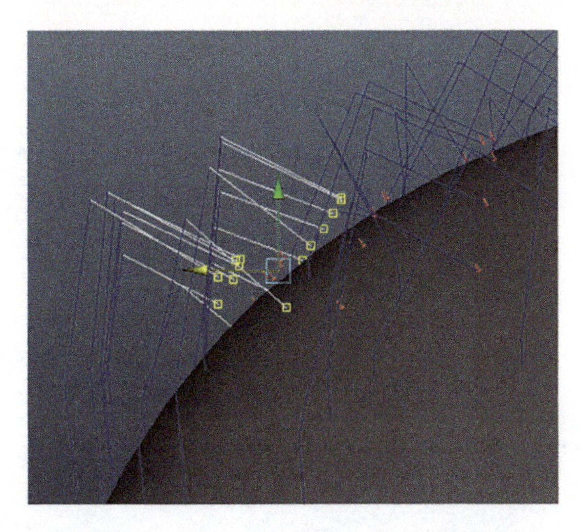

图 6-60

在调整过程中，为了防止调整的形态被变化，执行 nHair → Set Start Position → From Current 命令保持调整的状态；也可以增加毛发与头部的碰撞。首先选择曲线，然后执行 nHair → Classic Hair → Create Constraint → Collide Sphere 命令，并把控制器放在头部内。可根据需要创建多个控制器，这里创建 4 个，如图 6-62 所示。

图 6-61

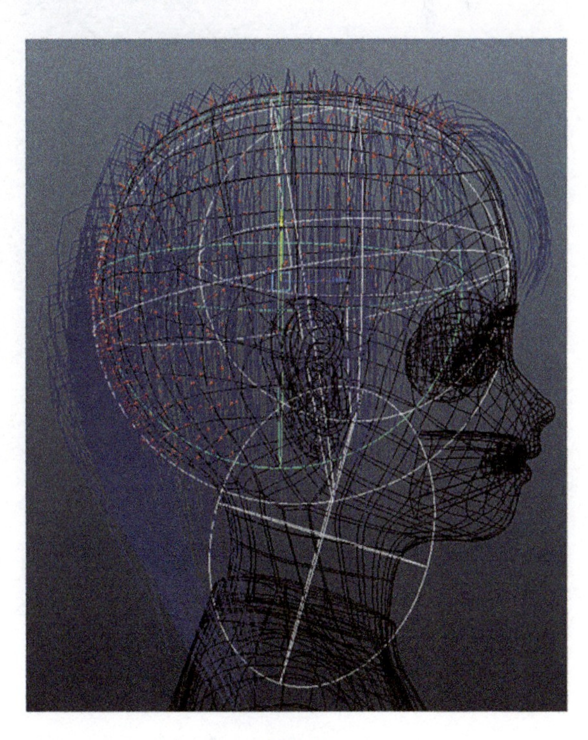

图 6-62

在调整形态完毕之后，如果想控制顶端曲线形态，先选择曲线，然后在曲线属性的 Follicle Shape 选项卡下面，将 Rest Pose 设置为 Same As Start，就可以保持顶端形态。

这里有一个方法用于选择并修改所有曲线，具体操作如下所述。

首先选择一条曲线，并复制此曲线在 Follicle Shape 选项卡下面的名字，然后将其粘贴在菜单栏的选项框中，在名称后加上 *，如图 6-63 所示。按回车键，就可以选择所有曲线。

图 6-63

执行 Window → General Editors → Attribute Spread Sheet 命令，在 Attribute Spread Sheet 中找到 Rest Pose，然后单击输入“1”，就可以统一设置为 Same As Start，如图 6-64 所示。

Attribute Spread Sheet

Names Layouts Key Layer Help

rm Translate Rotate Scale Render Tessellation Geometry All

	Parameter V	Rest Pose	Point Lock	Simulatic Methoc
polySurface10FollicleShape273	0.73438	Same As Start	Base	Dynamic
polySurface10FollicleShape276	0.76563	Same As Start	Base	Dynamic
polySurface10FollicleShape279	0.79688	Same As Start	Base	Dynamic
polySurface10FollicleShape282	0.82813	Same As Start	Base	Dynamic
polySurface10FollicleShape285	0.85938	Same As Start	Base	Dynamic
polySurface10FollicleShape288	0.89063	Same As Start	Base	Dynamic
polySurface10FollicleShape291	0.92188	Same As Start	Base	Dynamic
polySurface10FollicleShape573	0.73438	Same As Start	Base	Dynamic
polySurface10FollicleShape576	0.76563	Same As Start	Base	Dynamic
polySurface10FollicleShape579	0.79688	Same As Start	Base	Dynamic
polySurface10FollicleShape582	0.82813	Same As Start	Base	Dynamic
polySurface10FollicleShape585	0.85938	Same As Start	Base	Dynamic
polySurface10FollicleShape588	0.89063	Same As Start	Base	Dynamic
polySurface10FollicleShape591	0.92188	Same As Start	Base	Dynamic
polySurface10FollicleShape870	0.70313	Same As Start	Base	Dynamic
polySurface10FollicleShape873	0.73438	Same As Start	Base	Dynamic
polySurface10FollicleShape876	0.76563	Same As Start	Base	Dynamic
polySurface10FollicleShape879	0.79688	Same As Start	Base	Dynamic

图 6-64

另外，调整发型时，可以通过软选择来平滑移动和旋转。调整的发型，具体步骤参见教学资源中的相关讲解，最后的发型如图 6-65 所示。

调整完毕，执行 nHair → Set Start Positin → From Current 命令，保持调整过的毛发形态。

步骤 3 设置 Hair 参数

首先在 hairSystemShape 选项卡下面，将 Hairs Per Clump 的参数设置为 30，增加头发数量；设置 Sub Segments 的参数为 4，使头发曲线平滑过渡；设置 Thinning 参数值为 2，使头发曲线柔软；设置 Clump 参值数为 0.25，增加头发的扭曲值，同时呈现出立体感。最终效果如图 6-66 所示。

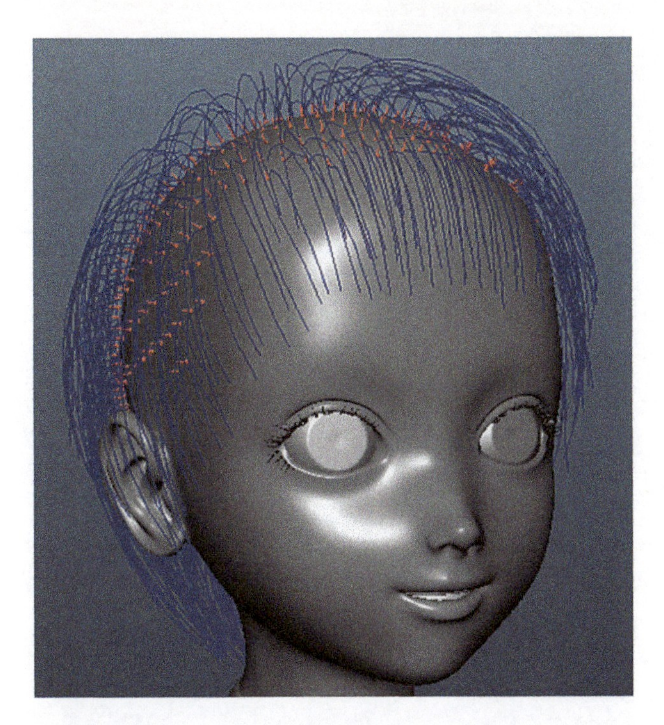

图 6-65

图 6-66

此时发现头发的根部不是很蓬松，于是设置 Clump Width Scale 下面的曲线，并设置 Clump Width 的参数来控制蓬松幅度。参数设置如图 6-67 所示。

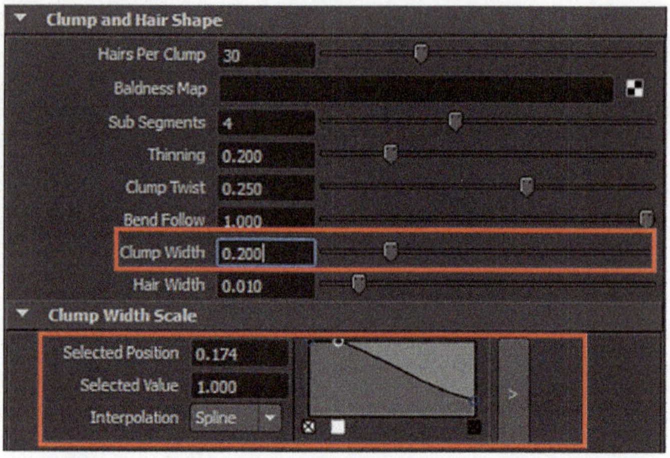

Clump and Hair Shape
Hairs Per Clump 30
Baldness Map
Sub Segments 4
Thinning 0.200
Clump Twist 0.250
Bend Follow 1.000
Clump Width 0.200
Hair Width 0.010
Clump Width Scale
Selected Position 0.174
Selected Value 1.000
Interpolation Spline

图 6-67

将 Clump Interpolation 的参数设置为 0.1，Interpolation Range 的参数设置为 0.8，增加头发的自然性。测试效果如图 6-68 所示。

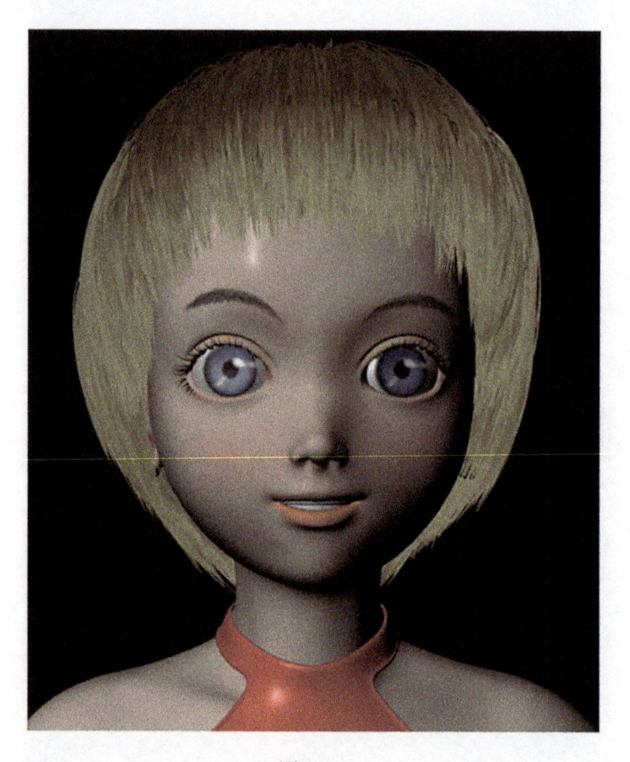

图 6-68

任务4-4 光影效果设置

本项目根据影视灯光的打法，表现小女孩健康阳光的效果。

打开动画场景，分析需要的画面效果。根据场景主光源的照明特点，确定光线的照明角度、位置、亮度以及色彩表现，具体步骤如下所述。

步骤 1　设置建立场景主光源

将场景切换至四视图的显示方式，创建标准的 Spot Light（聚光灯）作为主光源，然后调节灯光位置，使其在人物的左上角位置，如图 6-69 所示。

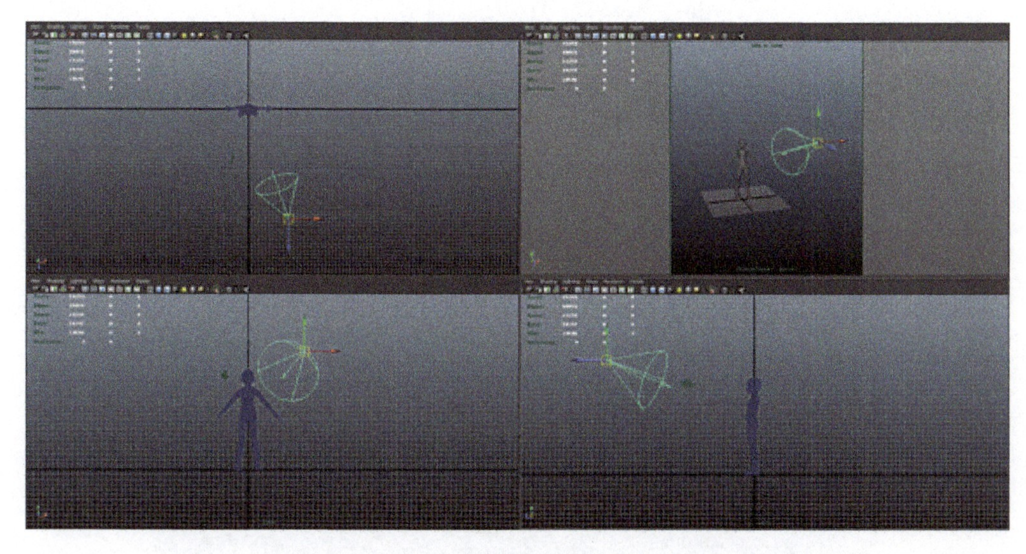

图 6-69

选中 Spot Light，然后在灯光的属性面板，设置 Cone Angle 参数为 60，Renumbra Angle 的参数为 10，Dropoff 的参数为 10，如图 6-70 所示。

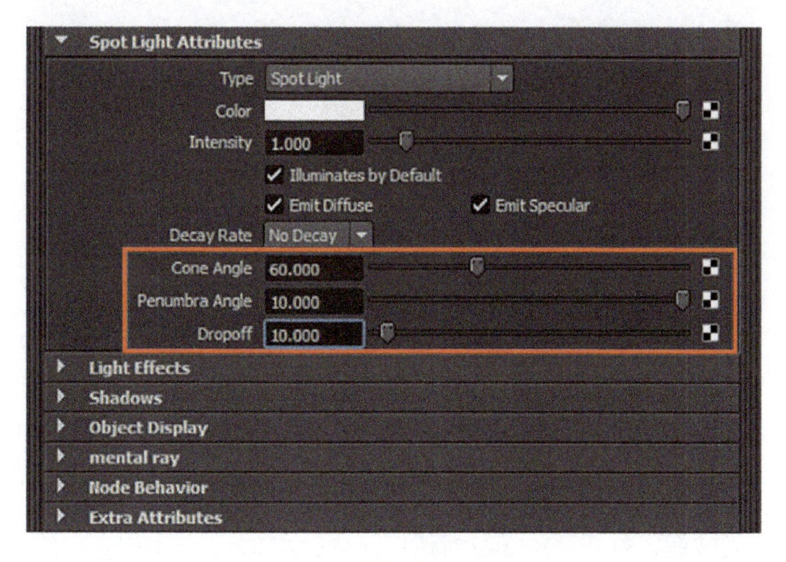

图 6-70

接着设置主光的阴影，将其设置为光线跟踪阴影，参数如图 6-71 所示。

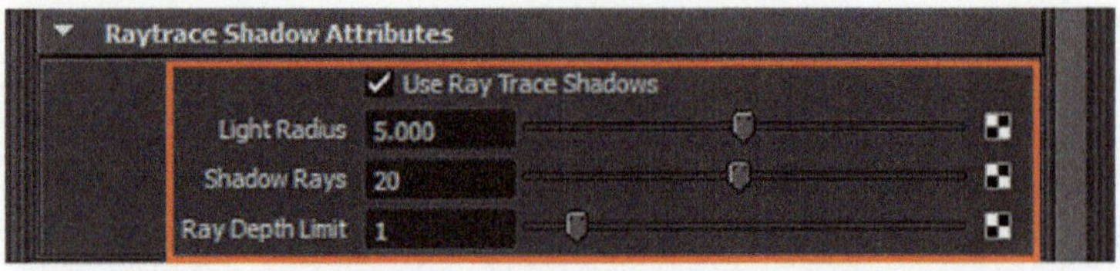

Raytrace Shadow Attributes
Use Ray Trace Shadows
Light Radius 5.000
Shadow Rays 20
Ray Depth Limit 1

图 6-71

在渲染设置器里设置 Image Size，并关闭场景默认灯光，如图 6-72 所示。

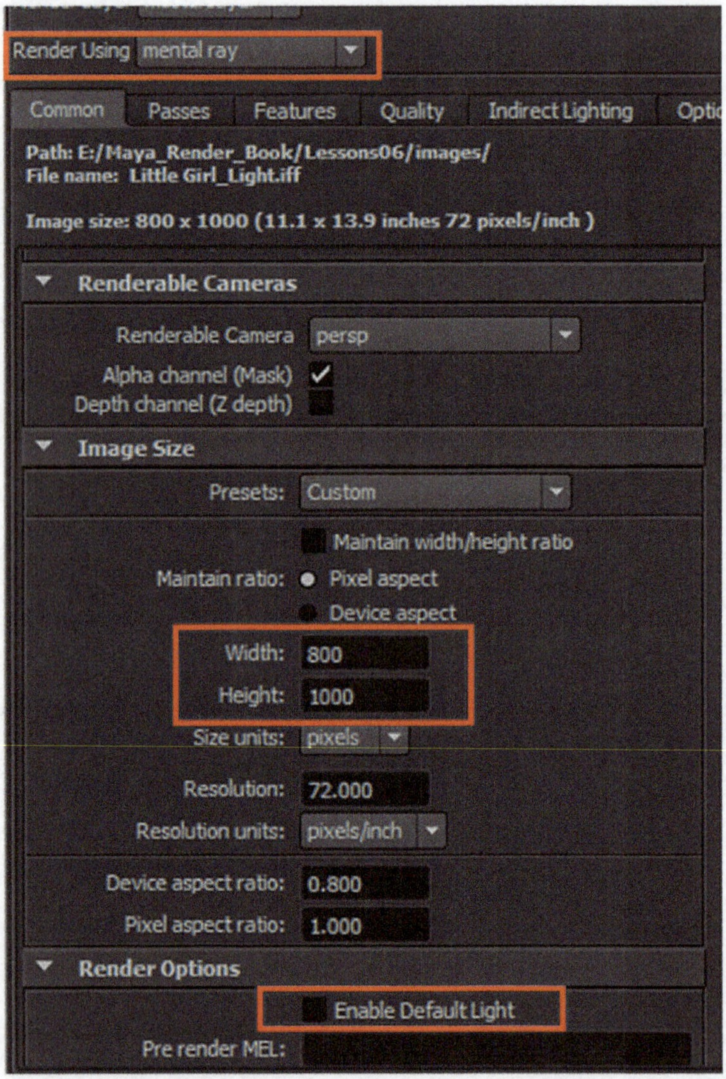

Render Using mental ray
Common Passes Features Quality Indirect Lighting Optic
Path: E:/Maya_Render_Book/Lessons06/images/
File name: Little Girl_Light.iff
Image size: 800 x 1000 (11.1 x 13.9 inches 72 pixels/inch)
Renderable Cameras
Renderable Camera persp
Alpha channel (Mask)
Depth channel (Z depth)
Image Size
Presets: Custom
Maintain width/height ratio
Maintain ratio: Pixel aspect
Device aspect
Width: 800
Height: 1000
Size units: pixels
Resolution: 72.000
Resolution units: pixels/inch
Device aspect ratio: 0.800
Pixel aspect ratio: 1.000
Render Options
Enable Default Light
Pre render MEL:

图 6-72

单击渲染设置按钮，打开渲染场景对话框，然后在 Rending Using（渲染使用）卷展栏中将渲染器设置为 Mental Ray，将 Quality Presets 设置为 Production，将 Filter 设置为 Gauss 并设置参数，如图 6-73 所示。渲染效果如图 6-74 所示。

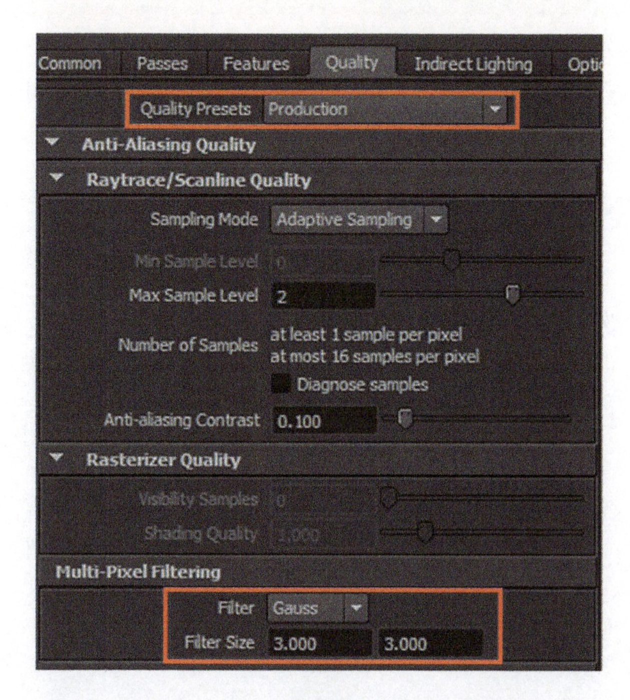
Common
Passes
Features
Quality
Indirect Lighting
Quality Presets
Production
Anti-Aliasing Quality
Raytrace/Scanline Quality
Sampling Mode
Adaptive Sampling
Min Sample Level
Max Sample Level
2
Number of Samples
at least 1 sample per pixel
at most 16 samples per pixel
Diagnose samples
Anti-aliasing Contrast
0.100
Rasterizer Quality
Visibility Samples
Shading Quality
Multi-Pixel Filtering
Filter
Gauss
Filter Size
3.000
3.000

图 6-73

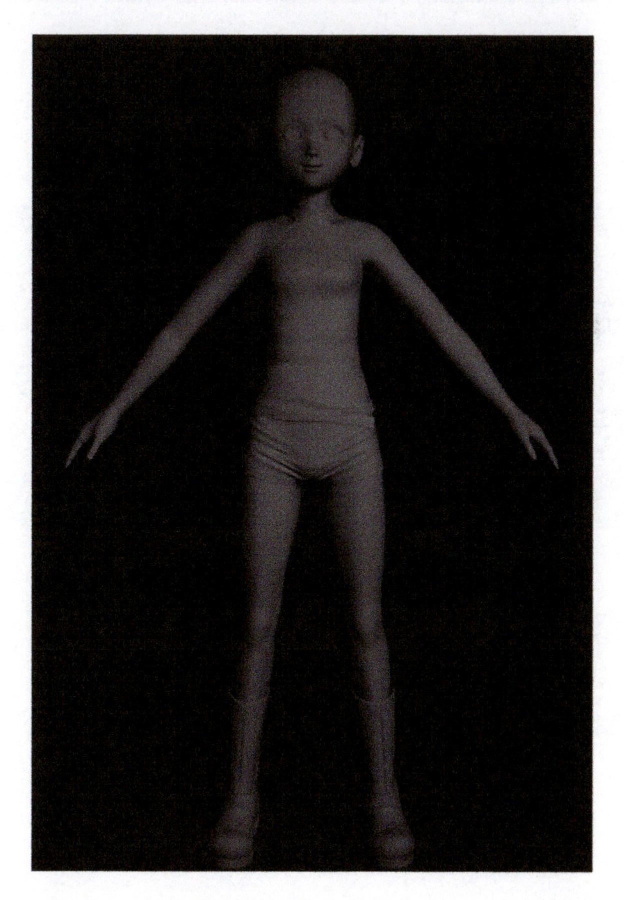

图 6-74

步骤 2　设置场景辅助光

在创建面板中选择标准的 Area Light（面光）命令，在场景中调节此光的位置，如图 6-75 所示。

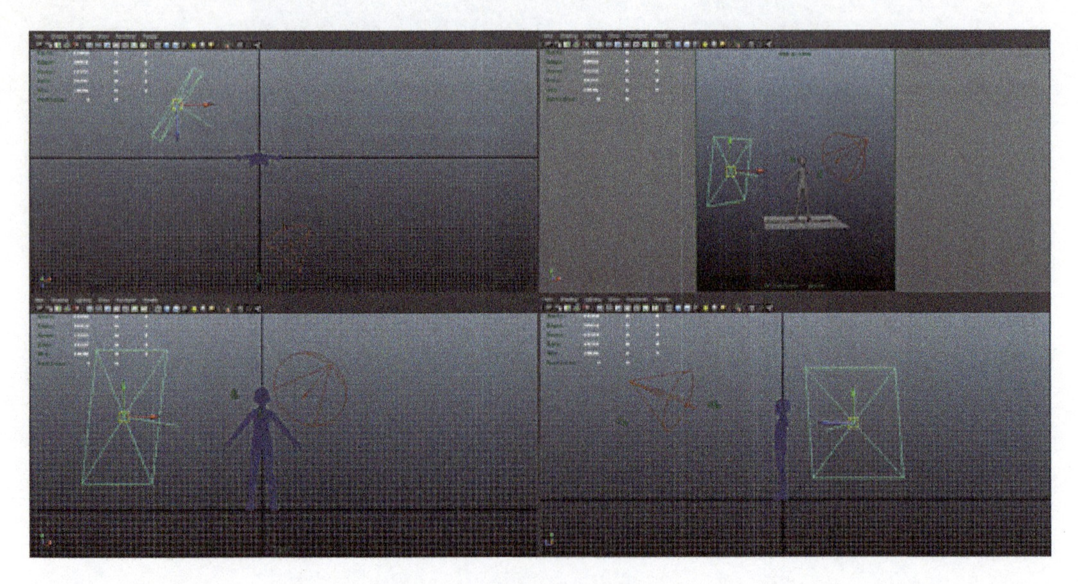

图 6-75

选中 Area Light，然后在灯光的属性面板，设置 Intensity（强度）的参数为 0.2，如图 6-76 所示。

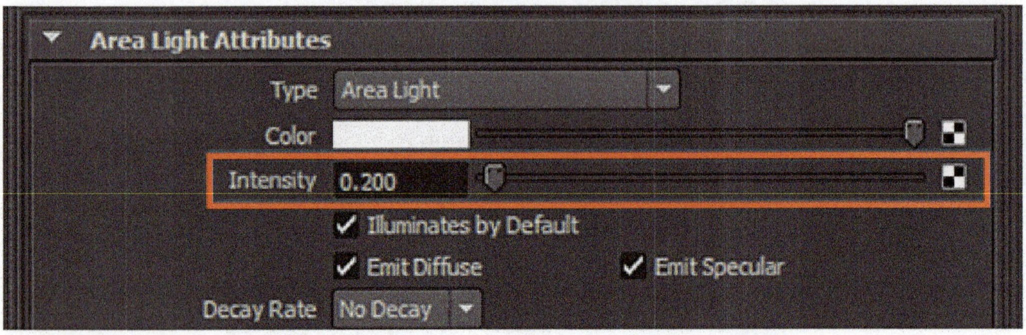

图 6-76

渲染出图，效果如图 6-77 所示。

步骤 3　设置轮廓光源

在创建面板中选择标准的 Spot Light 命令，在场景中调节此光的位置，如图 6-78 所示。

选中 Area Light，然后在灯光的属性面板，设置 Intensity（强度）的参数为 1，如图 6-79 所示。渲染效果如图 6-80 所示。

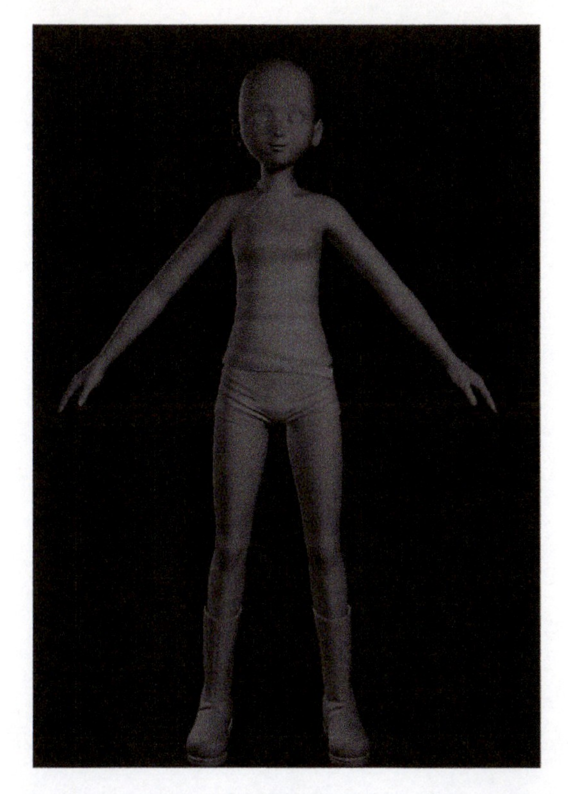

图 6-77

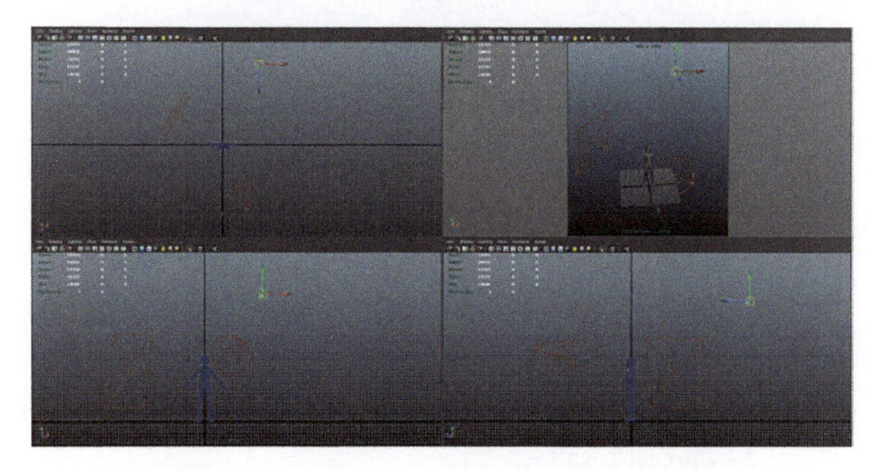

图 6-78

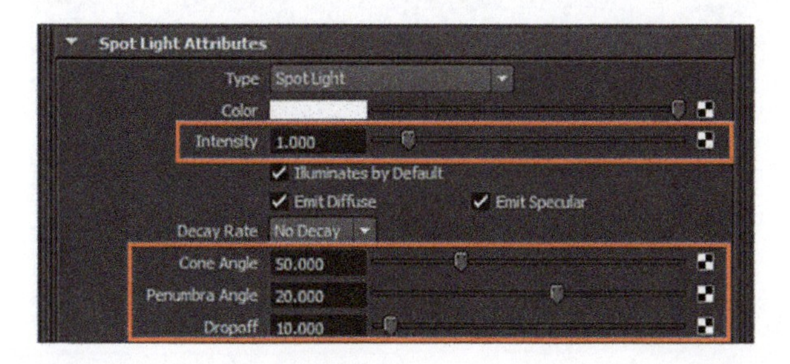

图 6-79

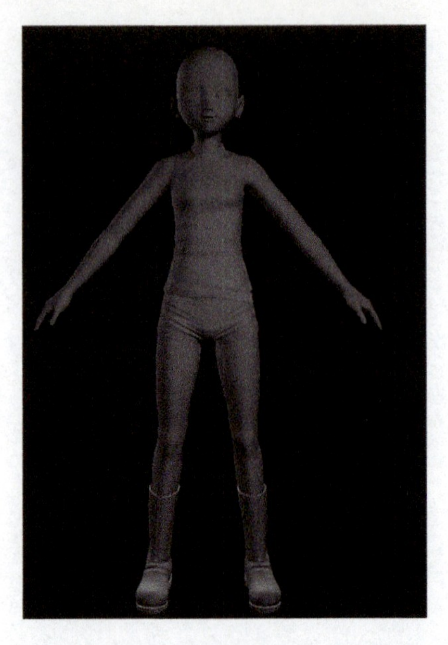

图 6-80

步骤 4 创建全局光源

首先创建一个 C 形的背景。在场景中调节此位置，如图 6-81 所示。

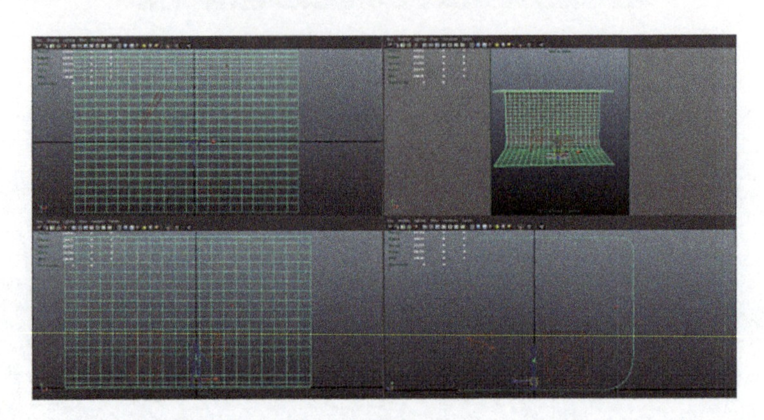

图 6-81

然后，赋予背景一个材质球 Lambert，并命名为 Background_Lambert。调节材质球属性，如图 6-82 所示。渲染结果如图 6-83 所示。

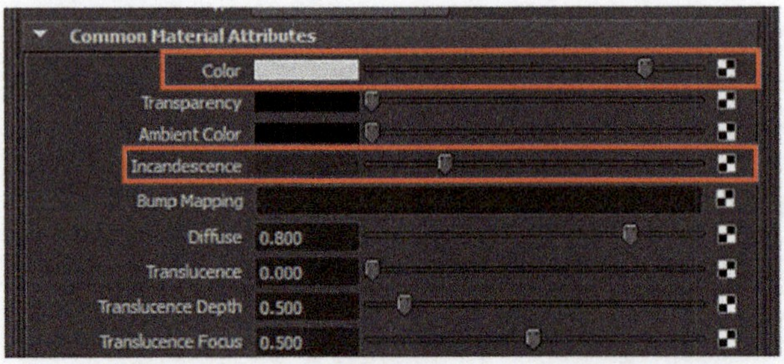

Common Material Attributes
Color
Transparency
Ambient Color
Incandescence
Bump Mapping
Diffuse 0.800
Translucence 0.000
Translucence Depth 0.500
Translucence Focus 0.500

图 6-82

图 6-83

此时，渲染结果画面噪点比较大，亮度也不够，所以接下来打开 Final Gathering，将 Accuracy 的参数设置为 300，以增强光线的聚集，提高画面亮度。参数设置如图 6-84 所示。渲染结果如图 6-85 所示。

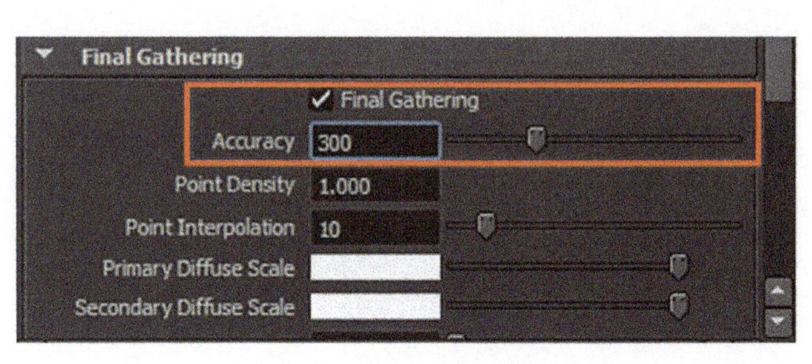

图 6-84

图 6-85

渲染结果表明，亮度已经提起来，但是画面还是有噪点，所以将过滤器的计算方式修改为 Lanczos，并且将 Max Sample Level 的参数设置为 4，如图 6-86 所示，也为后面渲染头发做好准备。渲染效果如图 6-87 所示。

图 6-86

图 6-87

任务4–5　Hair材质设置

首先分析前面头发测试的结果：头发的颜色没有改变（用默认的），发丝太粗。

步骤 1　修整 Hair 材质设置

首先调整 Clump And Hair Shape 下面的参数，改变发丝的粗细和形态，如图 6-88 所示。

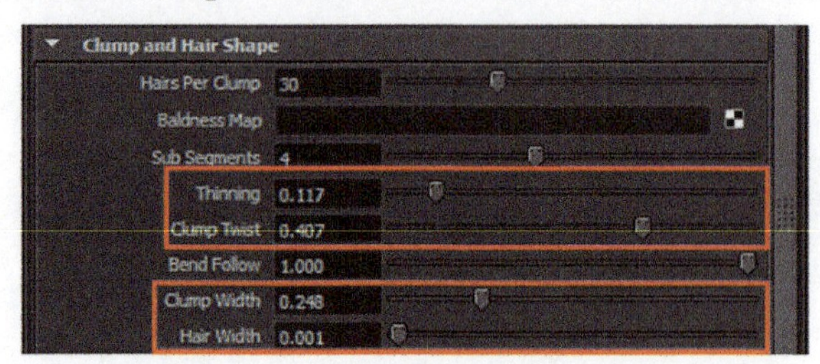

图 6-88

然后调整 Shading 下面的属性设置，如图 6-89 所示。

图 6-89

步骤 2　增加 Hair 数量

前面的渲染测试结果显示头发不够厚重，所以增加一些头发的数量，参数设置如图 6-90 所示。渲染结果如图 6-91 所示。

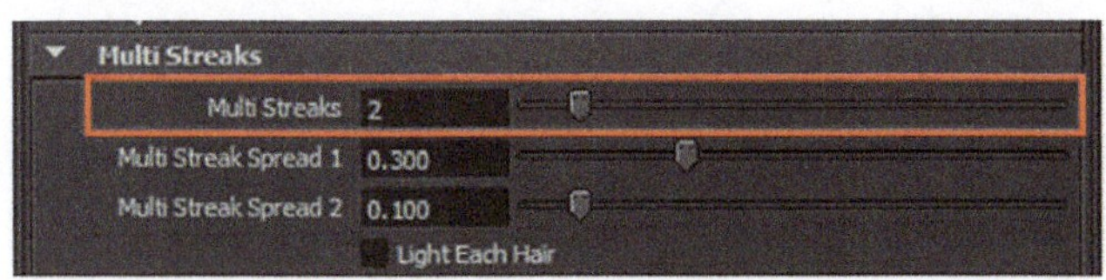

图 6-90

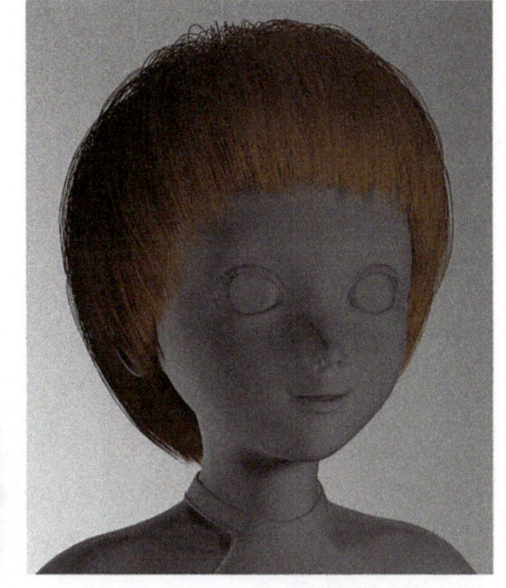

图 6-91

此时，头发渲染效果很好。另外需要注意，在渲染设置窗口下，检查 Render Fur/Hair 是否被勾选，一定要勾选上。

任务4-6　皮肤3S材质设置

3S 就是次表面散射材质的英文首字母简写，Mental Ray 通过两种途径生成。一种是利用光子产生次表面散射的物理模式，另外一种是用 Light Map 进行模拟的非物理模式。采用物理模式能产生真实的光线散射，但由于是基于光子进行计算，所以速度很慢。

步骤 1　创建 3S 材质

打开 Hypershade，产生 miss_fast_skin_maya 材质，如图 6-92 所示。

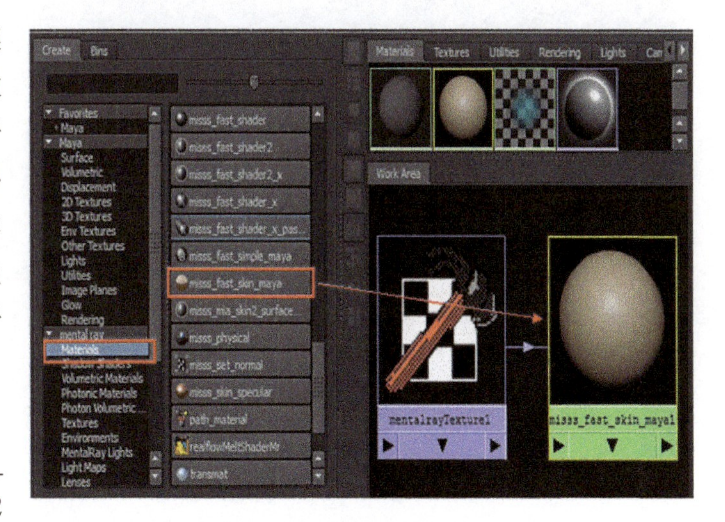

图 6-92

将此材质球赋予皮肤，双击 3S 材质球，参数设置如图 6-93 所示。

图 6-93

步骤 2　设置皮肤材质

3S 是这个材质的核心，由它产生皮肤的散射。它由三层组成，即表皮层、真皮层和背光层，由颜色、强度和作用范围三个属性控制。

Diffuse 控制皮肤的所有漫反射光线，它是皮肤的最外层颜色；另外，Overall Color 也影响皮下面的散射光线。所以，这里用基础贴图控制这两层。皮肤材质的亮度不够，所以将 Diffuse Weight 的参数设置为 0.8，并设置 3S 材质的高光，如图 6-94 所示。渲染效果如图 6-95 所示。

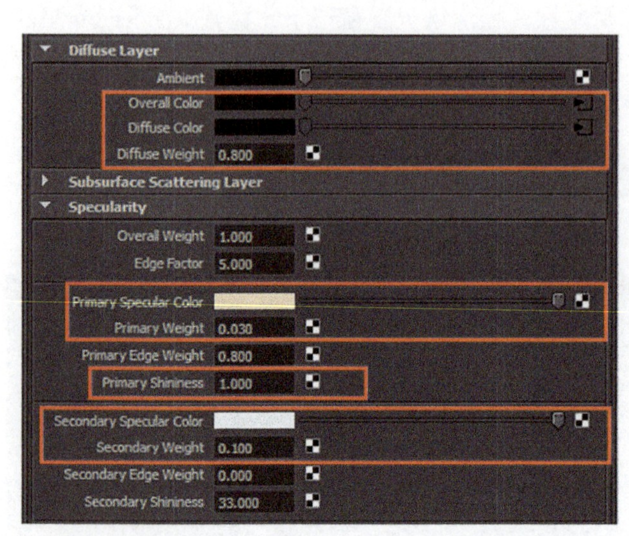

图 6-94

图 6-95

任务4-7　眼睛、眼睫毛、牙齿材质设置

步骤 1　创建眼睛材质

首先创建一个 Blinn 材质球，并命名为 Eye_Blinn。将制作好的贴图贴在 Color 通道上，

然后设置 Specular Shading 和 Diffuse 的属性，如图 6-96 所示。渲染效果如图 6-97 所示。

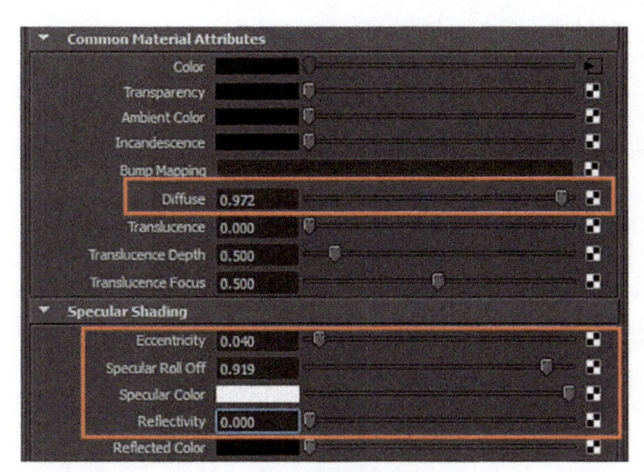

图 6-96

图 6-97

步骤 2　创建眼睫毛材质

首先创建 Blinn 材质球，并命名为 Eyelashes_Blinn，然后设置参数，如图 6-98 所示。渲染效果如图 6-99 所示。

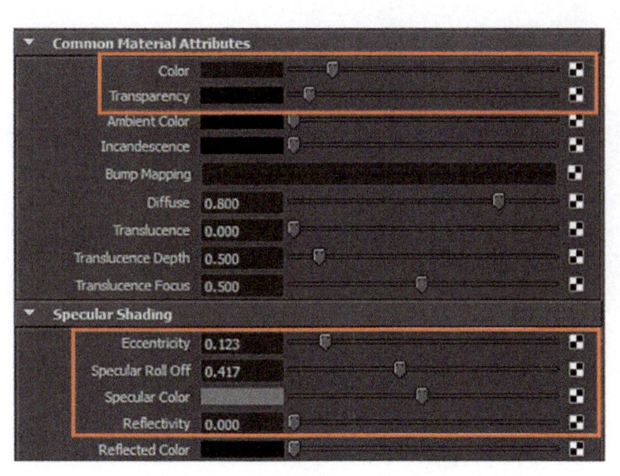

图 6-98

图 6-99

步骤 3　创建牙齿材质

首先创建 Blinn 材质球，并命名为 Tooth_blinn，然后设置参数，如图 6-100 所示。渲染效果如图 6-101 所示。

Common Material Attributes	
Color	
Transparency	
Ambient Color	
Incandescence	
Bump Mapping	
Diffuse	0.800
Translucence	0.000
Translucence Depth	0.500
Translucence Focus	0.500
Specular Shading	
Eccentricity	0.056
Specular Roll Off	0.738
Specular Color	
Reflectivity	0.000
Reflected Color	

图 6-100

图 6-101

任务4-8 衣服材质设置

步骤 1　创建上衣材质

创建材质球 Blinn，并命名为 Clothes_Blinn，然后在 Color 通道贴上制作的贴图 Clothes_

Texture。设置材质球属性如图 6-102 所示。渲染效果如图 6-103 所示。

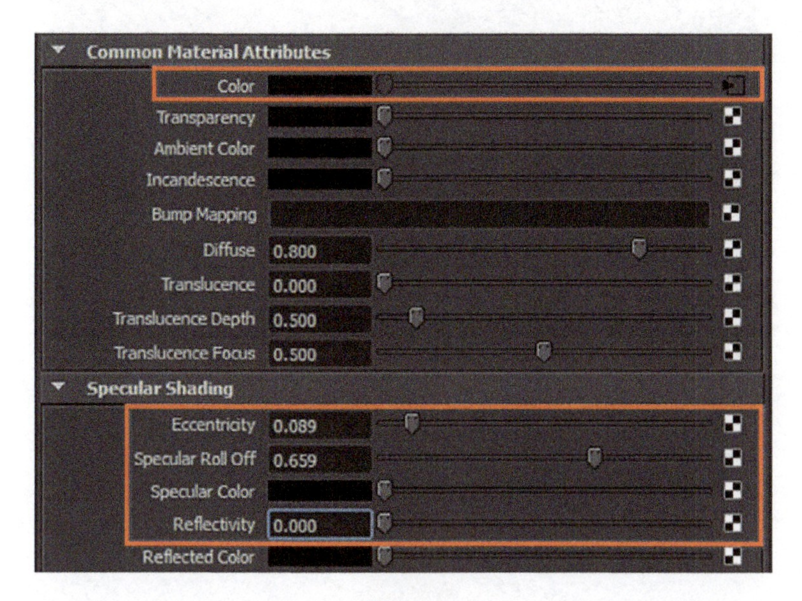

图 6-102

图 6-103

步骤 2　创建短裤材质

创建材质球 Blinn，并命名为 Clothes_Blinn1；然后在 Color 通道贴上制作的贴图 Clothes_Texture，并设置参数，如图 6-104 所示。渲染效果如图 6-105 所示。

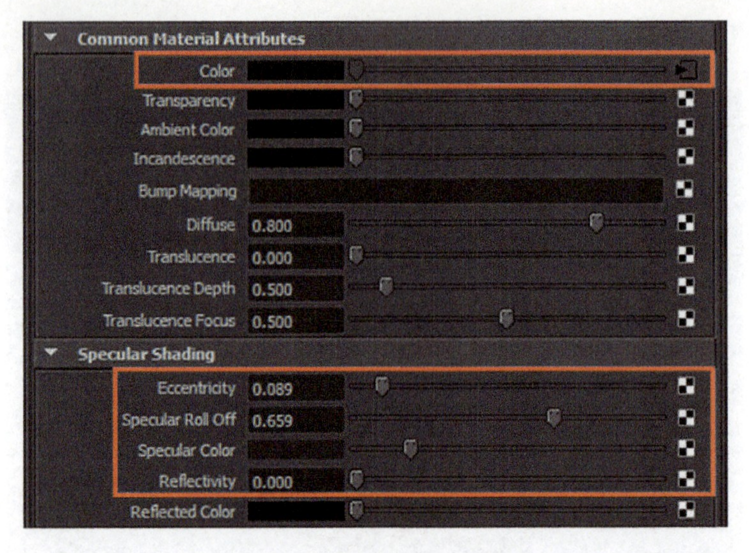

图 6-104

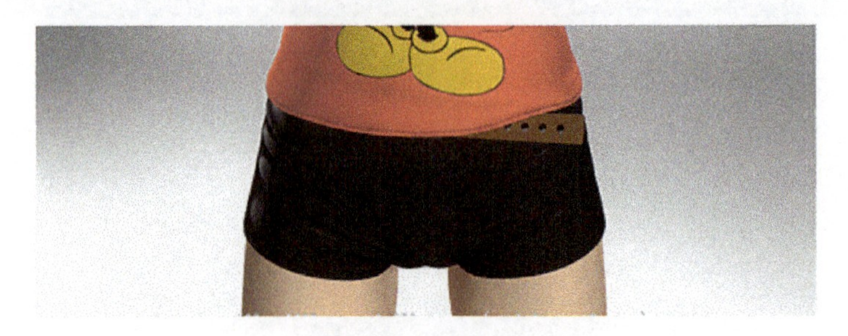

图 6-105

任务4-9　鞋材质设置

步骤 1　创建鞋材质

创建材质球 Blinn，并命名为 Shoes_Blinn，然后在 Color 通道贴上制作的贴图 Shoes_Color，并设置参数，如图 6-106 所示。

步骤 2　创建鞋拉链材质

创建材质球 Blinn，并命名为 Shoes_zipper_Blinn，然后在 Color 通道贴上制作的贴图 Shoes_zipper，并设置参数，如图 6-107 所示。渲染效果如图 6-108 所示。

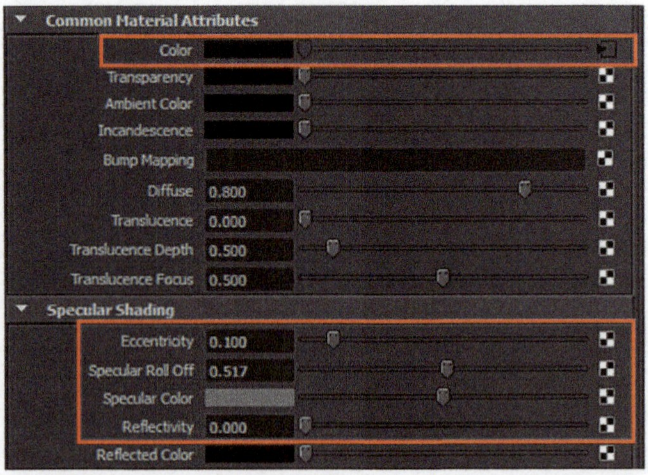

图 6-106

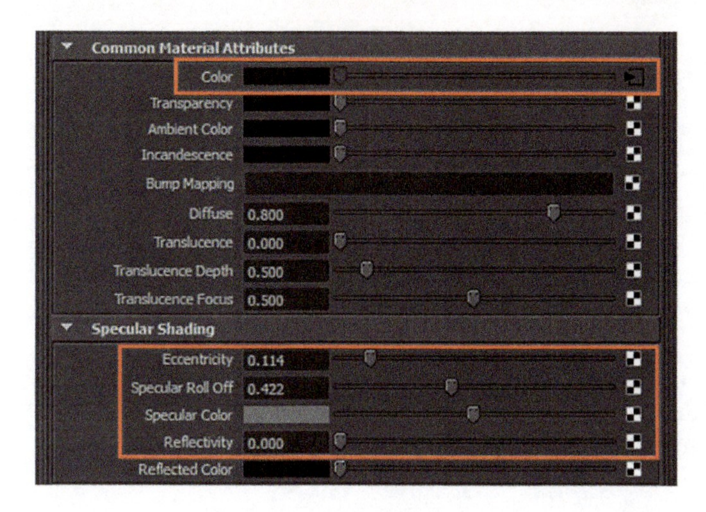

图 6-107

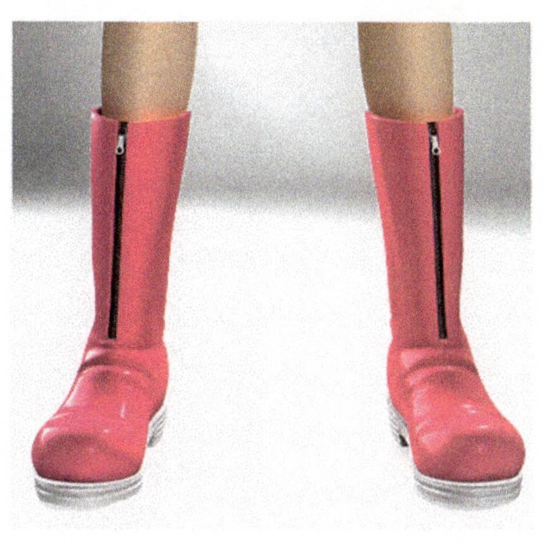

图 6-108

整体渲染结果如图 6-109 所示。

图 6-109

项目总结

本项目采用 Mental Ray 渲染器进行渲染输出，设置全局光效果，使用 UV 编辑器和 Photoshop 软件制作纹理。通过本章的学习，可以深入了解三维动画中角色模型的渲染流程和方法。

图 6-110 所示为上衣材质的设置流程，图 6-111 所示为皮肤材质的设置流程，图

6-112 所示为鞋子材质的设置流程。

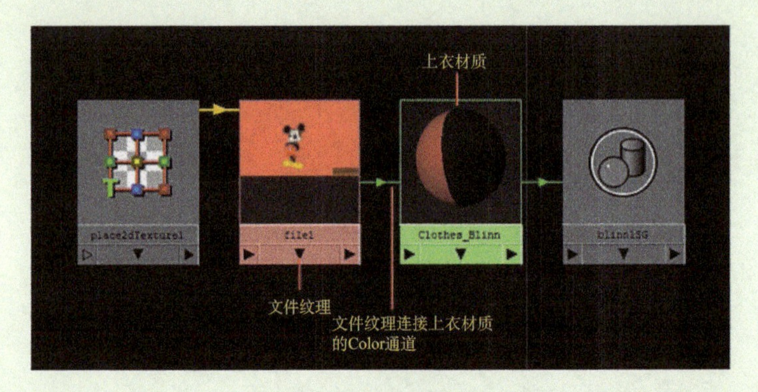

图 6-110

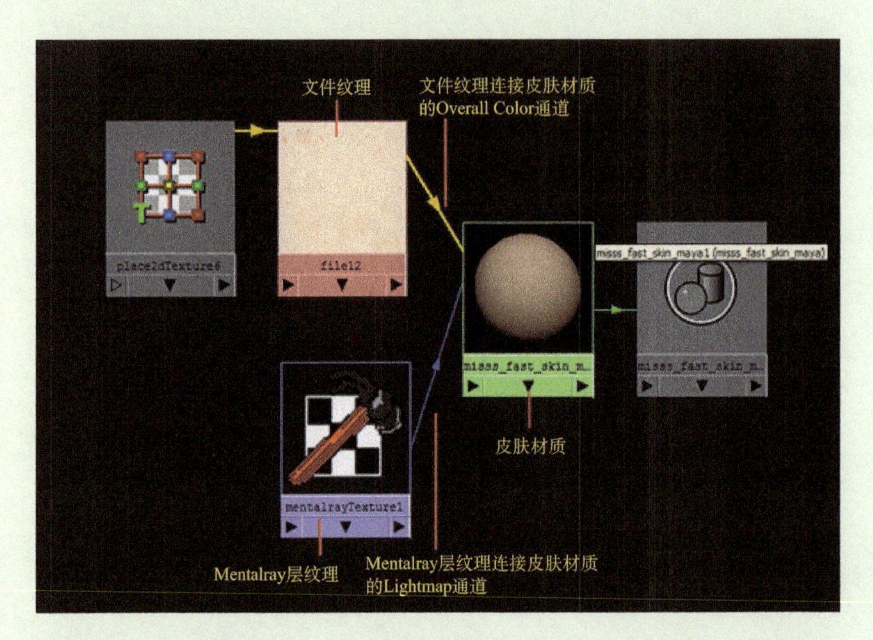

图 6-111

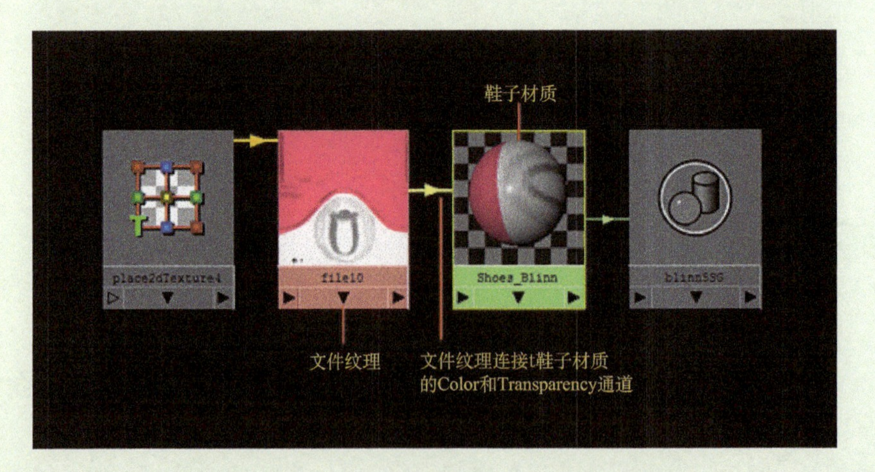

图 6-112

练习实训

实训 4-1 打开教学资源中实训 4-1 对应的卡通女孩场景文件，根据教材和教师的指导，完成本章项目效果。

实训 4-2 打开教学资源中实训 4-2 对应的卡通男孩场景文件，练习动画角色的渲染。注意模型 UV 的处理和纹理的绘制。

项目5

渲染动画场景——“傍晚的厨房”制作

1. 项目需求分析

本项目是斯派索数码影像设计公司地震模拟制作项目中的一个室内场景渲染。此场景是动画的一部分，表现的是傍晚地震到来前厨房宁静安谧的气氛。

项目的最终渲染效果如图 7-1 所示。

图 7-1

2. 核心技术分析

本项目的技术核心是室内场景的布光方法，以及利用 Mental Ray 的最终聚集和全局光照明选项来表现场景中各种物体的漫反射效果，用渲染AO层的方法来增加光影的细节，材质方面采用的是煤气火焰的表现方法。

3. 艺术风格分析

本项目对场景渲染的要求是真实地再现，所以渲染风格是写实的。场景中所有物体的质感和表面纹理充分考虑了现实情况，进行真实模拟。为了与将要发生的地震破坏做对比，此时的画面要表现安静温暖的效果，夕阳斜射，晚霞满天，阳光采用暖色调，对炉火的渲染表现出浓浓的生活气息。

项目背景知识

1. 室内布光的法则

室内布光实际上是模拟场景布局中真实的光源位置，同时考虑画面艺术效果的表现。室内布光通常遵循区域照明的布光法则，分别为主光、辅助光和局部修饰光。

主光是对物体造型的主要光线，也是画面中最引人注目的光线。主光的性质决定了被摄物体外部形态的塑造、立体感和质感的表现，以及画面空间深度的塑造。主光也是场景外部形态塑造和主题表达的重要创作元素之一。

辅助光是补充主光照明背面的光，其强度不能高于主光。辅助光的作用减轻了因主光照射造成的生硬阴影，也减弱了受光面与背光面的反差，更好地表现出背光面的细节和立体感，从而完整地表现被摄物体的外部特征，影响画面的基调和趋向气氛。

修饰光是专门用来对被摄局部造型进行修饰的光。修饰光是补充、强调和修饰局部细节的光，通常用于被摄物体某些部位因照明不足而另外进行的补充照明，其强度、面积均不应影响主光对被摄物体的整体造型。

2. 最终聚集（Final Gathering）

Maya中的灯光与现实中的灯光相比，其照明方式有非常大的差异。Maya中的灯光是从一个点光源发散出的光线；而现实中的光线是从一个发光物体发射出来，发光物体自身就是一个高亮的光源，而且场景中的其他物体还对光线有漫反射的作用。

通过最终聚集（Final Gathering），Mental Ray计算场景的辐射照度，或统计整个场景的获得照度。在场景中的所有对象都作为一个光源。通过最终聚集功能，在场景中进行间接照明，使得照明效果更自然。

最终聚集用于以下场合：

- 在由漫反射光线为主，直接照明变得很低的场景中。
- 当使用全局光时，用作排除低频噪点。
- 为了得到更好的细节效果。

- 在合并全局光时，尽可能得到一个物理精确结果。
- 为了得到更加准确、真实的软阴影效果。
- 帮助消除黑角。

3. 分层渲染的作用

合理的分层渲染，可以节省项目制作时间，而且可以更方便地在后期制作中调整制作效果。因此，分层渲染是项目制作中非常重要且必不可少的一环。

渲染分层大体分为两种，一种是根据物体的类别分层，比如根据镜头内容分为角色层、物体层、背景层；另一种就是本项目采用的分层方式，按物体的视觉属性精细分层，分为颜色层、AO 层、阴影层、反射层、高光层等。按照这种分层方式，可以更加精细地在后期对项目进行调节，提高项目的质量。

任务5-1 光影效果设置

本项目是表现室内场景——厨房在傍晚时分的光影效果，此时的太阳光呈 30° ～ 45° 的倾斜状态，这是画面里需主要表现的光。本项目的光影设置效果如图 7-2 所示。

光影设置的重点是使用 Mental Ray 渲染器，模拟非常真实的傍晚厨房场景灯光效果。应综合分析场景显示光源元素，制定场景布光方案。制作共分 6 个流程：①设置建立场景主光源；②设置场景环境辅助光；③设置场景室内二级主光源；④设置 Global Illumination 和 Final Gathering 参数，提升全局照明效果；⑤模拟室外天空环境光线；⑥设置 AO，提升画面层次。

图 7-2

本项目灯光渲染制作流程如图 7-3 所示。

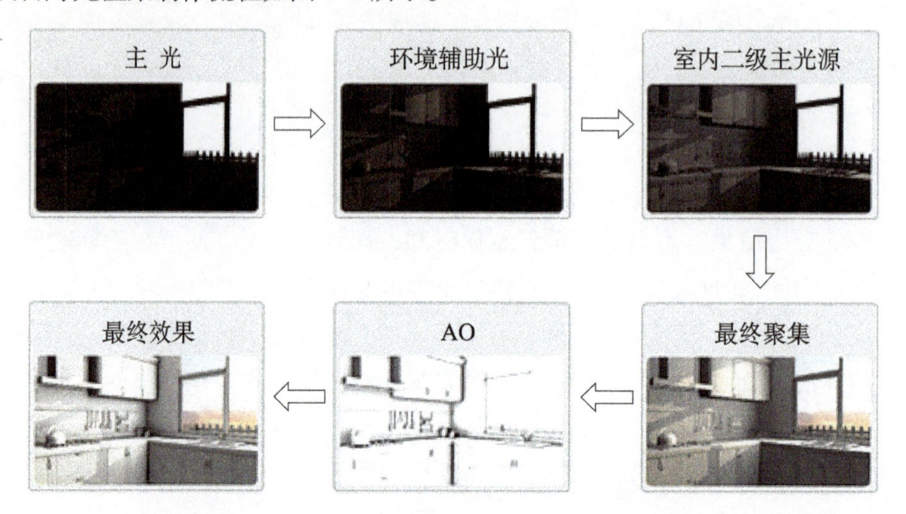

图 7-3

打开动画场景，分析《傍晚的厨房》的画面效果。根据场景主光源的照明特点，确定光线的照明角度、位置、亮度以及色彩表现。具体步骤如下所述。

步骤 1　设置建立场景主光源

将场景切换至四视图的显示方式，然后在创建菜单中选择标准的 Directional Light（平行光）命令，如图 7-4 和图 7-5 所示。

在透视图中建立灯光，然后调节灯光位置，制作场景中的主要光源效果，如图 7-6 所示。

选中 Directional Light，然后在灯光属性面板，设置 Color 为淡黄色、Intensity（强度）为 0.8；在 Depth Map Shadow Attributes（深度贴图阴影属性）下面勾选 Use Depth Map Shadows，并设置 Resolution 的参数为 2048，Filter Size 参数为 5，如图 7-7 所示。

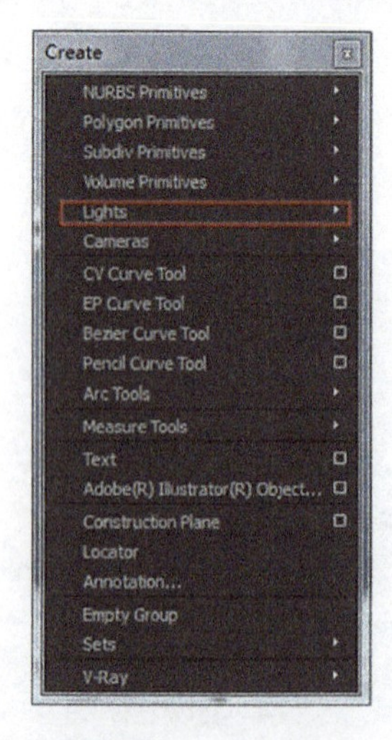

图 7-4

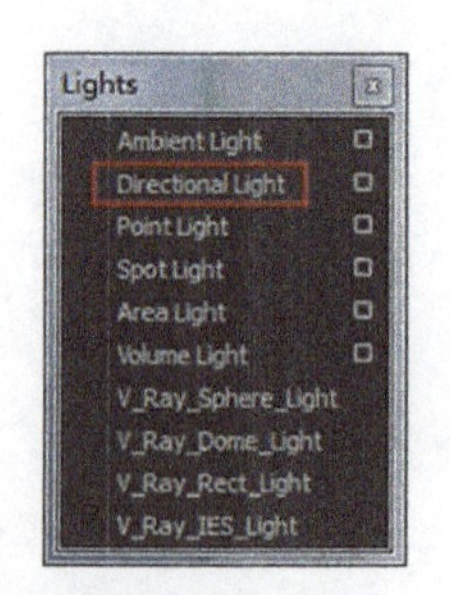

图 7-5

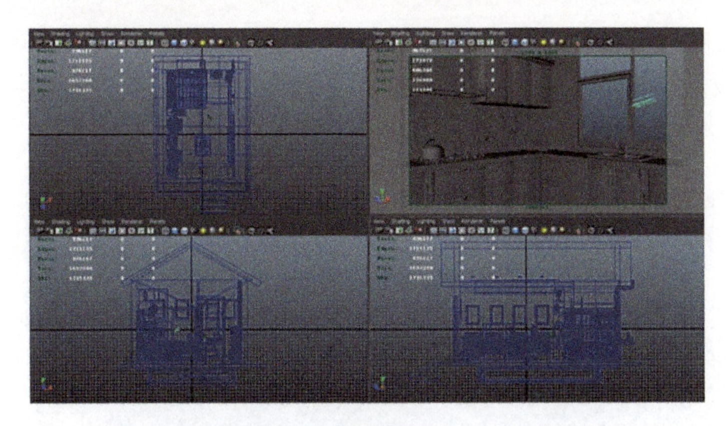

图 7-6

图 7-7

在渲染设置器里设置 Image Size，并关闭场景默认灯光，如图 7-8 所示。

图 7-8

在渲染设置面板中打开渲染场景对话框，然后在 Rending Using（渲染使用）卷展栏中将渲染器设置为 Mental Ray，在 Quality（质量）选项卡上将 Quality Presets 设置为 Production，将 Filter 设置为 Gauss 并设置参数，如图 7-9 所示。

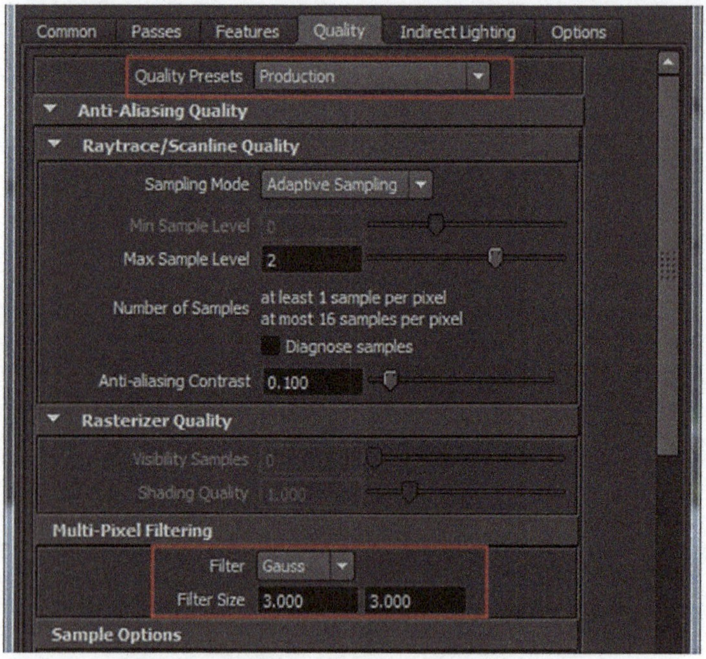

图 7-9

渲染出图，效果如图 7-10 所示。

图 7-10

步骤 2　设置场景环境辅助光

在创建面板中选择标准的 Area Light（区域光）命令，然后在场景中调节此光的位置，如图 7-11 所示。

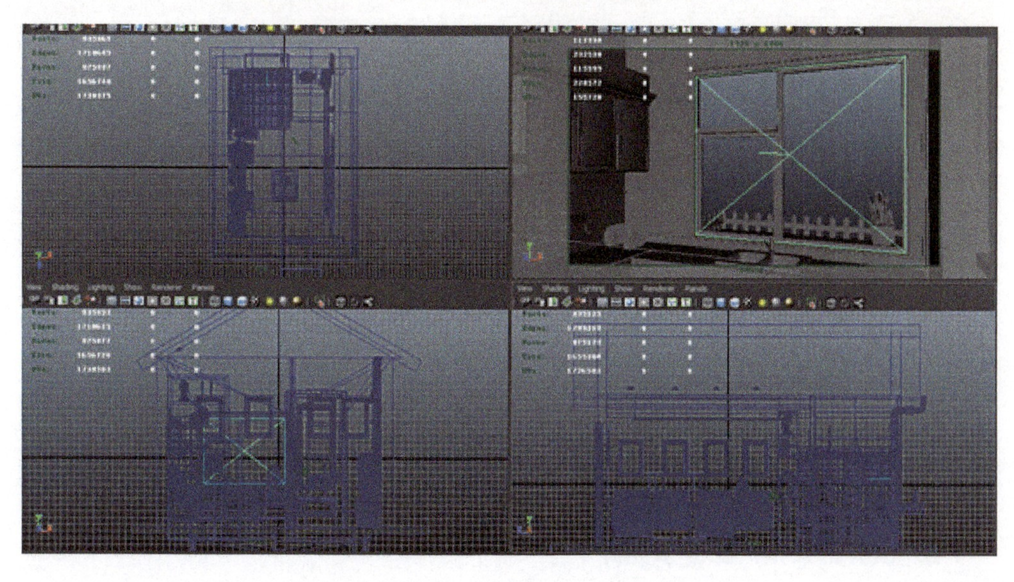

图 7-11

选中 Area Light，在灯光的属性面板，设置 Color 为淡黄色（比 Directional Light 的 Color 更淡）、Intensity（强度）为 0.4；在 Depth Map Shadow Attributes（深度贴图阴影属性）下面勾选 Use Depth Map Shadows，设置 Resolution 的参数为 2048，Filter Size 参数为 10，如图 7-12 所示。

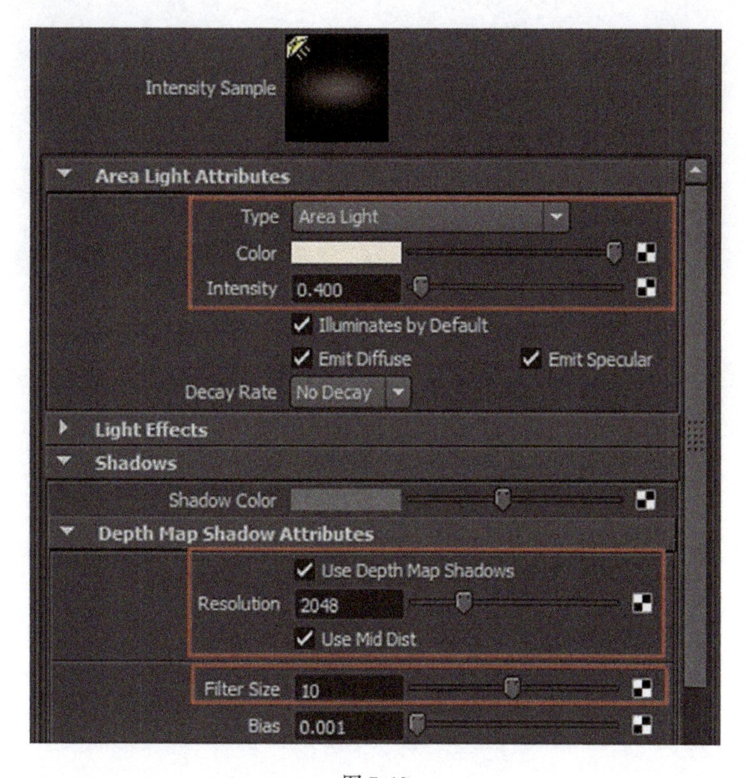

图 7-12

渲染出图，效果如图 7-13 所示。

图 7-13

步骤 3　设置场景室内二级主光源

在创建面板中选择标准的 Point Light（点光源）命令，然后在场景中调节此光的位置，如图 7-14 所示。

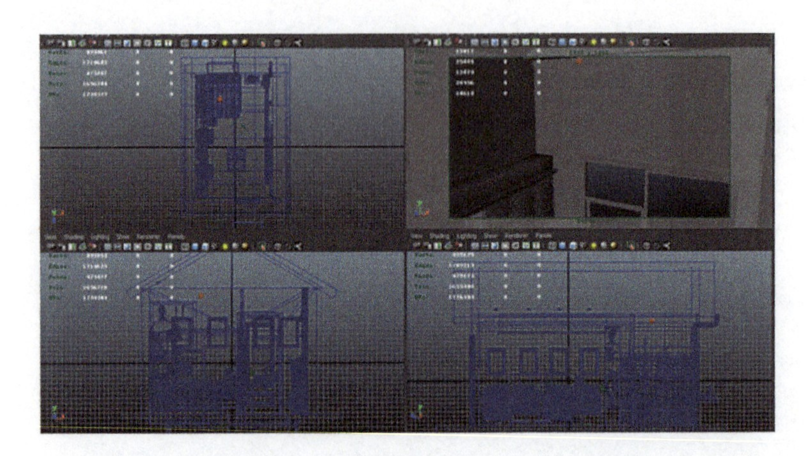

图 7-14

选中 Point Light，在灯光的属性面板，设置 Intensity（强度）为 0.8，如图 7-15 所示。

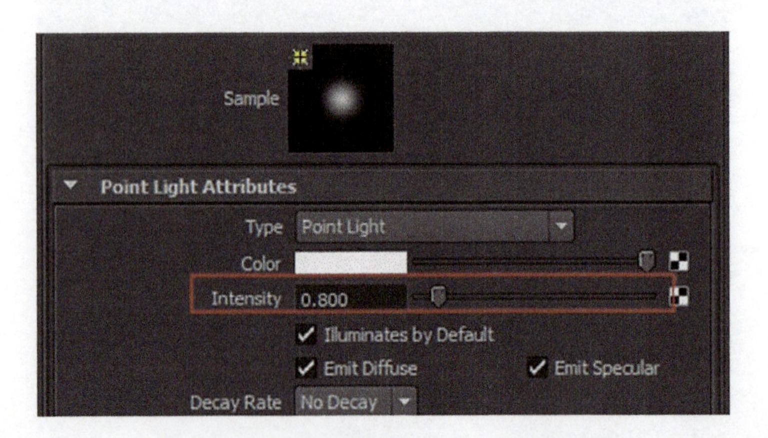

图 7-15

渲染出图，效果如图 7-16 所示。

图 7-16

步骤 4　设置最终聚集

打开 Render Settings（渲染设置）窗口，在 Global Illumination 面板中勾选 Global Illumination 和 Final Gathering，如图 7-17 所示。

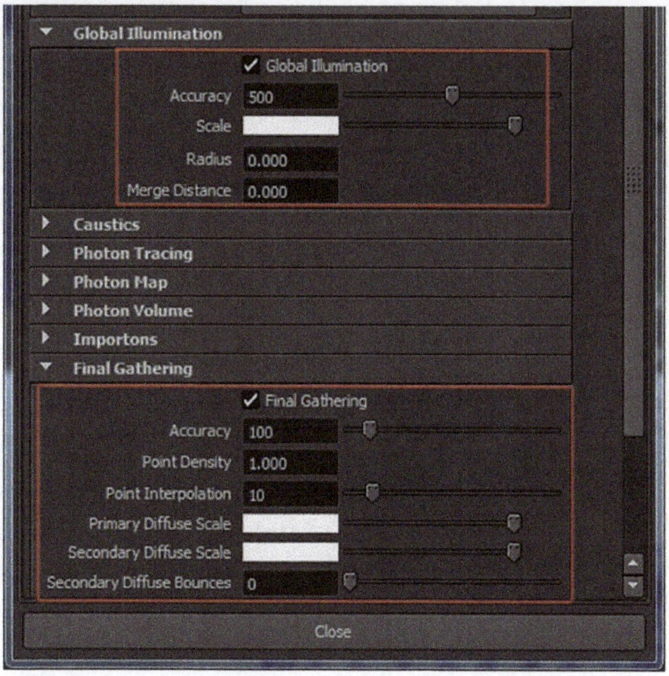

图 7-17

提高 Final Gathering 和 Global Illumination 的 Accuracy 的值，可以提高渲染的品质。渲染出图，效果如图 7-18 所示。

图 7-18

步骤 5 模拟室外天空环境光线

在透视图中创建 NURBS Sphere，删除一半调节位置，如图 7-19 所示。

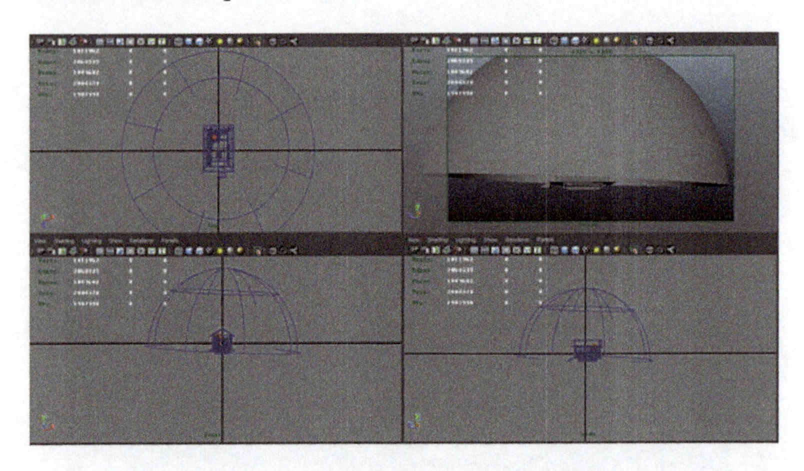

图 7-19

然后，在 NURBS Sphere 上贴一张傍晚的 HDR 贴图。如果出现如图 7-20 所示的情况，改变贴图 UV 方向，如图 7-21 和图 7-22 所示。

图 7-20

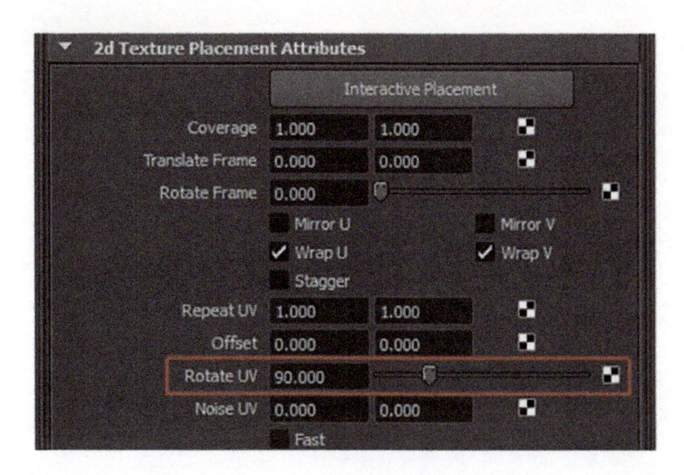

图 7-21

图 7-22

若出现如图 7-23 所示的情况，即画面中无主光阴影，原因是环境球遮挡了平行光的照明；通过执行 Window → Relationship Editors → Light Linking 命令操作，取消主光源对环境球的照明，效果如图 7-24 所示。

图 7-23

图 7-24

任务5-2 墙面、地面材质制作

本项目中的墙面、地面材质都是瓷砖。打开 Hypershade（材质编辑器），创建一个 Blinn 材质球，将其赋给墙面和地面，并重命名为 dimian。打开 Blinn 材质球的属性面板，选择 Color（颜色）通道后的节点连接按钮，创建 File（文件）节点；然后在 Image Name（文件名称）属性中添加瓷砖材质的贴图 07_dimian，如图 7-25 所示。

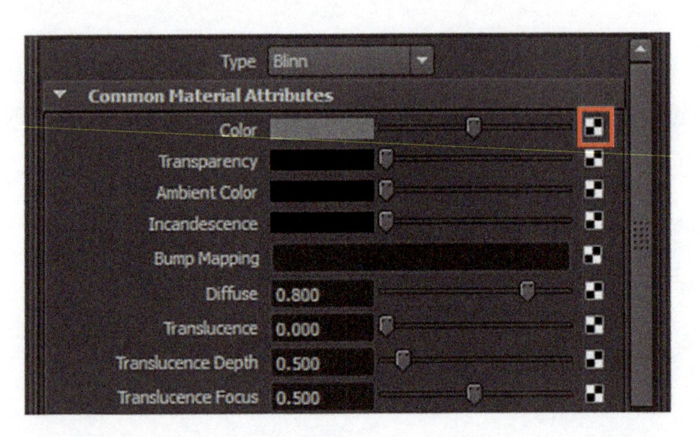

图 7-25

回到 Blinn 材质球的属性面板中，将 Eccentricity（偏心率）调整为 0.09，将 Specular Roll Off（镜面反射衰减）调整为 0.2，将 Specular Color（镜面反射颜色）调整为（R：255；G：255；B：255），将 Reflectivity（反射率）调整为 0.1，如图 7-26 所示。

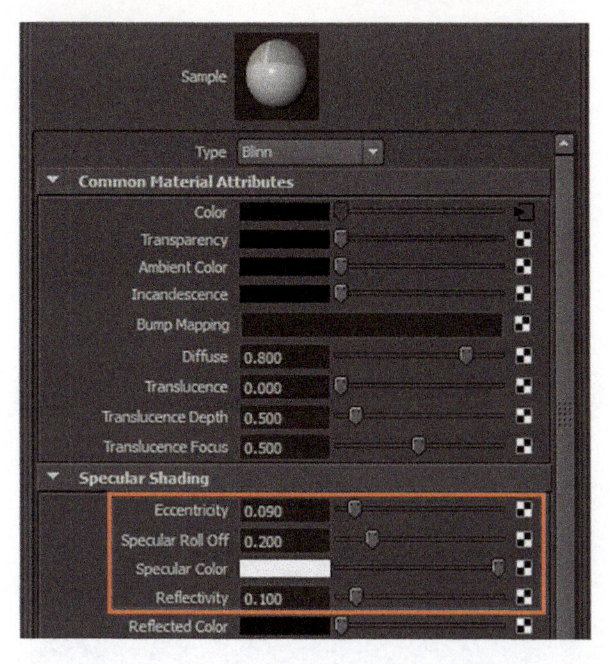

图 7-26

墙面、地面材质添加 File（文件）贴图后的渲染效果如图 7-27 所示。

图 7-27

任务5-3 台面材质制作

本项目中的台面材质是大理石。打开 Hypershade（材质编辑器），创建一个 Blinn 材质球，将其赋给台面。打开 Blinn 材质球的属性面板，选择 Color（颜色）通道后的节点连接按钮；然后创建 File（文件）节点，在 Image Name（文件名称）属性中添加大理石材质贴图 07_taimian，如图 7-28 所示。

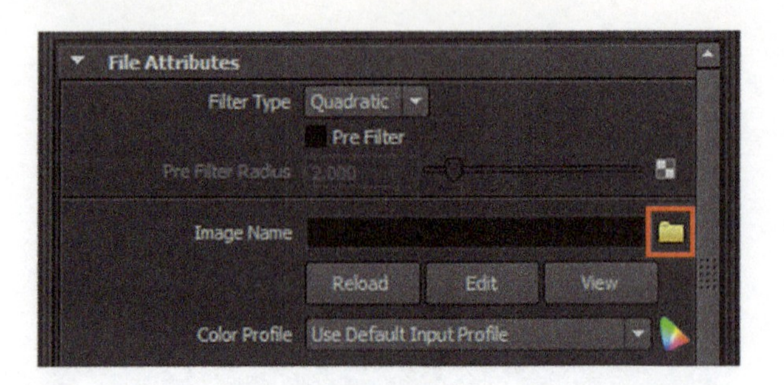

图 7-28

在 Blinn 材质球的属性面板中，将 Eccentricity（偏心率）调整为 0.15，将 Specular Roll Off（镜面反射衰减）调整为 0.3，将 Specular Color（镜面反射颜色）调整为（R：160；G：160；B：160），将 Reflectivity（反射率）调整为 0.1，如图 7-29 所示。

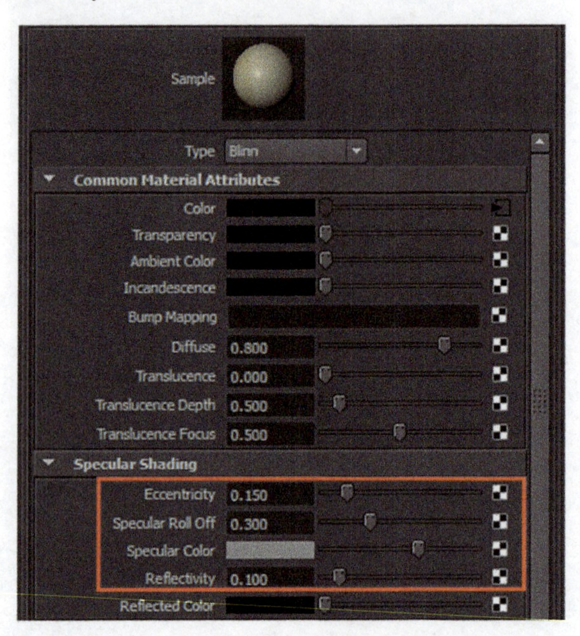

图 7-29

台面材质添加 File（文件）贴图后的渲染效果如图 7-30 所示。

图 7-30

任务5-4 不锈钢材质制作

本项目中的水壶是不锈钢材质。打开 Hypershade（材质编辑器），创建一个 Blinn 材质球，将其赋给水壶，并重命名为 shuihu。打开 Blinn 材质球的属性面板，将 Color（颜色）调整为（R：0；G：0；B：0），将 Diffuse（漫反射）调整为 1.0，将 Eccentricity（偏心率）调整为 0.07，将 Specular Roll Off（镜面反射衰减）调整为 1.0，将 Specular Color（镜面反射颜色）调整为（R：255；G：255；B：255），将 Reflectivity（反射率）调整为 1。选择 Reflected Color（反射颜色）的贴图制作选项，创建 File（文件）节点，在 Image Name（文件名称）属性中添加不锈钢反射贴图 07_fanshetietu，如图 7-31 所示。

图 7-31

不锈钢材质调整参数后的效果如图 7-32 所示。

图 7-32

任务5-5 炉火材质制作

本项目中的炉火是蓝色炉火的材质。打开 Hypershade（材质编辑器），创建一个 Lambert 材质球，将其赋给炉火，并重命名为 huoyan:lambert2。打开 Lambert 材质球的属性面板，选择 Color（颜色）的贴图制作选项，然后创建 Ramp（渐变）节点，如图 7-33 所示。

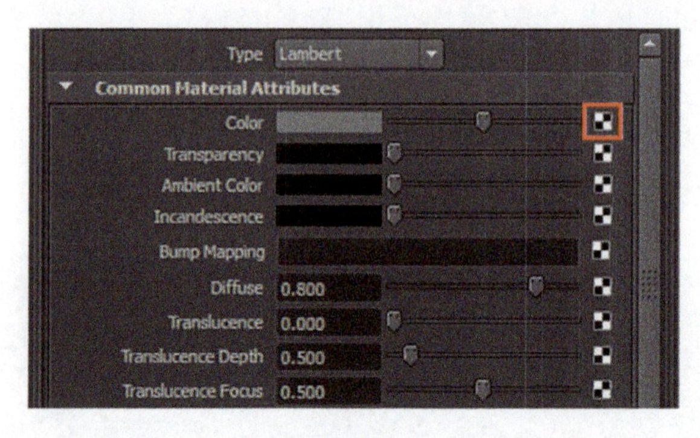

图 7-33

在 Ramp（渐变）节点的属性面板中，将 Type（类型）调整为 V Ramp，Interpolation（插值）调整为 Linear。选择一个控制柄，将 Selected Position（选定位置）调整为 1，将 Selected Color（选定颜色）调整为（R：20；G：20；B：70）；选择另一个控制柄，将 Selected Position（选定位置）调整为 0，将 Selected Color（选定颜色）调整为（R：10；G：10；B：40），如图 7-34 所示。

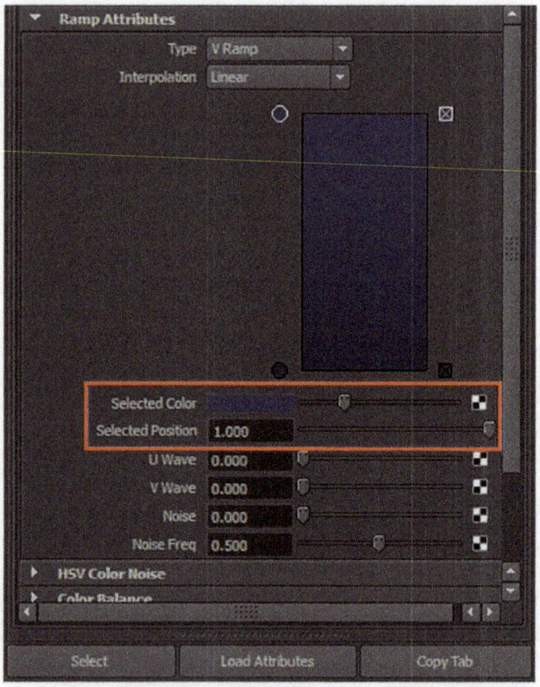

图 7-34

炉火材质的 Color（颜色）添加 Ramp 节点后的效果如图 7-35 所示。

图 7-35

为了加强炉火的亮度，需要调整 Lambert 材质球的 Incandescence（白炽度）属性。选择 Incandescence（白炽度）的贴图制作选项，创建 Ramp（渐变）节点如图 7-36 所示。

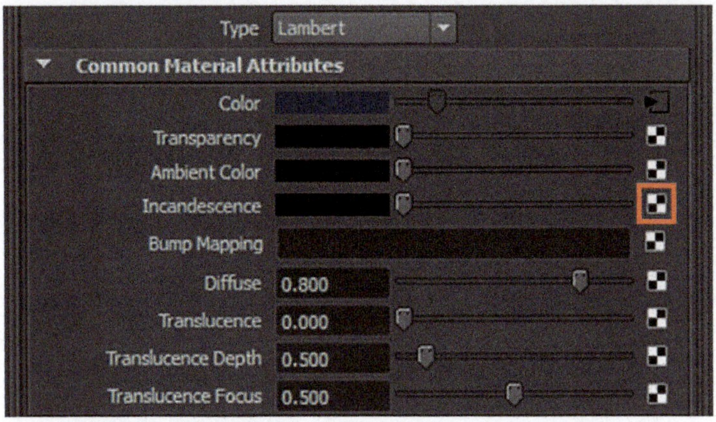

图 7-36

在 Ramp（渐变）节点的属性面板中，将 Type（类型）调整为 V Ramp，将 Interpolation（插值）调整为 Linear。选择一个控制柄，将 Selected Position（选定位置）调整为 0.915，将 Selected Color（选定颜色）调整为（R：0；G：0；B：0）；选择另一个控制柄，将 Selected Position（选定位置）调整为 0.035，将 Selected Color（选定颜色）调整为（R：120；G：125；B：255），如图 7-37 所示。

打开 Hypershade（材质编辑器），创建 Sampler Info（采样点信息）节点。将 Sampler Info（采样点信息）节点的 Facing Ratio 属性与 Ramp 节点的 vCoord 属性连接起来，如图 7-38 所示。

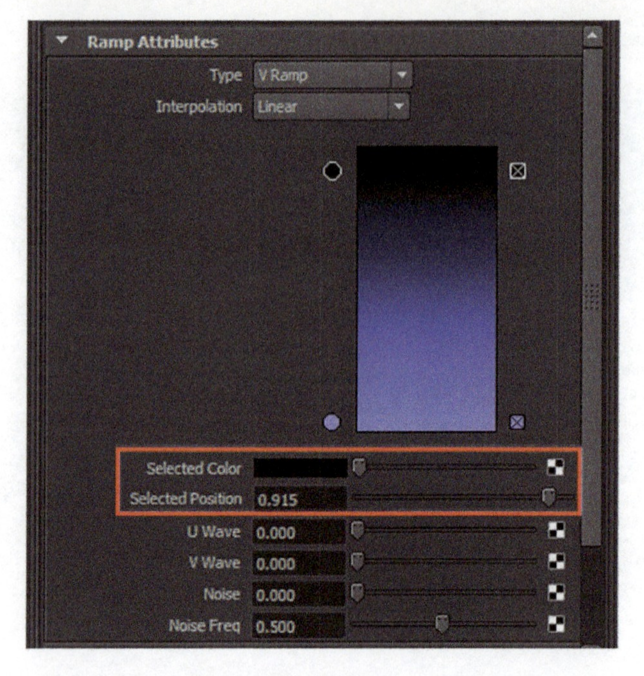

图 7-37

图 7-38

炉火材质的 Incandescence（白炽度）添加 Ramp 节点后的效果如图 7-39 所示。

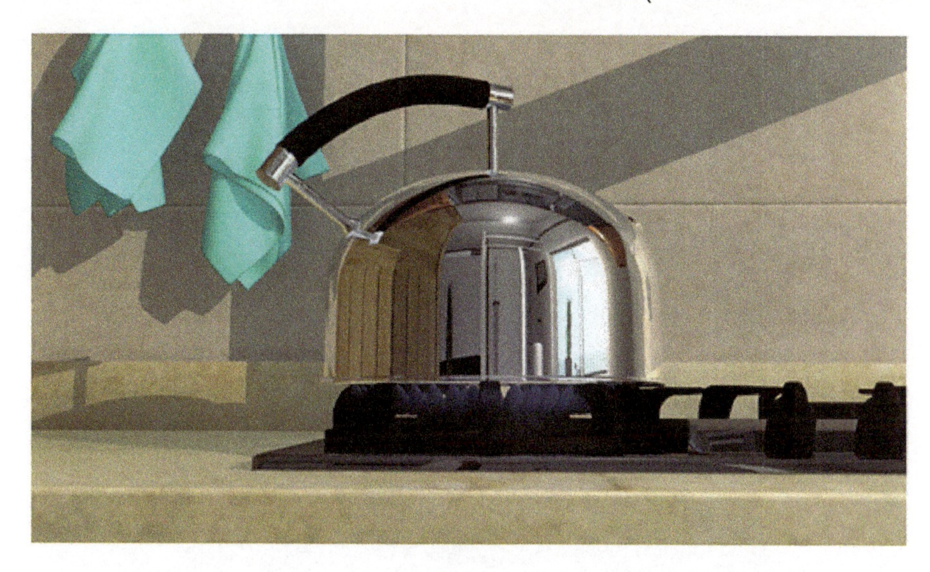

图 7-39

为了模拟出更真实的炉火效果，需要调整 Lambert 材质球的 Transparency（透明度）属性。选择 Transparency（透明度）的贴图制作选项，创建 Ramp（渐变）节点，如图 7-40 所示。

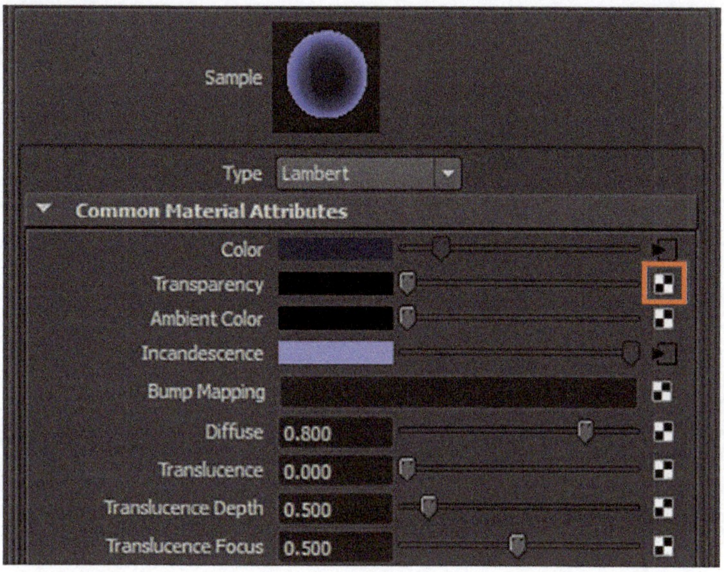

图 7-40

在 Ramp（渐变）节点的属性面板中，将 Type（类型）调整为 V Ramp，将 Interpolation（插值）调整为 Linear。选择一个控制柄，将 Selected Position（选定位置）调整为 0.815，将 Selected Color（选定颜色）调整为（R：70；G：70；B：255）；选择另一个控制柄，将 Selected Position（选定位置）调整为 0.055，将 Selected Color（选定颜色）调整为（R：0；G：0；B：255），如图 7-41 所示。

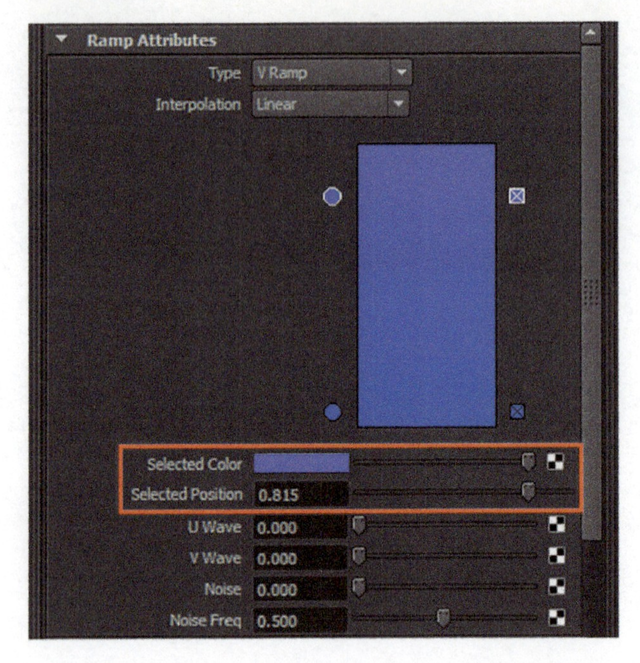

图 7-41

打开 Hypershade（材质编辑器），创建 Sampler Info（采样点信息）节点。将 Sampler Info（采样点信息）节点的 Facing Ratio 属性与此 Ramp 节点的 vCoord 属性连接起来。

炉火材质的 Transparency（透明度）添加 Ramp 节点后的效果如图 7-42 所示。

图 7-42

任务5-6　分层渲染

步骤 1　渲染 Color 层

在属性面板中找到 Render（渲染），然后新建一个空层，并命名为 Color，如图 7-43 所示。

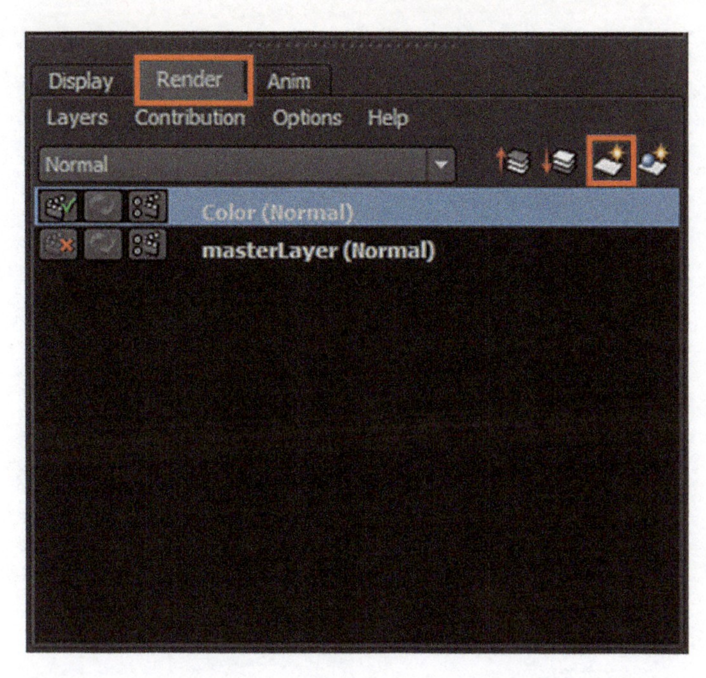

图 7-43

选中场景中的所有物体，添加到 Color 层中，然后执行 Window → Relationship Editors → Light Linking → Light-Centric 命令，取消主光源对环境球和窗户玻璃的照明，如图 7-44 所示。

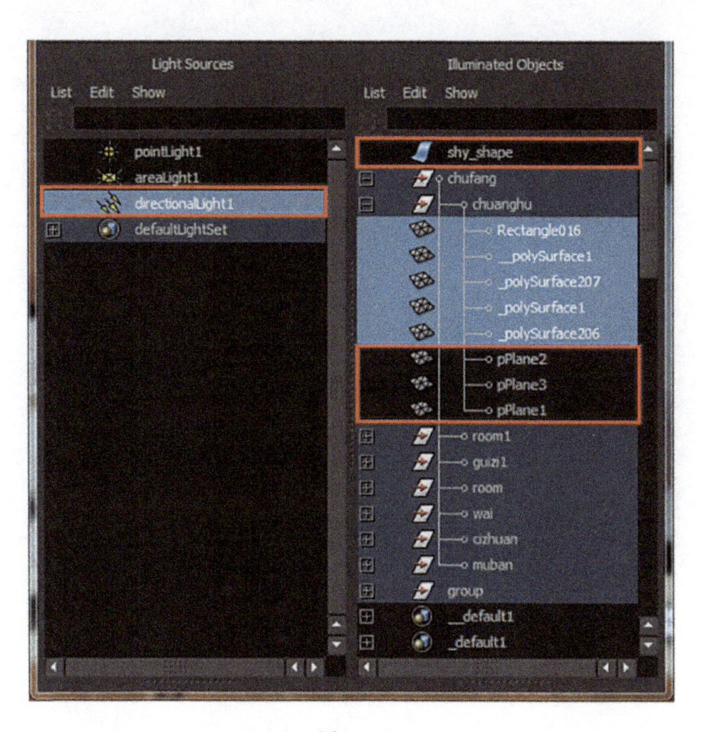

图 7-44

Color 渲染层的渲染效果如图 7-45 所示。

图 7-45

步骤 2　渲染 AO 渲染层

在 Render（渲染）中新建一个空层，并命名为 AO，如图 7-46 所示。

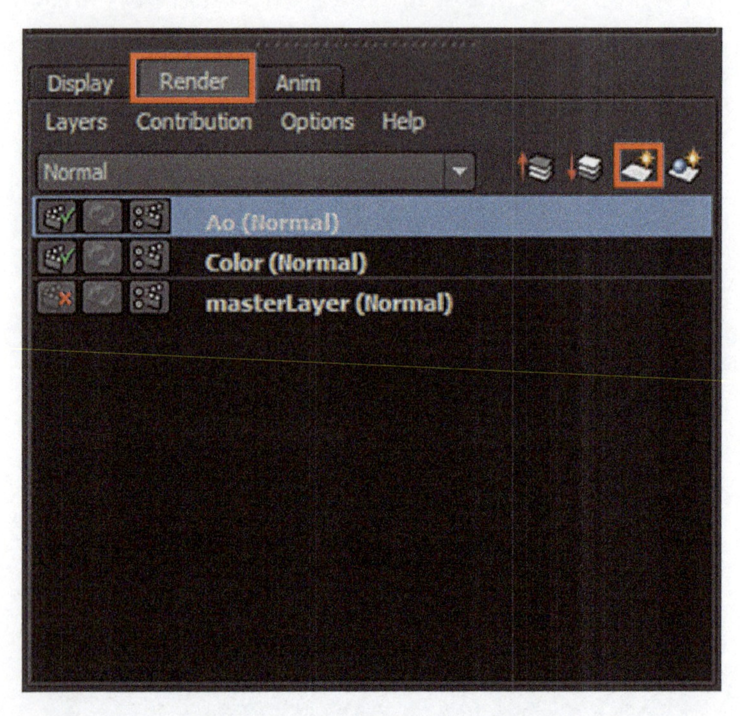

图 7-46

选中场景中的所有物体（除去灯光、环境球和窗户玻璃），并添加到 AO 层中。

打开 Hypershade（材质编辑器），创建一个 Surface Shader 材质球，将其赋给 AO 渲染层中的所有物体，如图 7-47 所示。

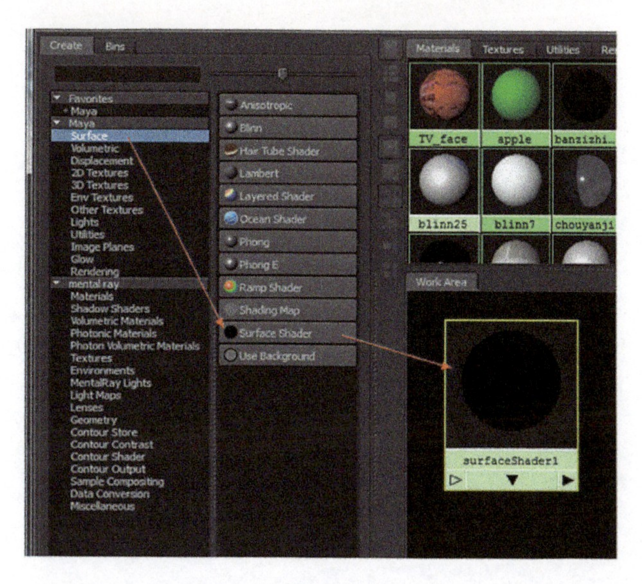

图 7-47

在 Surface Shader 材质球的属性面板中，选择 Out Color（输出颜色）的贴图制作选项，创建一个 mib_amb_occlusion 节点，如图 7-48 和图 7-49 所示。

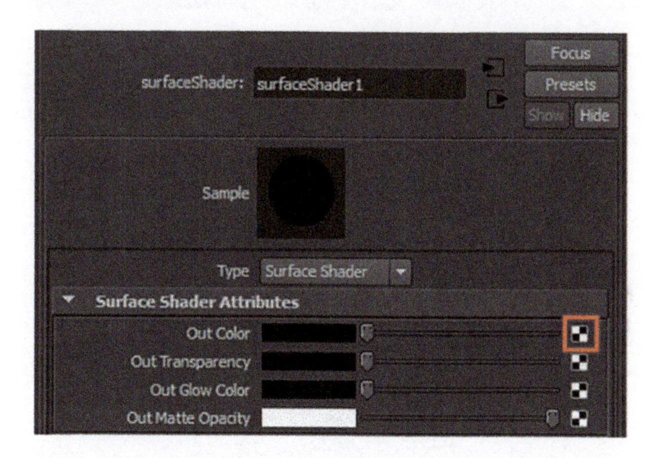

图 7-48

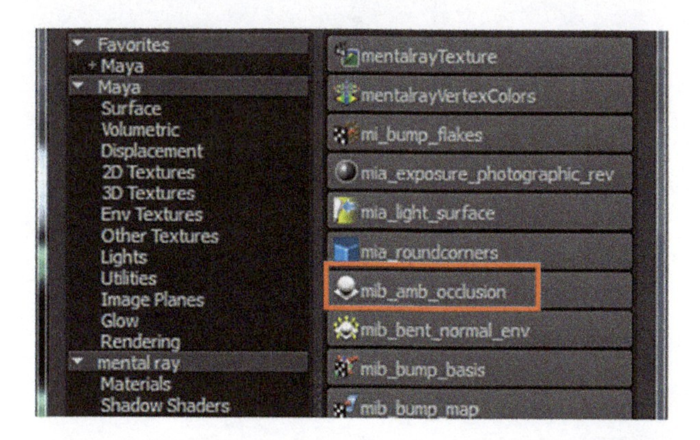

图 7-49

在 mib_amb_occlusion 节点的属性面板中，将 Samples（采样）调整为 512，将 Spread（扩展）调整为 0.4，将 Max Distance（最大距离）调整为 5，如图 7-50 所示。

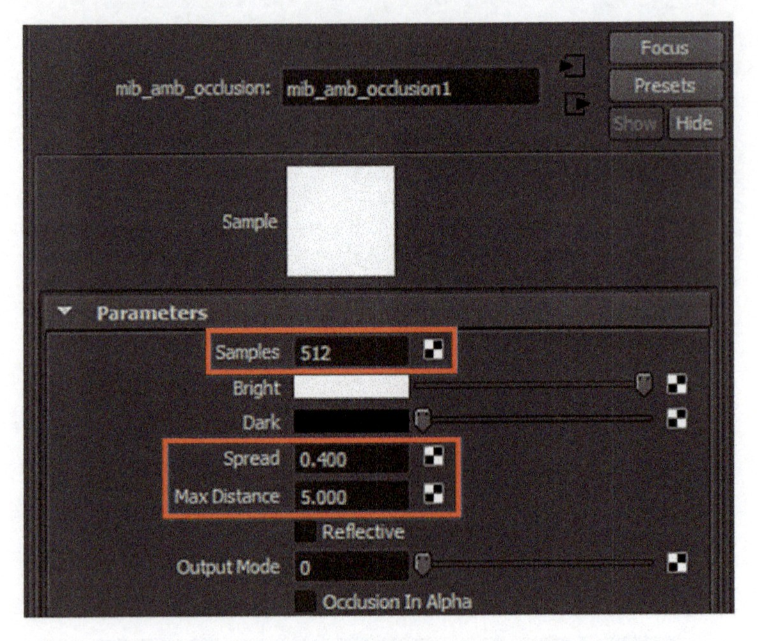

图 7-50

AO 渲染层的渲染效果如图 7-51 所示。

图 7-51

步骤 3　分层渲染输出

打开渲染设置，在 Common（公用）中输入 File name prefix（文件名前缀）并选择 Image Format（图像格式）；在 Presets（预设）中选择图像预设尺寸，或在 Width（宽度）和 Height（高度）中输入自定义的图像尺寸，如图 7-52 所示。

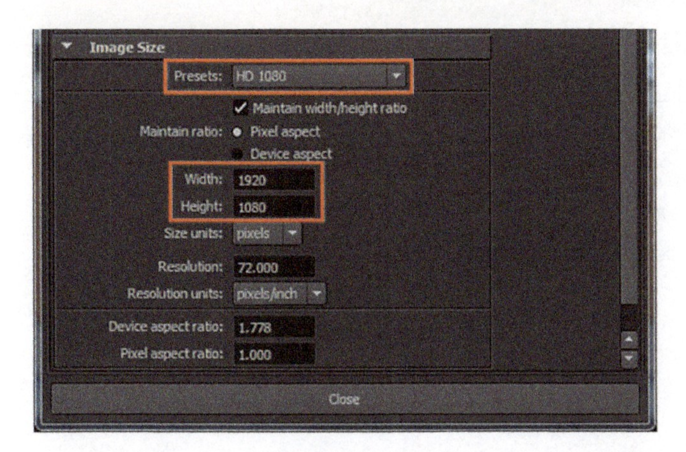

图 7-52

在Quality（质量）选项中，将Quality Presets（质量预设）调整为Production，如图7-53所示。

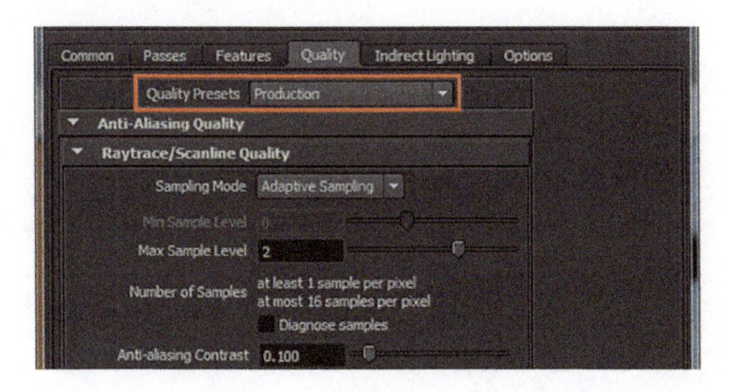

图 7-53

在 Maya 主菜单 Rendering 模块中，打开 Render 选项，然后选择子菜单 Batch Render，如图 7-54 所示。

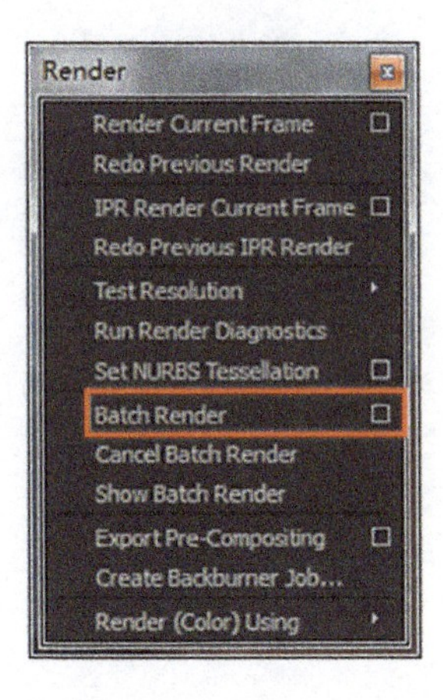

图 7-54

注意：输出的图片在工程目录的 image 文件夹中自动生成 Color 和 AO 两个文件夹。文件夹内是输出的图片文件，如图 7-55 所示。

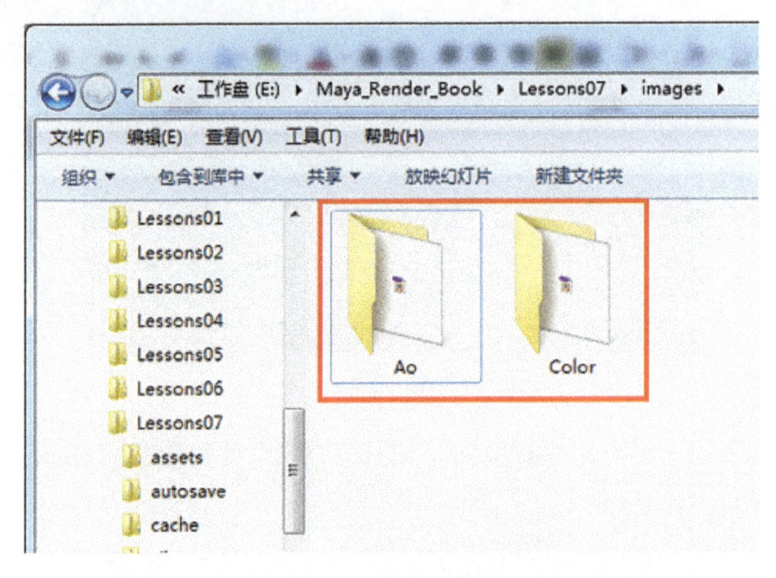

图 7-55

任务5-7 后期合成制作

将渲染出的 AO 文件、Color（颜色）文件在 Photoshop 中打开，将 Color（颜色）文件放置在底层，AO 文件放在上层；然后，将 AO 文件的图层混合模式改为叠加，图层不透明度调整为 50%，图层填充调整为 40%（根据实际情况来调整），如图 7-56 所示；最后，从 Photoshop 输出的图片就是最终渲染的效果，如图 7-57 所示。

图 7-56

图 7-57

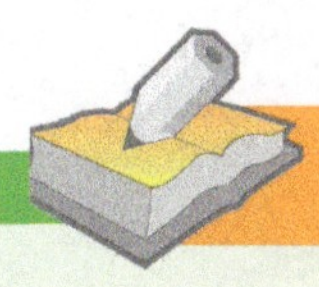

项目总结

本项目综合介绍了如何通过 Maya 默认材质进行物体材质效果的制作，以及利用 Mental Ray 渲染器渲染场景的真实光影效果，使学生可以深入学习动画场景的标准渲染流程、方法和实施步骤。

图 7-58 所示为不锈钢材质的渲染流程，图 7-59 所示为炉火材质的渲染流程。

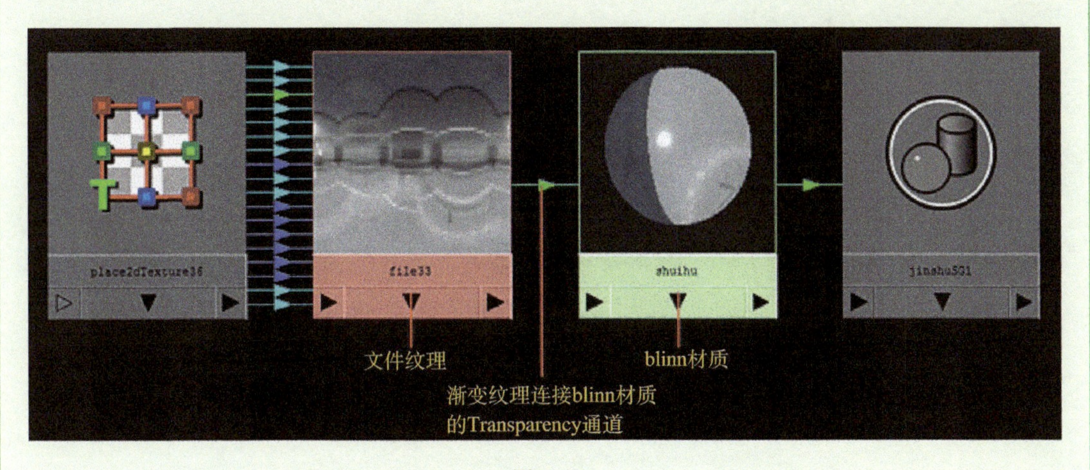

图 7-58

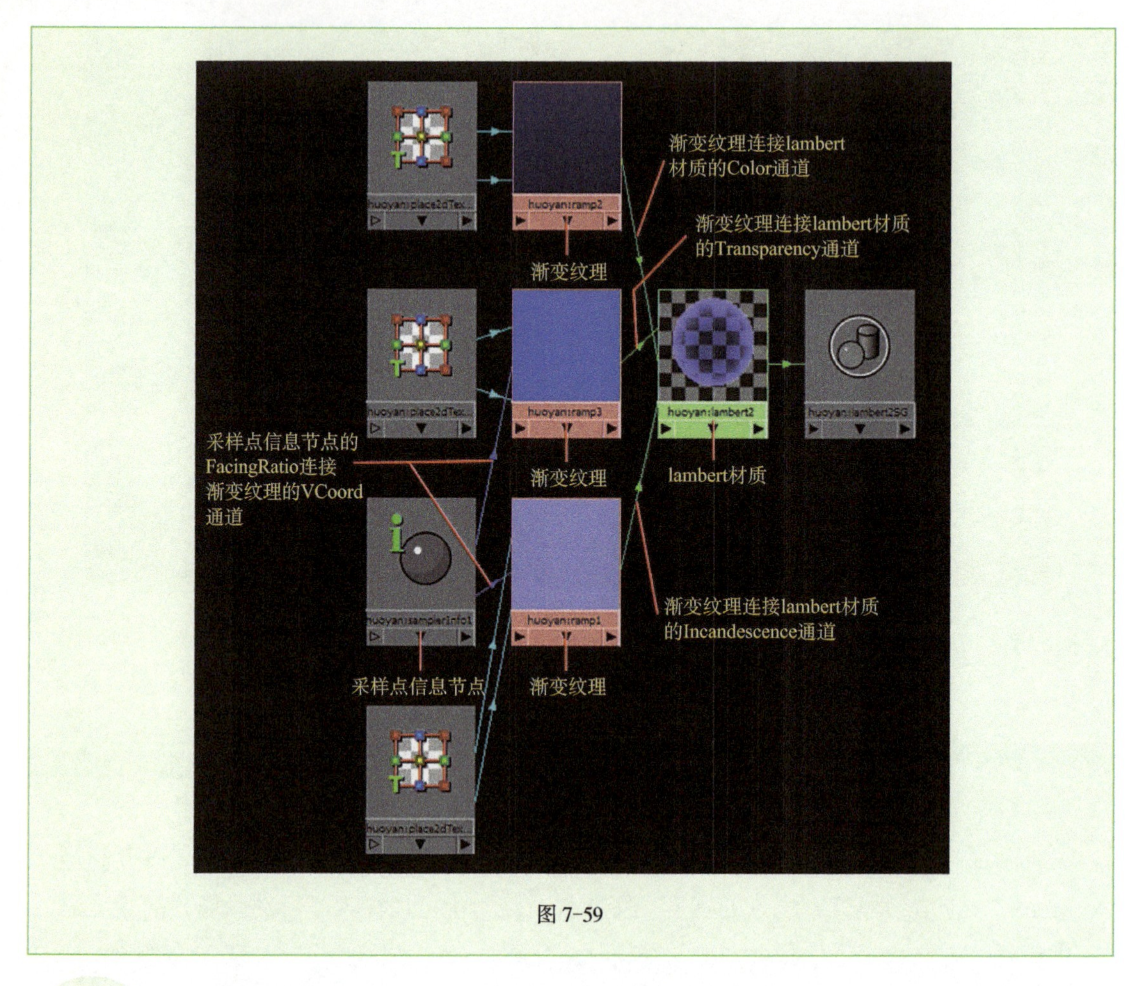

图 7-59

练习实训

实训 5-1　打开教学资源中实训 5-1 对应的室内场景文件，根据教材和教师的指导，完成本项目的渲染。

实训 5-2　打开教学资源中实训 5-2 对应的小木屋场景文件，练习室内场景的渲染。注意室内场景的布光要求，使用环境球和最终聚集模拟全局光照明。

项目6

渲染动画场景——“古镇”制作

1. 项目需求分析

本项目需要完成虚拟展示中关于海边古镇风貌的表现，在 Maya 中模拟其物体与场景的特征，表现出海边古镇独特的历史文化底蕴、古朴沧桑的建筑风貌、中西混合的民俗风情。项目的最终渲染效果如图 8-1 所示。

图 8-1

2. 核心技术分析

本项目的技术核心是室外大场景的布光方法，以及用 Mental Ray 的最终聚集来表现场景中物体之间的漫反射效果，并且用渲染 AO 层的方法来增加光影的细节。

3. 艺术风格分析

本项目的渲染效果在于表现海边古镇的风貌特征，渲染风格写实，对场景中物体的质感和纹理的表现充分考虑现实情况进行真实模拟。为了更好地表现古镇的古朴沧桑，本项目的渲染目标是雨后清晨静谧的气息，阳光采用淡淡的暖色调，给人以怀旧的感觉。

项目背景知识

1. 室外场景布光的特点

室外场景布光实际上是模拟场景布局中真实的光源位置，同时考虑画面艺术效果的表现；布光法则和室内布光法则大致相同，分别为主光、辅助光（漫反射）和天空光。

主光是对物体造型的主要光线，也是画面中最引人注目的光线。主光的性质决定了被摄物体外部形态的塑造、立体感和质感的表现，以及画面空间深度的塑造。主光也是场景外部形态塑造和主题表达的重要创作元素之一。

辅助光是补充主光照明背面的光，其强度不能高于主光。辅助光的作用减轻了因主光照射造成的生硬阴影，也减弱了受光面与背光面的反差，更好地表现出背光面的细节和立体感，从而完整地表现被摄物体的外部特征，影响画面的基调和趋向气氛。

天空光用于对场景整体效果的进一步修饰，可增加场景的真实性，使之更写实化。

2. 物理天光的使用

物理天光（Physical Sun and Sky）是 Mental Ray 中的一套灯光系统。选择 Physical Sky 时，会自动开启最终聚集功能，它能够非常快速地模拟出现实环境中阳光位置与周围环境色的关系。

在 Mental Ray 渲染设置的间接光（Indirect Lighting）面板中设置环境（Environment）选项，单击创建物理天光（Physical Sun and Sky），如图 8-2 所示。

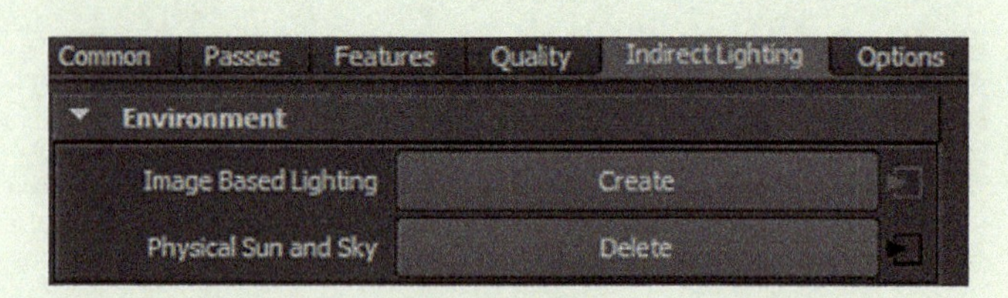

图 8-2

在场景里可以看到，创建了一盏平行光。在 Hypershade 里，可以看到物理天光的节点，如图 8-3 所示。

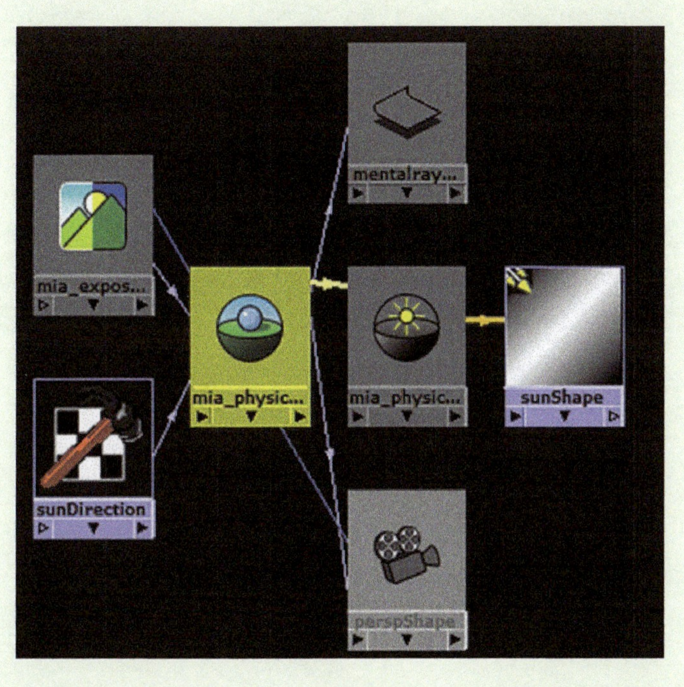

图 8-3

通过属性面板，可以修改相应节点的属性。

在此项目的实施过程中，考虑到场景比较大，布光后渲染会消耗更多的时间，所以先完成材质设置，再进行光影设置其设置流程分别如图 8-4（a）和图 8-4（b）所示。

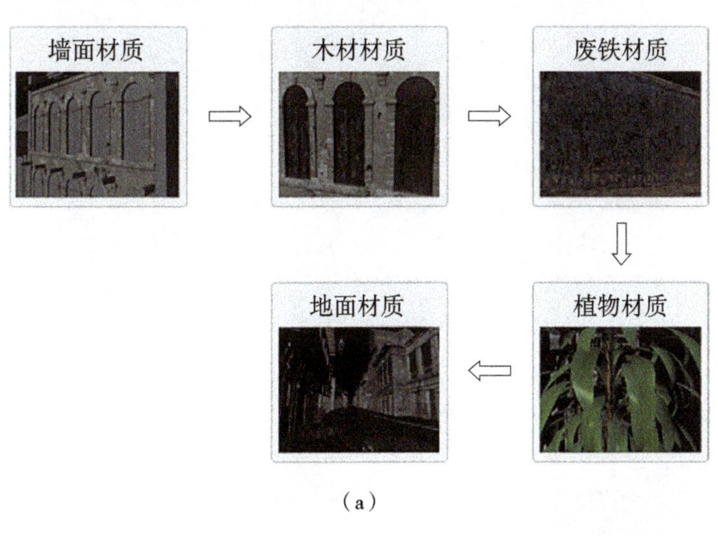

（a）

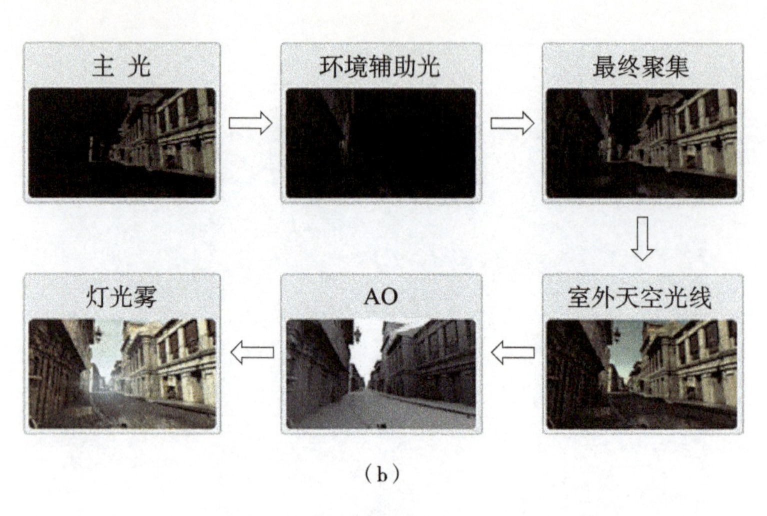

（b）

图 8-4

本项目的光影设置，主要使用 Mental Ray 渲染器模拟真实的海边古镇场景灯光效果；综合分析场景显示光源元素，制定场景布光方案。制作共分 6 个流程：①设置建立场景主光源；②设置场景环境辅助光；③设置 Final Gathering 参数，提升全局照明效果；④模拟室外天空环境光线；⑤设置 AO，提升画面层次；⑥设置灯光雾效，提升场景的真实性。

任务6-1　模型UV整理

步骤 1　先观察场景模型的线框显示状态，如图 8-5 所示。模型很复杂，模型量也很大，而且不利于快速的 UV 设置。

图 8-5

步骤 2　选中模型并执行 Create UVs（创建）→ Planar Mapping（平面映射）命令，修改设置，如图 8-6 所示。

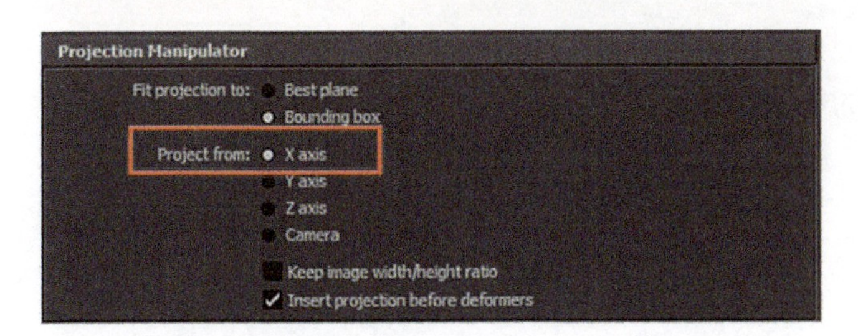

图 8-6

在 UV Texture Editor（UV 纹理编辑器）中查看 UV 目前的形态，如图 8-7 所示。

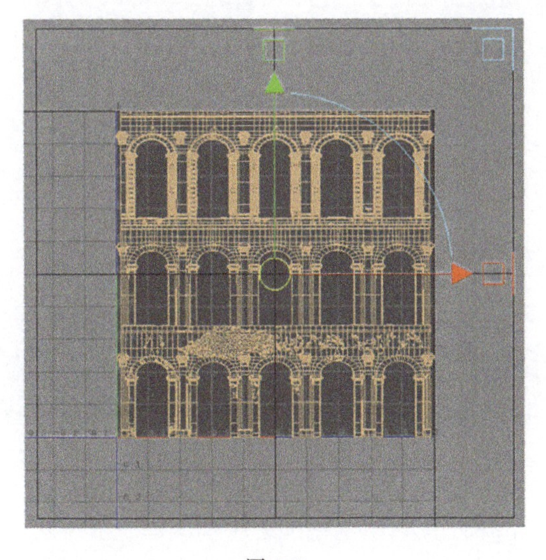

图 8-7

步骤 3 给模型赋予新的材质球，并赋予一张如图 8-8 所示的贴图，以便观察 UV 是否平整、拉伸。

图 8-8

进一步整理 UV，并调整位置。拆分好的 UV 如图 8-9 所示。

在透视图中的效果如图 8-10 所示。

图 8-9

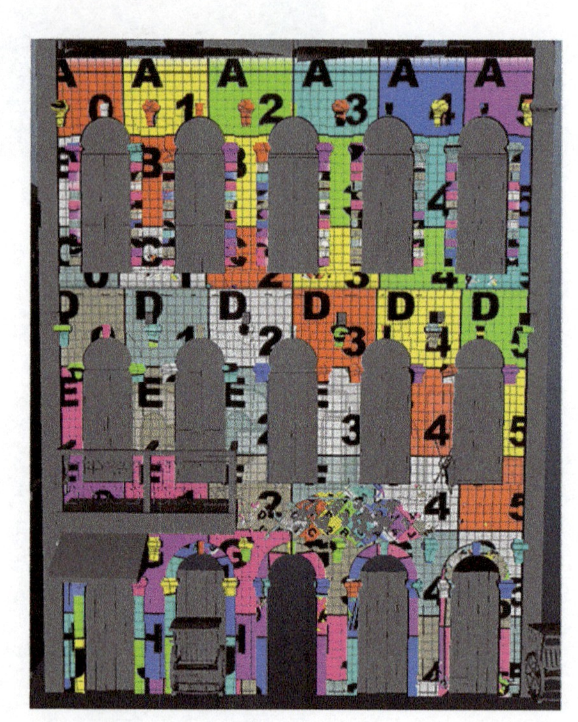
图 8-10

可以看出，UV 非常平整，有利于根据 UV 画贴图。

步骤 4 输出 UV。在 UV Texture Editor（UV 纹理编辑器）中执行 Polygons → UV Snapshot 命令，然后设置 UV Snapshot 中的参数，如图 8-11 所示。

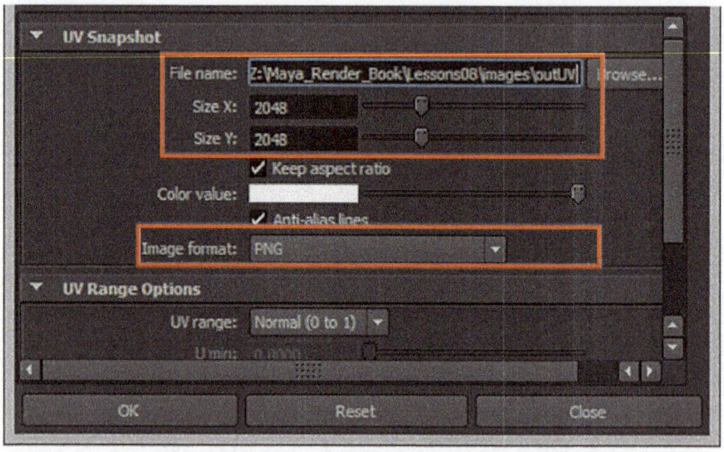

图 8-11

输出 UV，如图 8-12 所示。

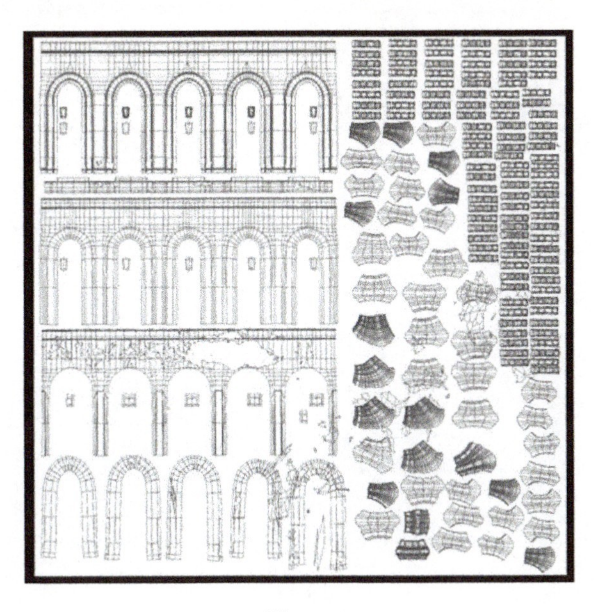

图 8-12

任务6-2 墙面效果制作

步骤 1 制作墙面 Diffuse 贴图。将参考图导入 PS，找到一张类似墙面的贴图，然后在 PS 中对位。将此贴图导入 PS，并命名为 Diffuse，且放置于 Reference 图层下面。在操作视图中的状态如图 8-13 所示。

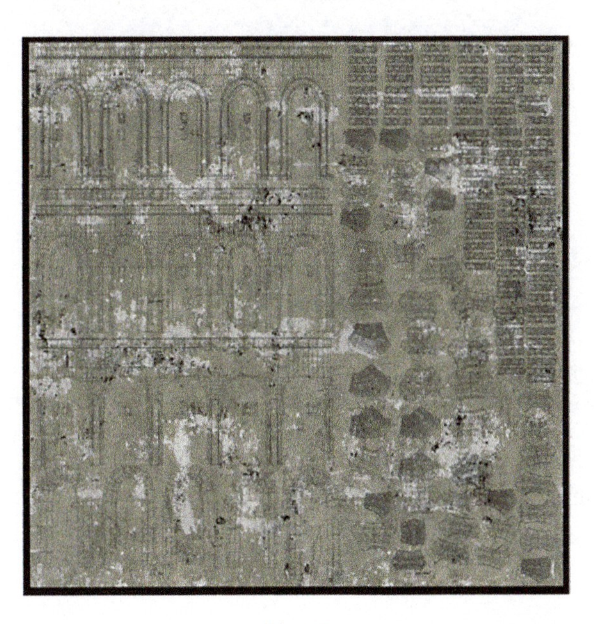

图 8-13

最后的绘制效果如图 8-14 所示。

图 8-14

这样，可以更明确墙面的细节，增强细节的表现。输出此贴图，并命名为 Buliding_one_Diffuse_002。

步骤 2　制作 Normal Map。此贴图的制作可将模型导入雕刻软件进行雕刻，目的是为了增强模型的细节，最后输出如图 8-15 所示。

图 8-15

墙面其他部分的贴图制作方法与此大致相同。下面进行墙面贴图的渲染。需要说明的是，渲染只是为了测试贴图效果，所以都是在场景的默认灯光下进行的。后面将根据需要进行细节调整。

步骤 3　为墙面赋予材质球。创建 Phong 材质球，并赋予选中的模型（见图 8-16），且命名为 Building_one_Phong_001。

图 8-16

步骤 4　设置材质球 Building_one_Phong_001 的参数，如图 8-17 所示。

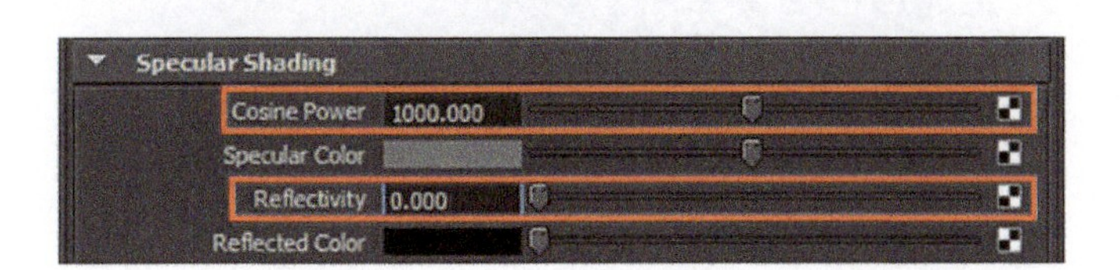

图 8-17

步骤 5　制作墙面贴图。首先创建 Layered Texture，再分别创建两个文件节点，分别贴上 Buliding_one_Diffuse_001 和 Buliding_one_Diffuse_002，作为墙面的底层和外层，如图 8-18 和图 8-19 所示。然后将 Blend Mode 设置为 Multiply，并将 Alpha 的参数设置为 0.5。

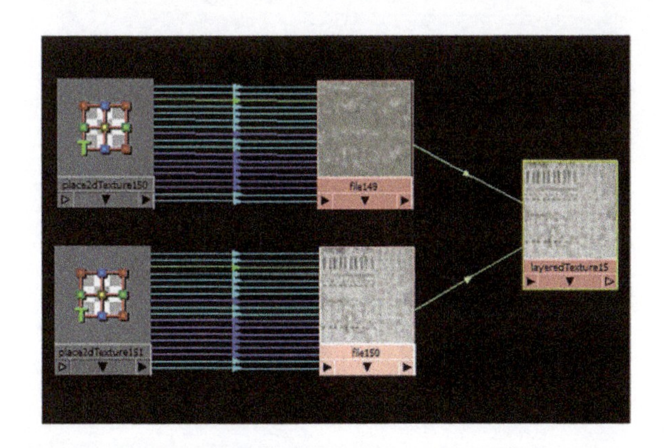

图 8-18

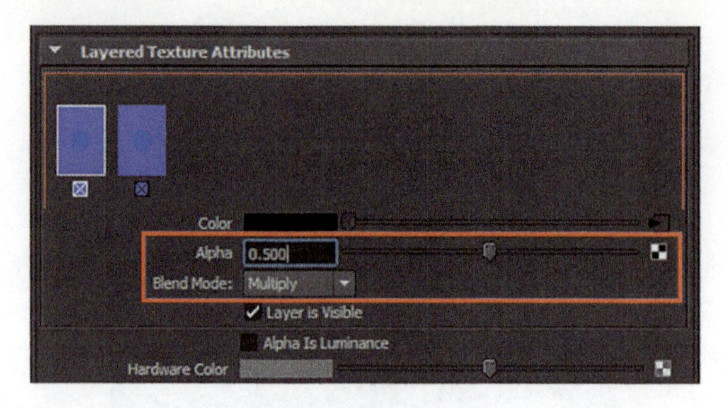

图 8-19

注意：利用鼠标中键可以调整两个贴图的位置。

将混合后的层纹理贴图赋予材质球 Building_one_Phong_001，效果如图 8-20 所示。

图 8-20

步骤 6　赋予墙面一张高光贴图，如图 8-21 所示。

图 8-21

步骤 7 赋予一张 Normal Map，修改 Bump Depth 参数值为 0.05，渲染效果如图 8-22 所示。

图 8-22

任务6-3 木材效果制作

对于木质材质的制作，其贴图制作过程和前述墙面制作一样，不再详细讲解，直接运用画好的贴图赋予材质球。

步骤 1 创建材质 Phong，命名为 Building_one_Window_Phong，并赋予窗户，如图 8-23 所示。

图 8-23

设置材质 Building_one_Window_Phong 的参数。将 Cosine Power 的参数设置为 500，Reflectivity 参数设置为 0.1，如图 8-24 所示。

Specular Shading
Cosine Power 500.000
Specular Color
Reflectivity 0.100
Reflected Color

图 8-24

步骤 2　赋予材质 Building_one_Window_Phong 的 Color 通道一张贴图，如图 8-25 所示。

图 8-25

渲染效果如图 8-26 所示。

图 8-26

步骤 3 赋予材质 Building_one_Window_Phong 的 Specular Color 通道一张贴图，如图 8-27 和图 8-28 所示。

图 8-27

图 8-28

渲染效果如图 8-29 所示。

图 8-29

步骤 4 赋予材质 Building_one_Window_Phong 的 Bump Mapping 通道一张贴图，如图 8-30 所示。

图 8-30

将 Bump Depth 参数值调整为 0.05（见图 8-31），渲染效果如图 8-32 所示。

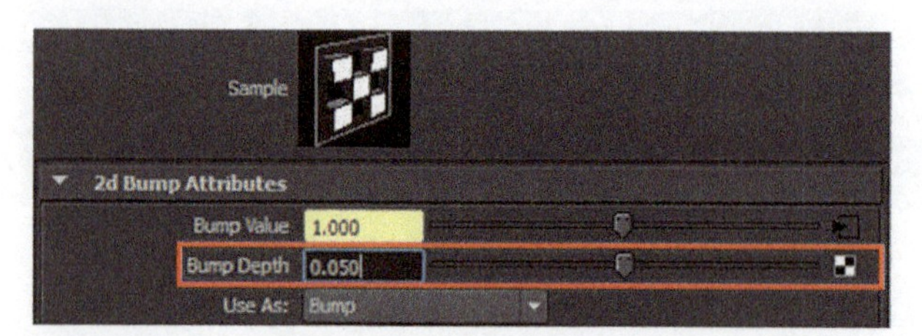

图 8-31

图 8-32

其他木质材质效果制作过程与之类似。

任务6-4 废旧铁效果制作

对于废旧铁效果的制作，贴图纹理的制作同前述类似，这里不再讲解，下面直接进入材质设置环节。

步骤 1　创建材质 Phong，命名为 Building_one_Scrap iron_Phong，然后赋予废铁模型，如图 8-33 所示。

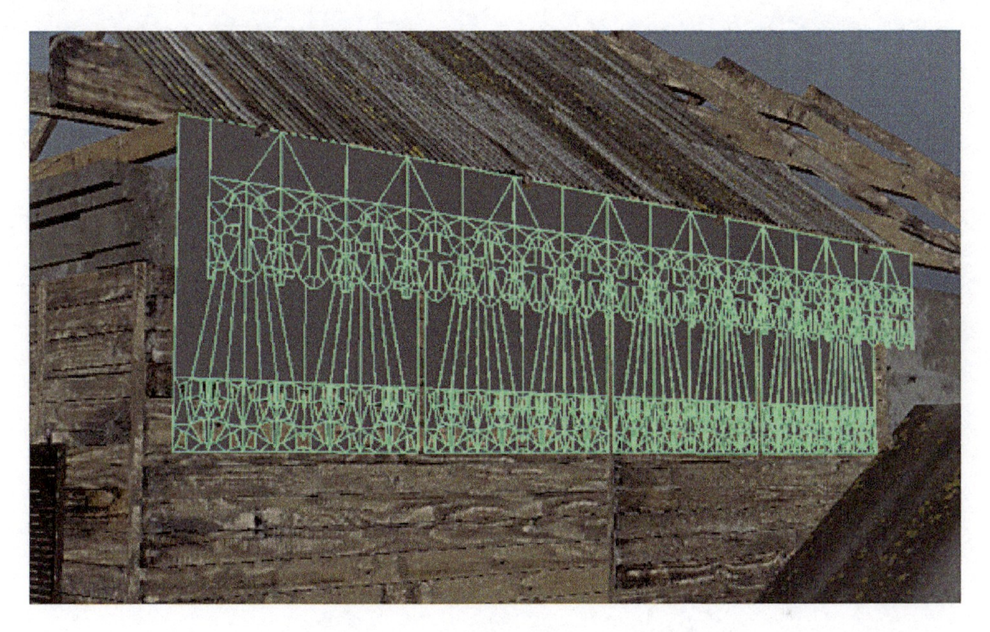

图 8-33

将材质 Building_one_Scrapiron_Phong 的 Cosine Power 的参数设置为 150，Reflectivity 的参数设置为 0.1，如图 8-34 所示。

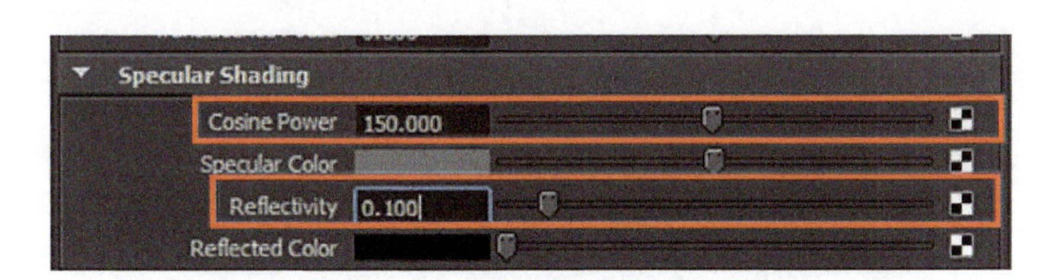

图 8-34

步骤 2　赋予材质 Building_one_Scrapiron_Phong 的 Color 通道一张贴图，如图 8-35 所示。

渲染效果如图 8-36 所示。

图 8-35

图 8-36

步骤 3 赋予材质 Building_one_Scrapiron_Phong 的 Specular Color 通道一张贴图，如图 8-37 和图 8-38 所示。

图 8-37

图 8-38

渲染效果如图 8-39 所示。

图 8-39

步骤 4　赋予材质 Building_one_Scrapiron_Phong 的 Bump Mapping 通道一张贴图，如图 8-40 和图 8-41 所示。

图 8-40

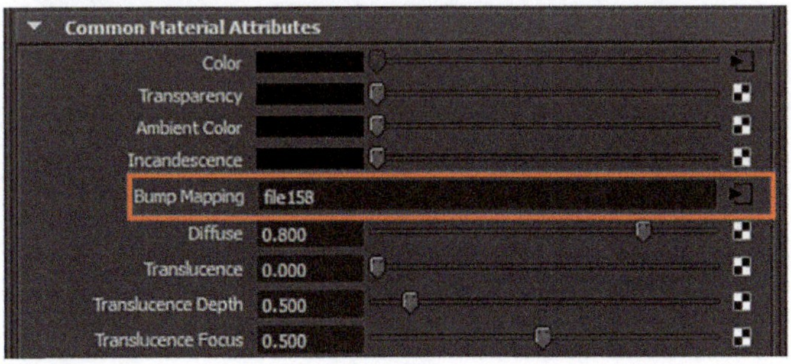

图 8-41

将 Bump Depth 的参数设置为 0.2，渲染效果如图 8-42 所示。

图 8-42

任务6-5 植物材质效果制作

对于植物材质效果的制作，首先要考虑植物的物体特性，大致分为两部分：叶子和树干。这两部分各有特色，下面一一赋予材质。

步骤 1 考虑到树叶具有高光、反射的特点，创建一个 Phong 材质球，并命名为 Tree_Phong_001，然后赋予选中的树叶，如图 8-43 所示。

图 8-43

接下来，调整材质球 Tree_Phong_001 的参数。考虑到树叶的高光没有那么亮，反射没有那么强，所以将 Cosine Power 的参数设置为 100，Reflectivity 的参数设置为 0.2，Specular Color 的亮度设置为 0.2，如图 8-44 和图 8-45 所示。

图 8-44

图 8-45

然后在材质球 Tree_Phong_001 的 Color 通道上赋一张贴图，如图 8-46 所示。

此时的渲染效果如图 8-47 所示。此时看到的叶子效果还不错。考虑到绿色植物在整个场景中比例很小，所以不再做进一步的细节处理。在光盘教程中有更详细的细节处理。

图 8-46

图 8-47

步骤 2 树干材质效果制作。此材质效果的制作很简单：分析材质的物理特性可以知道，几乎没有高光，没有反射，凹凸比较明显。于是，创建一个材质球，并命名为 Tree_Phong_002，然后赋予树干，如图 8-48 所示。

图 8-48

在材质球 Tree_Phong_002 的 Color 通道上赋一张贴图，表现树干的基本颜色，如图 8-49 所示。

图 8-49

树干此时高光太亮，反射也太大，因此将 Cosine Power 的参数设置为 500，Reflectivity 的参数设置为 0。然后，在材质球 Tree_Phong_002 的 Specular Color 通道上赋一张贴图，用于控制材质球的高光范围，如图 8-50 所示。

此时树干没有凹凸的效果，所以在材质球 Tree_Phong_002 的 Bump Mapping 通道上赋一张贴图，如图 8-51 所示；然后将 Bump Depth 的参数设置为 0.5，渲染效果如图 8-52 所示。

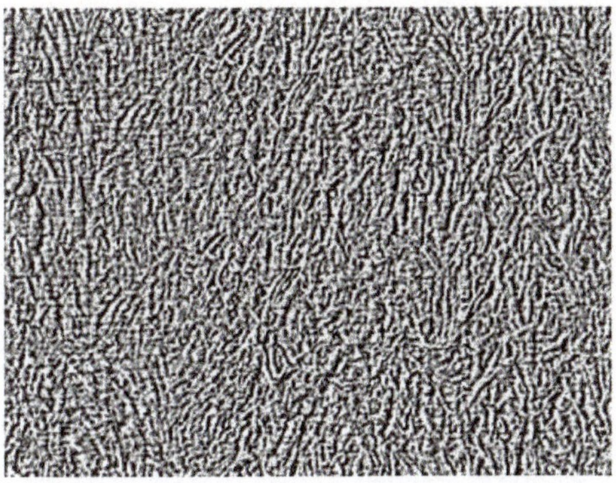

图 8-50

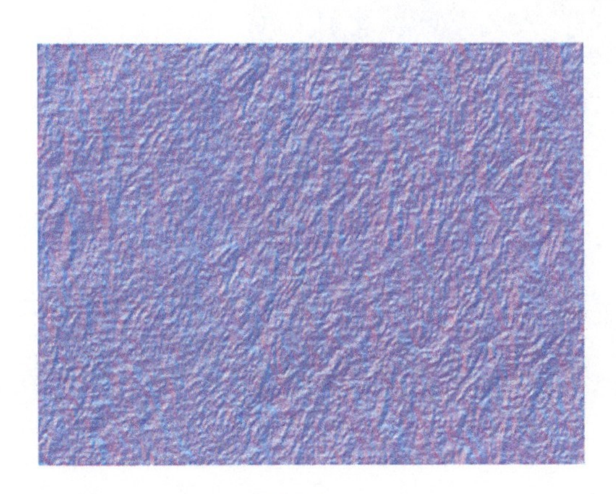

图 8-51

图 8-52

场景中其他材质的制作和上述材质的制作过程大致相同，这里不再讲解。下面详细讲解路面材质的制作。

任务6-6 路面材质效果制作

首先分析路面的物理特性，大致分为三层：一层为路面的基础纹理，二层为基础纹理上面附着的泥土，三层是路面的积水。这里主要运用 Layered Shader 的合成方式表现路面材质，其中利用 Layered Texture 合成贴图，利用 Noise 节点控制贴图的随机性。

步骤 1　首先设置渲染的尺寸、品质，如图 8-53 和图 8-54 所示。

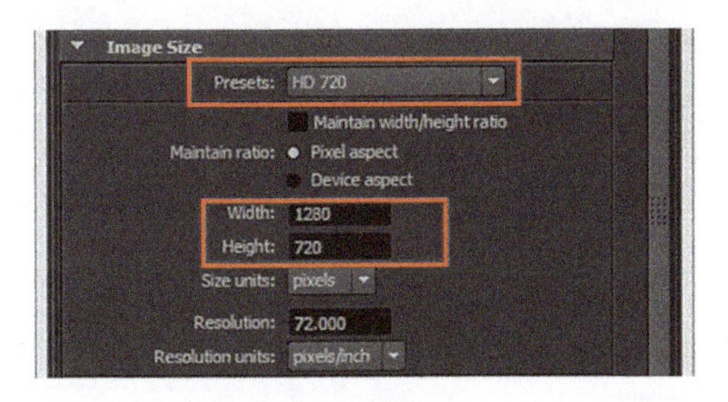

图 8-53

图 8-54

步骤 2　在制作材质之前，先确定路面材质的基础材质。考虑到路面基础层不具有高光、反射等物理特性，所以创建材质球 Lambert，并命名为 Road_Lambert。然后，将材质球 Road_Lambert 赋予路面，如图 8-55 所示。

图 8-55

步骤 3　创建 Layered Texture 节点合成路面基础材质。首先创建两个文件节点，分别作为基础纹理和附着泥土层。两个纹理图片分别如图 8-56 和图 8-57 所示。

图 8-56

图 8-57

将纹理图片分别赋予两个文件节点，再创建一个 Layered Texture 节点来合成这两个文件节点，如图 8-58 所示。

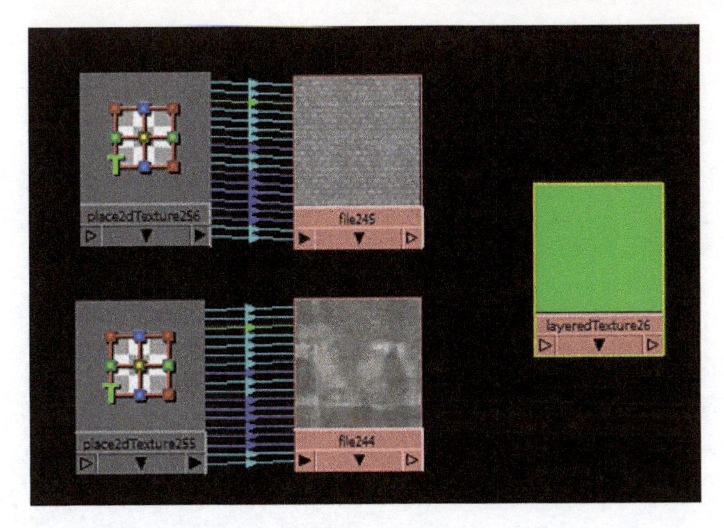

图 8-58

将文件节点 File245 作为基础层赋予 Layered Texture26 节点，用文件节点 File244 叠加，并将 Blend Mode 设置为 Multiply，如图 8-59 所示。

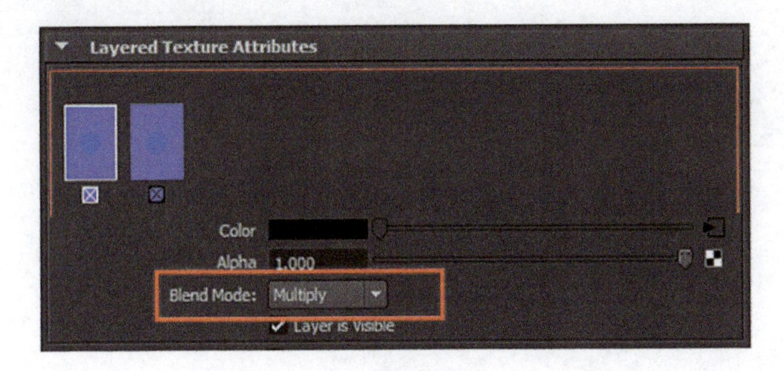

图 8-59

提示：Blend Mode 可以设置为其他模式。经过测试，Multiply 模式的效果最好。

将 Layered Texture26 节点赋予 Road_Lambert 材质球的 Color 通道，渲染效果如图 8-60 所示。

图 8-60

由图 8-60 中可见：基础层纹理分布太大。经过测试，将贴图在 Repeat UV 的分布设置为 12，如图 8-61 所示。渲染效果如图 8-62 所示。

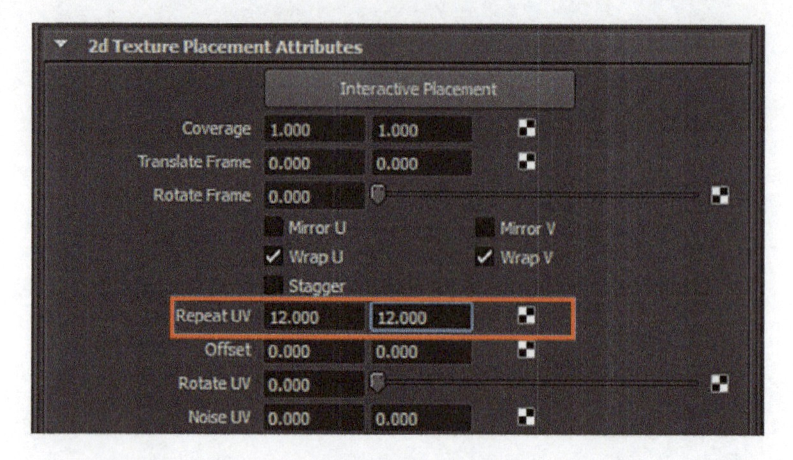

图 8-61

图 8-62

路面的基础色调符合要求，符合湿地面的特性。此时路面很平，没有凹凸感，可以直接用 File245 作为凹凸贴图，用鼠标中键将 File245 赋予 Bump Mapping，如图 8-63 所示。

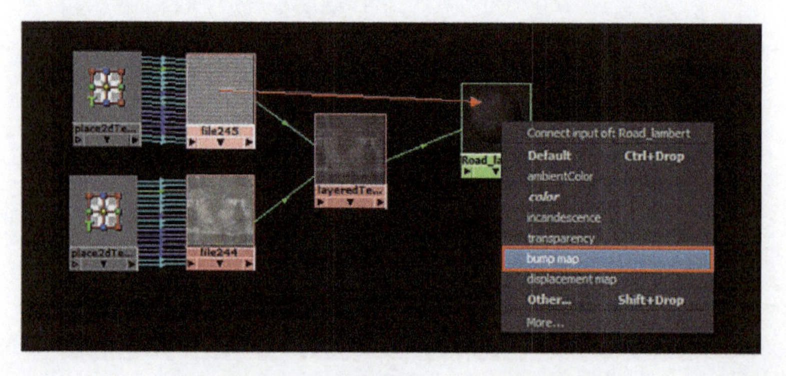

图 8-63

将 Bump Mapping 的参数设置为 0.02，渲染效果如图 8-64 所示。

图 8-64

经过以上操作，我们做出了基本路面纹理。但是，现实中的路面没有这么均匀的灰度，需要再做一层随机的污迹效果。于是，创建一个 Noise 节点，如图 8-65 所示。

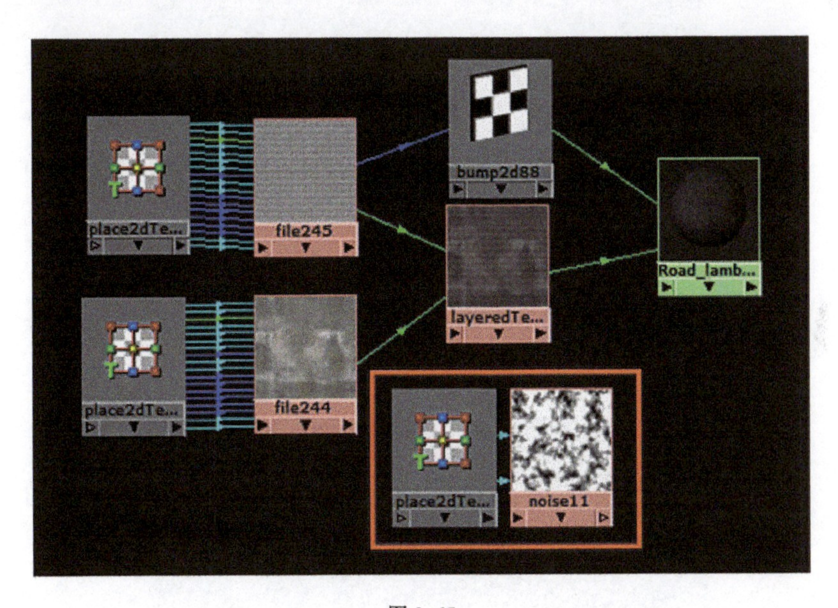

图 8-65

把 Noise11 拖到 Layered Texture26 节点作为最上层，将 Blend Mode 设置为 Multiply，将 Noise 层的 Alpha 参数值设置为 0.2。再调整 Noise11 的属性，增加纹理不规则、随机性，如图 8-66 所示。渲染效果如图 8-67 所示。

至此，路面材质的基础材质制作完毕。下面制作一层水迹附着在路面的基础层上，需要用到 Layered Shader 材质球。

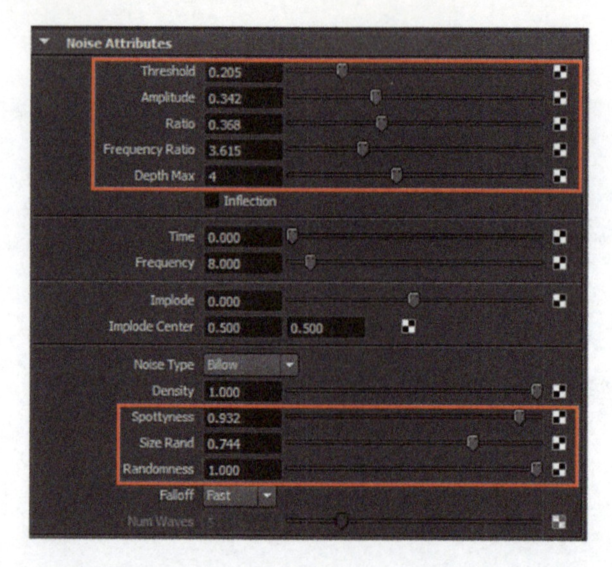

图 8-66

图 8-67

步骤 4 首先选中 Road_lambert 材质球，并复制一个材质球，作为水面的基础层，如图 8-68 所示。

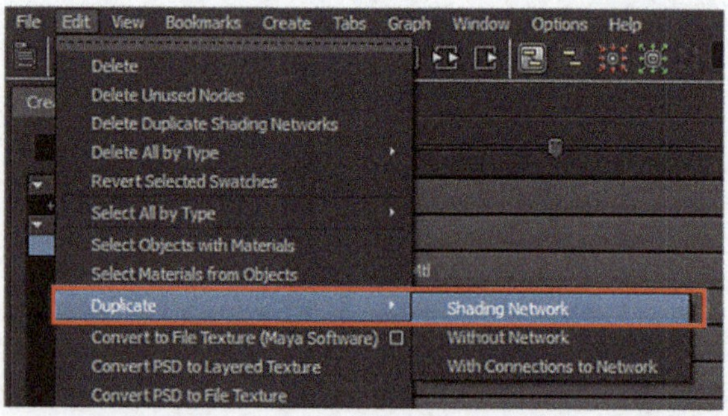

图 8-68

创建 Layered Shader 材质球，再创建一个 Blinn 材质球，如图 8-69 所示。

将 Road_lambert 材质球和 Blinn11 材质球连接到 Layered Shader22 材质球，将 Road_lambert 材质球作为底层，Blinn11 材质球作为水面。将连接好的 Layered Shader22 材质球赋

予路面，如图 8-70 所示。

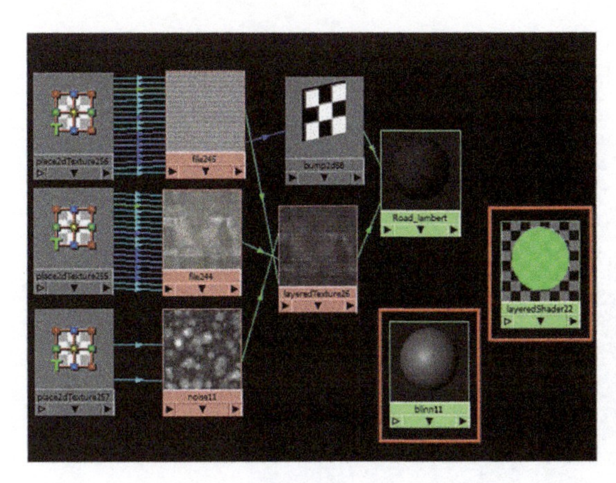

图 8-69

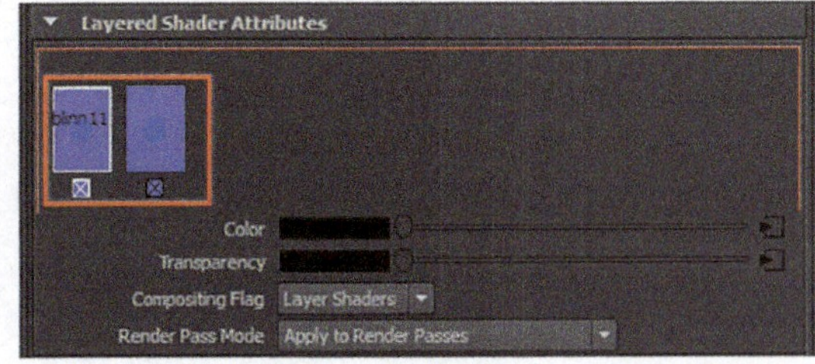

图 8-70

观察 Layered Shader22 材质球可以发现，Layered Shader22 材质球被 Blinn11 材质球覆盖，没有达到预期的结果，所以要调整 Blinn11 材质球的属性。参数设置如图 8-71 所示。渲染效果如图 8-72 所示。

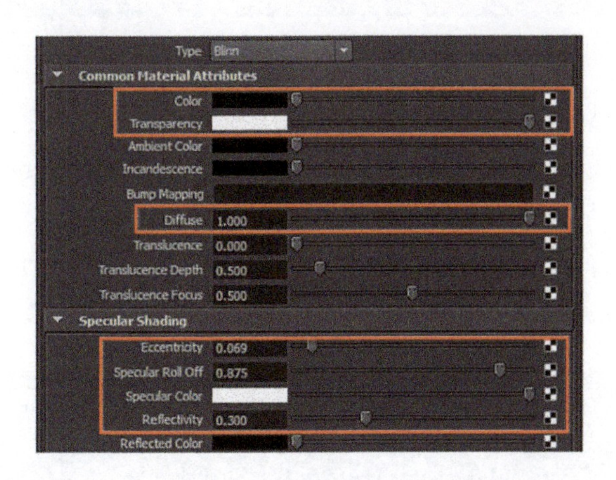

图 8-71

图 8-72

观察发现，路面上全是水，不是预期的结果，我们希望水面是随机的，所以用到 Noise 节点来增加水面的随机性。

步骤 5 创建一个 Noise 节点和 Layered Shader 材质球，如图 8-73 所示。

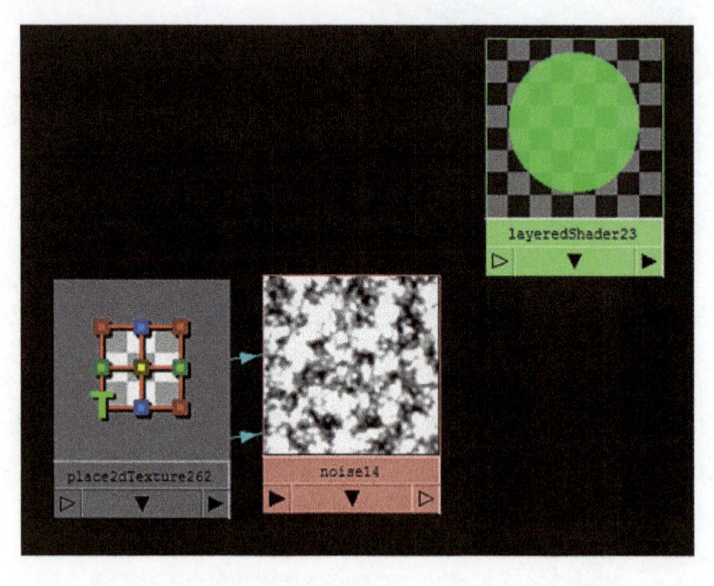

图 8-73

将 layeredShader22 材质球作为底层，将 Road_lambert1 作为上面一层，连接到 layeredShader23，并且用 noise14 控制 layeredShader23 的 Transparency（透明）通道。将 Compositing Flag 设置为 Layer Texture，如图 8-74 所示。

重新将 layered Shader23 材质球赋予路面，并调整 noise14 的属性，如图 8-75 所示。渲染效果如图 8-76 所示。

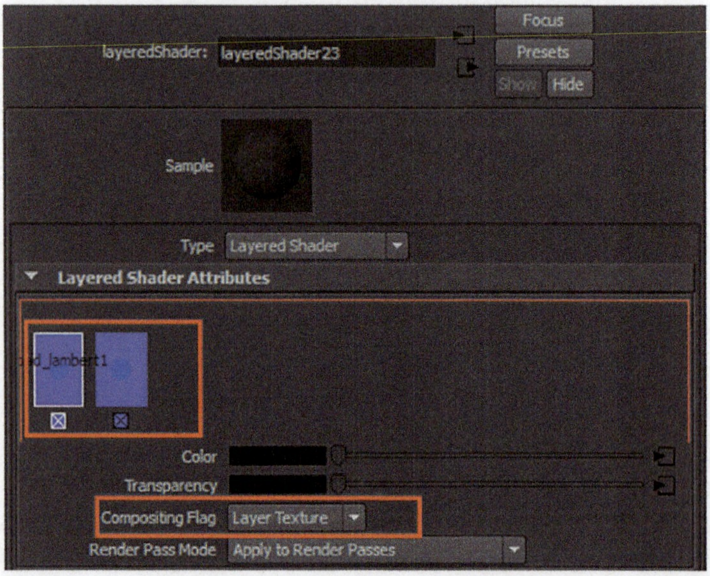

图 8-74

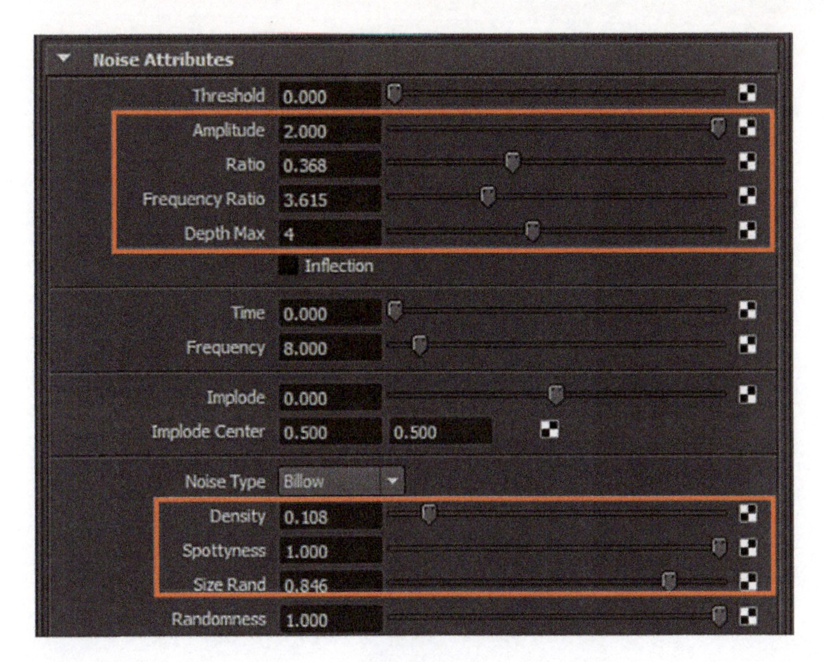

图 8-75

此时的渲染效果是正确的，达到了现实中路面有水的效果。

图 8-76

任务6-7 光影效果设置

1. 光影效果预览

本项目是模拟室外场景在上午九点钟左右的光影效果，此时的太阳呈现 45°～60° 的倾斜状态，是画面中主要表现的光线。图 8-77 所示是本项目的光影设置效果。

图 8-77

2. 场景布光步骤

打开动画场景，分析《水乡小镇》的画面效果，根据场景主光源的照明特点，确定光线的照明角度、位置、亮度以及色彩表现，具体步骤如下所述。

步骤 1 设置建立场景主光源

将场景切换至四视图的显示方式。在创建菜单中选择标准的 Directional Light(平行光) 命令，在透视图中建立灯光，然后调节灯光位置，制作场景中的主要光源效果，如图 8-78 所示。

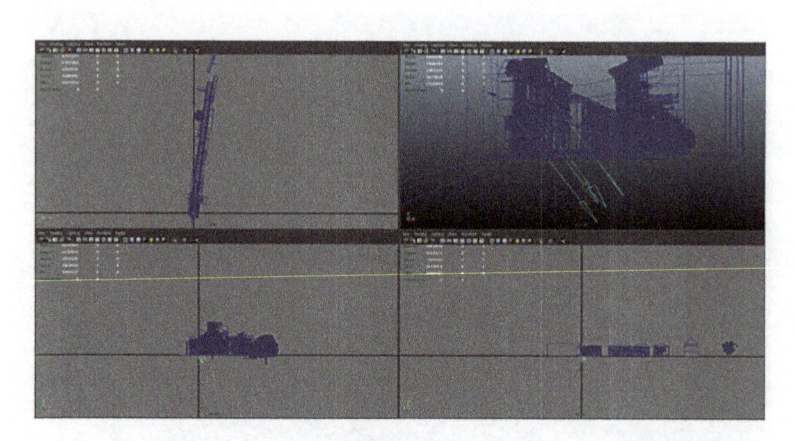

图 8-78

选中 Directional Light，然后在灯光的属性面板，改变 Color 为淡黄色，Intensity（强度）为 1.8，如图 8-79 和图 8-80 所示。

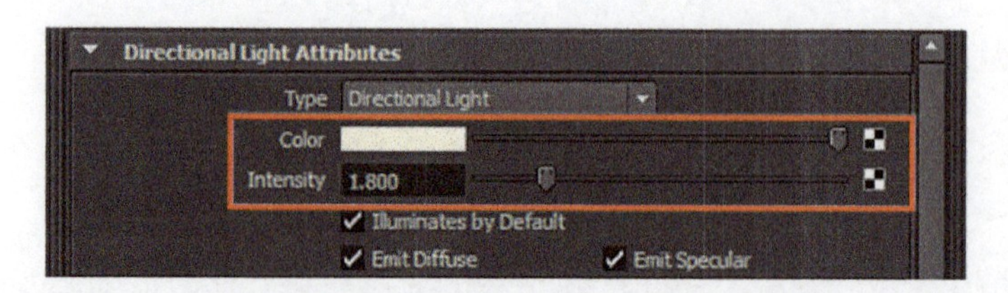

图 8-79

Color History
H: 44
S: 0.135
V: 1.000
HSV

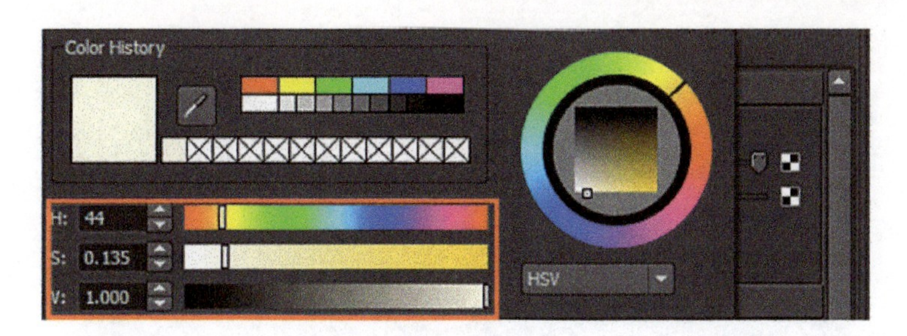

图 8-80

在 Raytrace Shadow Attributes（光线跟踪阴影属性）下面勾选 Use Ray Trace Shadows，设置 Light Angle 的参数为 1，设置 Shadow Rays 的参数为 10，如图 8-81 所示。

Raytrace Shadow Attributes
Use Ray Trace Shadows
Light Angle 1.000
Shadow Rays 10
Ray Depth Limit 1

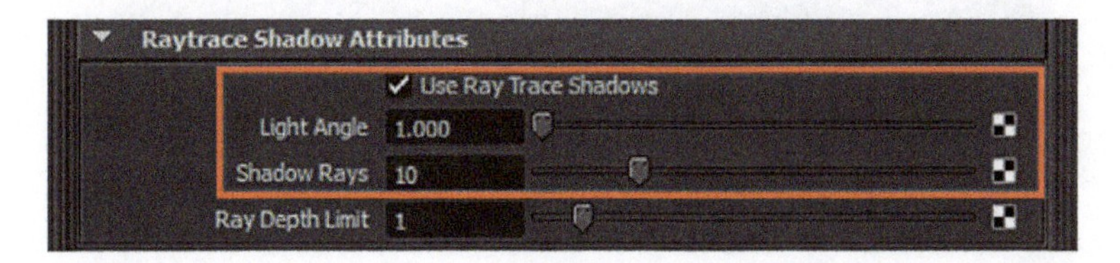

图 8-81

在渲染器里设置 Image Size，并关闭场景默认灯光，如图 8-82 所示。

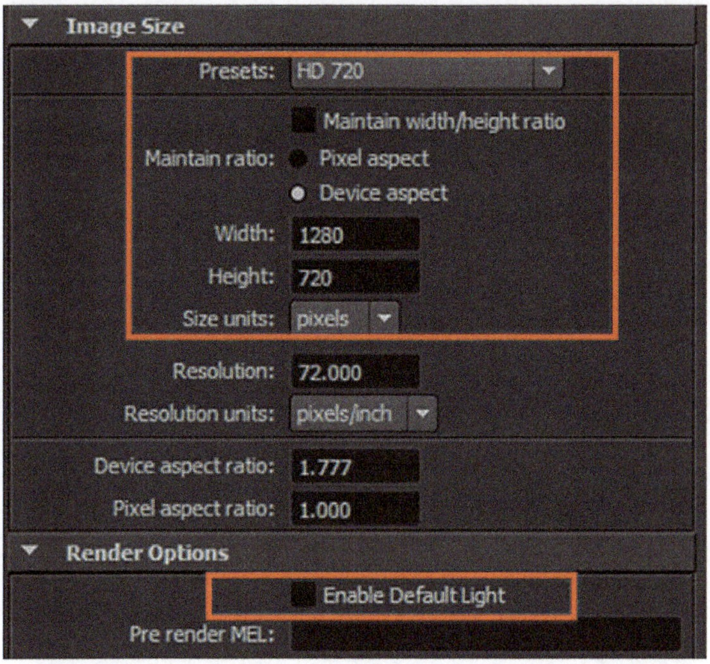

Image Size
Presets: HD 720
Maintain width/height ratio
Maintain ratio: Pixel aspect
Device aspect
Width: 1280
Height: 720
Size units: pixels
Resolution: 72.000
Resolution units: pixels/inch
Device aspect ratio: 1.777
Pixel aspect ratio: 1.000
Render Options
Enable Default Light
Pre render MEL:

图 8-82

单击渲染设置按钮，打开渲染场景对话框，然后在 Rending using（渲染使用）卷展栏中将渲染器设置为 Mental Ray，并在 Quality 下方将 Quality Presets 设置为 Production，将 Filter 设置为 Gauss 并设置参数，如图 8-83 所示。渲染效果如图 8-84 所示。

Multi-Pixel Filtering

Filter Gauss

Filter Size 3.000 3.000

图 8-83

图 8-84

步骤 2 设置场景环境辅助光

首先关闭主光的亮度，然后在创建面板中选择标准的 Area Light（面光）命令。此次创建 11 个灯光，然后在场景中调节此光的位置，如图 8-85 所示。

图 8-85

选中 Area Light，然后在灯光的属性面板，设置 Intensity（强度）均为 0.1，如图 8-86 所示。

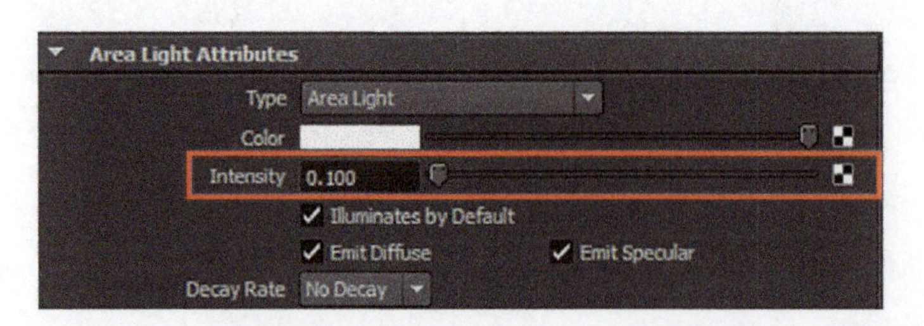

图 8-86

渲染出图，效果如图 8-87 所示。

图 8-87

打开主光，渲染效果如图 8-88 所示。

图 8-88

步骤 3　设置最终聚集

打开 Render Settings（渲染设置）窗口，在 Indirect Lighting 面板中勾选 Final Gathering，如图 8-89 所示。提高 Final Gathering 的 Accuracy 值，可以提高渲染的品质。

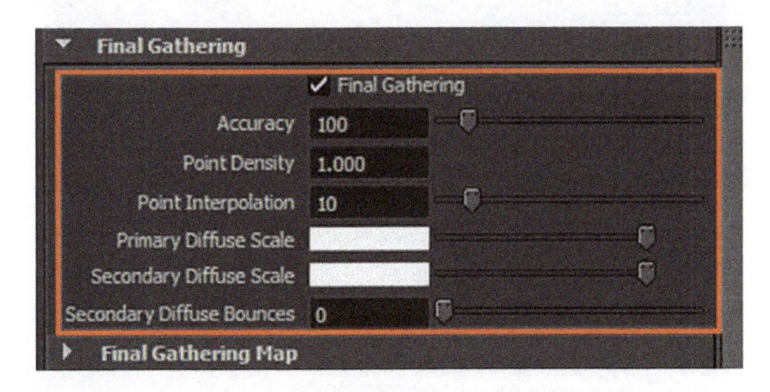

图 8-89

渲染出图，效果如图 8-90 所示。

图 8-90

步骤 4　模拟室外天空环境光

在透视图中创建 NURBS Sphere，删除一半调节位置，如图 8-91 所示。

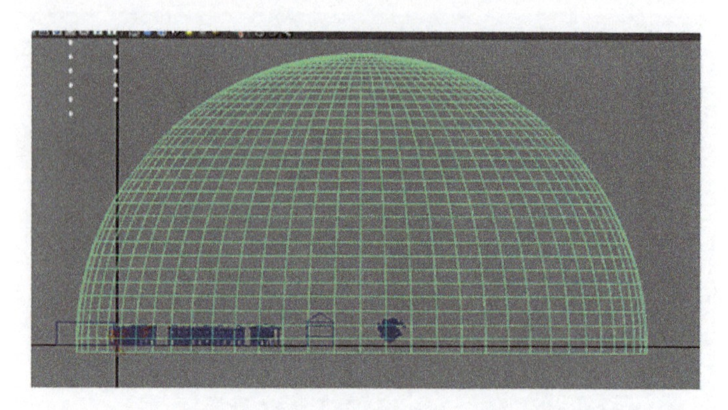

图 8-91

在 NURBS Sphere 上贴一张傍晚的 HDR 贴图。如果遇到如图 8-92 所示的情况，可以改变 UV 方向，如图 8-93 和图 8-94 所示。

图 8-92

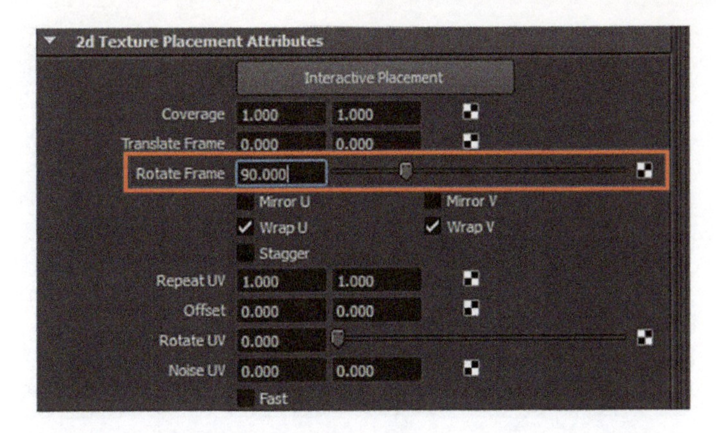

图 8-93

图 8-94

如果出现如图 8-95 所示的情况，说明画面中无主光阴影，原因是天空球遮挡了平行光的照明。

图 8-95

执行操作 Window → Relationship Editors → Light Linking → Object-Centric 命令，取消主光源对环境球的照明，看到如图 8-96 所示的效果。

图 8-96

任务6-8 分层渲染输出

步骤 1 设置 Beauty 层渲染

首先选中场景中的物体，包括全部模型、灯光和天空。然后，在渲染层下面单击创建层并指定选定对象按钮，将此层命名为 Beauty。在此层上右键选择 Attributes（属性），如图 8-97 所示。在 Render Layer Options 下，检查是否勾选 Beauty，如图 8-98 所示。

渲染效果如图 8-99 所示。将此图保存在工程 Image 文件中，并命名为 Beauty_Final。

图 8-97

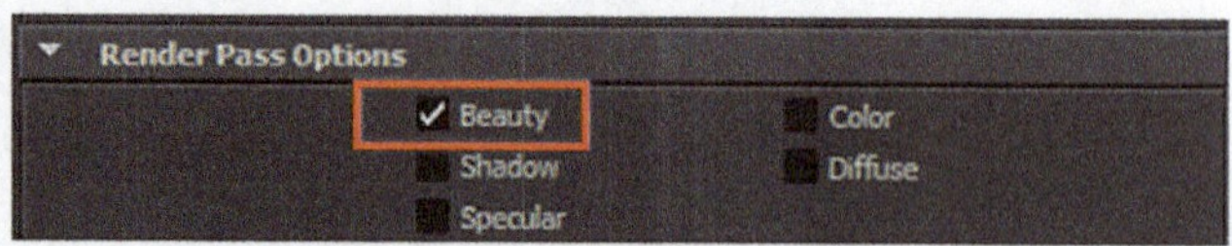

图 8-98

步骤 2 设置 AO 层渲染

首先选中场景中的物体，包括全部模型，不包括灯光和天空。然后，在渲染层下面单击创建层，并指定选定对象按钮，将此层命名为 AO。在此层上右键选择 Attributes（属性）。单击 Presets，选择 Occlusion，如图 8-100 所示。

图 8-99

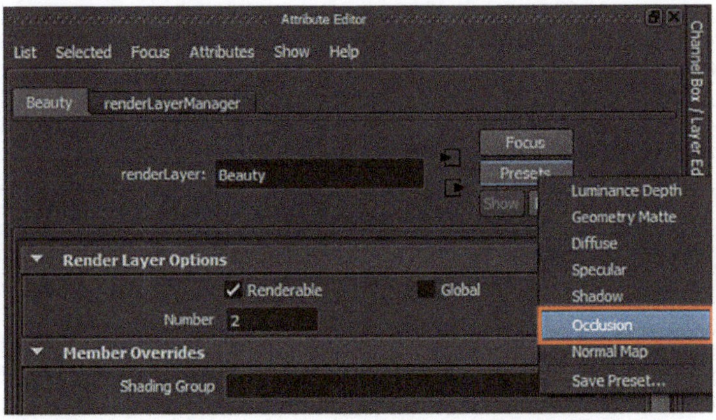

图 8-100

在 mib_amb_occlusion2 下面，将 Samples 的参数设置为 256。注意，数值越大，渲染越慢。渲染效果如图 8-101 所示。

图 8-101

此时，AO 层的暗部过暗，所以将 Dark 的亮度设置为 0.1（见图 8-102），并将 Spread 的参数设置为 0.9（见图 8-103）。

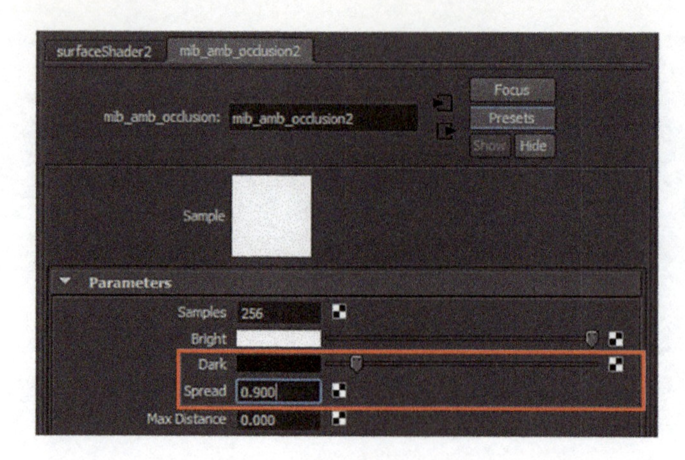

图 8-102

图 8-103

这样，AO 层的暗部不会出现死黑状态。渲染效果如图 8-104 所示。

图 8-104

任务6-9 后期合成制作

将 AO_Final 和 Beauty_final 导入 PS，将 AO_Final 层与 Beauty_Final 层的叠加模式设置为叠加，不透明度设置为 30%，此时画面光线亮度不够强。调整 Beauty_Final 层的亮度 / 对比度，平衡画面的亮度与对比度，详细合成过程参见光盘教学视频，最后的效果如图 8-105 所示。

图 8-105

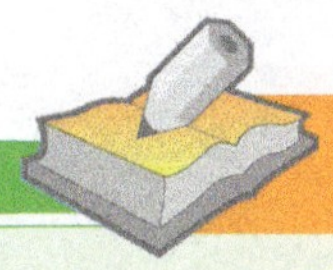

项目总结

通过本项目的制作，学生将综合了解如何通过 Maya 默认材质制作物体材质效果，利用 Mental Ray 渲染器渲染场景真实光影效果，深入学习动画场景的标准渲染流程、方法和实施步骤。

图 8-106 所示为地面材质的制作流程，图 8-107 所示为墙面材质的制作流程。

图 8-106

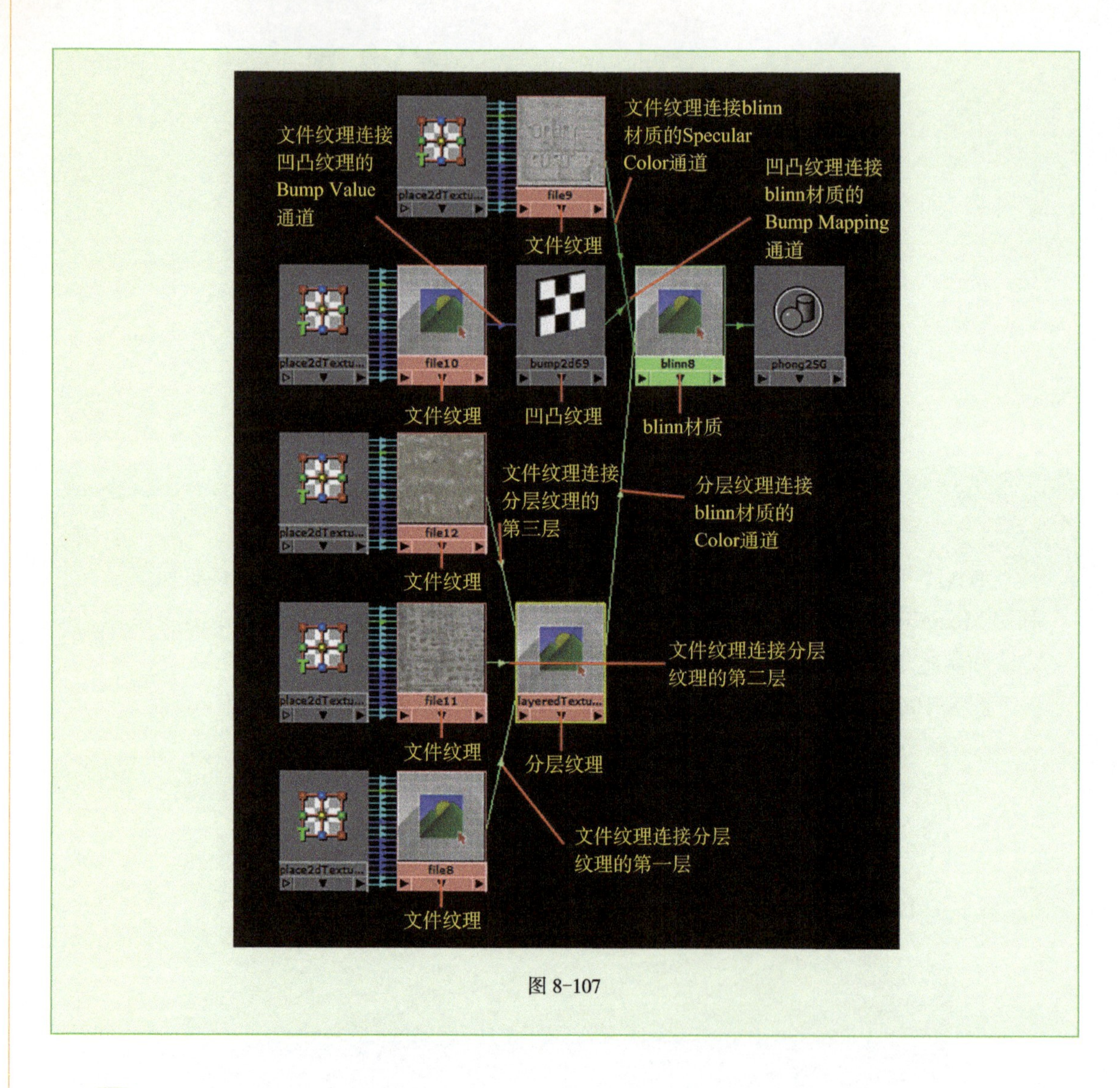

图 8-107

练习实训

实训 6-1　打开教学资源中实训 6-1 对应的古镇场景文件，根据教材和教师的指导，完成本章项目效果。

实训 6-2　打开教学资源中实训 6-2 对应的别墅场景文件，练习室内场景的渲染。注意室内场景的布光要求，尝试使用物理天光模拟全局光照明。

参考文献

1. 先锋教育. Maya（最新版）渲染篇 [M]. 南京：南京大学出版社，2010

2. 刘畅. Maya 模型与渲染 [M]. 北京：京华出版社，2011

3. 寇宁. Maya 动画技术大全——材质渲染篇 [M]. 北京：中国铁道出版社，2010

4. 束传政，朱怀永，田再儒 . 高职计算机专业项目 / 任务驱动模式教材编写 [J]. 计算机教育，2012(12)

5. Maya 用户手册. http://download.autodesk.com/global/docs/maya2013/zh_cn/index.html.